工程施工现场技术管理丛书

安全员

周　胜　主编

中国铁道出版社

2015年·北京

内容提要

本书为工程施工现场技术管理丛书之一，重点阐述当好一名合格的安全员应具的综合素质与能力。

本书内容共分十二章，内容包括建筑施工安全常识、安全员基本要求、现场施工安全管理制度及措施、铁路工程安全施工技术管理、建筑工程安全施工技术管理、工程焊接安全技术管理、工程机械使用安全管理、工程安全用电及防雷管理、爆破与防火安全管理、工程常见事故处理及预防、职业危害与环境保护、安全文化及安全系统工程简介、建设领域农民工主要安全保护权益。

本书内容丰富，图文并茂，通俗易懂，针对性强。既可作为安全管理者进行管理、教育的参考资料，又可作为普通工人安全知识学习的教科书使用。

图书在版编目(CIP)数据

安全员/周胜主编．—北京：中国铁道出版社，2010.12（2015.8重印）
（工程施工现场技术管理丛书）

ISBN 978-7-113-11959-1

Ⅰ.①安…　Ⅱ.①周…　Ⅲ.①建筑工程—工程施工—安全技术—基本知识　Ⅳ.①TU714

中国版本图书馆CIP数据核字(2010)第184761号

书　　名：工程施工现场技术管理丛书
安　全　员
作　　者：周　胜

策划编辑：江新锡　徐　艳
责任编辑：徐　艳　陈小刚　　**电话**：51873193
封面设计：崔丽芳
责任校对：张玉华
责任印制：李　佳

出版发行：中国铁道出版社（100054，北京市西城区右安门西街8号）
网　　址：http://www.tdpress.com
印　　刷：三河市宏盛印务有限公司
版　　次：2010年12月第1版　2015年8月第2次印刷
开　　本：787mm×1 092mm　1/16　印张：14.25　字数：357千
书　　号：ISBN　978-7-113-11959-1
定　　价：31.00元

前　言

我国正处在经济和社会快速发展的历史时期，工程建设作为国家基本建设的重要部分正在蓬勃发展，铁路、公路、房屋建筑、机场、水利水电、工厂等建设项目在不断增长，国家对工程建设项目的投资巨大。随着建设规模的扩大、建设速度的加快，工程施工的质量和安全问题、工程建设效率问题、工程建设成本问题越来越为人们所重视和关注。

加强培训学习，提高工程建设队伍自身业务素质，是确保工程质量和安全的有效途径。特别是工程施工企业，一是工程建设任务重，建设速度在加快；二是新技术、新材料、新工艺、新设备、新标准不断涌现；三是建设队伍存在相当不稳定性。提高队伍整体素质不仅关系到工程项目建设，更关系到企业的生存和发展，加强职工岗位培训既存在困难，又十分迫切。工程施工领域关键岗位的管理人员，既是工程项目管理命令的执行者，又是广大建筑施工人员的领导者，他们管理能力、技术水平的高低，直接关系到建设项目能否有序、高效率、高质量地完成。

为便于学习和有效培训，我们在充分调查研究的基础上，针对目前工程施工企业的生产管理实际，就工程施工企业的关键岗位组织编写了一套《工程施工现场技术管理丛书》，以各岗位有关管理知识、专业技术知识、规章规范要求为基本内容，突出新材料、新技术、新方法、新设备、新工艺和新标准，兼顾铁路工程施工、房屋建筑工程的实际，围绕工程施工现场生产管理的需要，旨在为工程单位岗位培训和各岗位技术管理人员提供一套实用性强、较为系统且使用方便的学习材料。

丛书按施工员、监理员、机械员、造价员、测量员、试验员、资料员、材料员、合同员、质量员、安全员、领工员、项目经理十三个关键岗位，分册编写。管理知识以我国现行工程建设管理法规、规范性管理文件为主要依据，专业技术方面严格执行国家和有关行业的施工规范、技术标准和质量标准，将管理知识、工艺技术、规章规范的内容有机结合，突出实际操作，注重管理可控性。

由于时间仓促，加之缺乏经验，书中不足之处在所难免，欢迎使用单位和个人提出宝贵意见和建议。

编　者

2010 年 12 月

目　录

第一章　建筑施工安全常识

安全问题可以说是与人类同时产生的。获得生存，是原始的安全问题。随着社会的发展，人类逐渐开始学会使用较为复杂的工具，这就使威胁人类生命和健康的因素由单纯的来自自然界而转化为来自从事生产活动时的人与工具了。也就是说自从人类诞生以来就受到各种危险的威胁，尤其是进入现代社会以后，工业灾害、自然灾害随时都在威胁着人类的安全和健康，安全问题也就越来越被人类所重视。

建筑业是我国国民经济的重要支柱产业之一，同时也是危险性较大的行业。要想进一步加强对建筑从业人员的安全教育培训，使从业人员能更好地掌握建筑施工安全知识，进一步提高安全意识和自我保护能力，防止和遏止施工伤亡事故的发生，掌握建筑施工安全常识及管理技能便是安全员及施工从业人员必不缺少的一课。

第一节　建筑施工安全生产法律知识

一、安全生产的法律法规体系

我国现行的法律法规，在适用层次上可分为国家基础法律和一般法律（《刑法》、《民法通则》等）、国家安全专业综合法规（《安全生产法》、《劳动法》、《建筑法》、《道路交通管理条例》等）、国家安全技术标准（电气安全、机械安全国家标准等）、行业地方法规（行业标准、各省市的劳保条例等）、企业规章制度（安全操作规程、安全检查制度等）五个层次。具体内容如表1－1所示。

表1－1　适用层次上的安全生产法律法规体系

类别	主要法规
国家基础法和一般法	《宪法》、《刑法》、《民法通则》、《企业法》、《经济合同法》、《标准法》等
国家安全专业综合法规	《安全生产法》、《劳动法》、《矿山安全法》、《消防法》、《工会法》、《建筑法》、《化学危险品安全管理条例》、《道路交通管理条例》、《仓库防火安全管理条例》、《防止沥青中毒办法》、我国批准的国际劳工公约等
国家安全技术标准	有关电气安全、机械安全、压力容器安全、防火防爆、职业卫生、劳动防护用品等方面的国家标准400余种
行业、地方法规	建筑安装工人安全技术操作规程；油船、油码头防油气中毒规定；爆炸危险场所安全规定；压力管道安全管理与监察规定；行业标准；省（市）劳动保护条例等
企业规章制度	企业安全操作规程；企业安全责任制度等

二、《中华人民共和国建筑法》有关安全的条文

第三十六条　建筑工程安全生产管理必须坚持安全第一、预防为主的方针，建立健全安全生产的责任制度和群防群治制度。

第四十六条　建筑施工企业应当建立健全劳动安全生产教育培训制度，加强对职工安全生产的教育培训；未经安全生产教育培训的人员，不得上岗作业。

第四十七条　建筑施工企业和作业人员在施工过程中，应当遵守有关安全生产的法律、法规和建筑行业安全规章、规程，不得违章指挥或者违章作业。作业人员有权对影响人身健康的作业程序和作业条件提出改进意见，有权获得安全生产所需的防护用品。作业人员对危及生命安全和人身健康的行为有权提出批评、检举和控告。

三、《中华人民共和国劳动法》有关安全的条文

第三条　劳动者享有平等就业和选择职业的权利、取得劳动报酬的权利、休息休假的权利、获得劳动安全卫生保护的权利、接受职业技能培训的权利、享受社会保险和福利的权利、提请劳动争议处理的权利以及法律规定的其他劳动权利。

劳动者应当完成劳动任务，提高职业技能，执行劳动安全卫生规程，遵守劳动纪律和职业道德。

第七条　劳动者有权依法参加和组织工会。

工会代表和维护劳动者的合法权益，依法独立自主地开展活动。

第八条　劳动者依照法律规定，通过职工大会、职工代表大会或者其他形式，参与民主管理或者就保护劳动者合法权益与用人单位进行平等协商。

第十五条　禁止用人单位招用未满16周岁的未成年人。

第十七条　订立和变更劳动合同，应当遵循平等自愿、协商一致的原则，不得违反法律、行政法规的规定。

第十九条　劳动合同应当以书面形式订立，并具备以下条款：

(一)劳动合同期限；

(二)工作内容；

(三)劳动保护和劳动条件；

(四)劳动报酬；

(五)劳动纪律；

(六)劳动合同终止的条件；

(七)违反劳动合同的责任。

劳动合同除前款规定的必备条款外，当事人可以协商约定其他内容。

第二十一条　劳动合同可以约定试用期。试用期最长不得超过6个月。

第二十九条　劳动者有下列情形之一的，用人单位不得解除劳动合同：

(一)患职业病或者因工负伤并被确认丧失或者部分丧失劳动能力的；

(二)患病或者负伤，在规定的医疗期内的；

(三)女职工在孕期、产期、哺乳期内的；

(四)法律、行政法规规定的其他情形。

第三十二条　有下列情形之一的，劳动者可以随时通知用人单位解除劳动合同：

(一)在试用期内的；

(二)用人单位以暴力、威胁或者非法限制人身自由的手段强迫劳动的；

(三)用人单位未按照劳动合同约定支付劳动报酬或者提供劳动条件的。

第三十六条　国家实行劳动者每日工作时间不超过8小时、平均每周工作时间不超过44小时的工时制度。

第五十条　工资应当以货币形式按月支付给劳动者本人。不得克扣或者无故拖欠劳动者的工资。

第五十三条　劳动安全卫生设施必须符合国家规定的标准。

第五十四条　用人单位必须为劳动者提供符合国家规定的劳动安全卫生条件和必要的劳动防护用品，对从事有职业危害作业的劳动者应当定期进行健康检查。

第五十五条　从事特种作业的劳动者必须经过专门培训并取得特种作业资格。

第五十六条　劳动者在劳动过程中必须严格遵守安全操作规程。

劳动者对用人单位管理人员违章指挥、强令冒险作业，有权拒绝执行；对危害生命安全和身体健康的行为，有权提出批评、检举和控告。

第六十五条　用人单位应当对未成年工定期进行健康检查。

第七十三条　劳动者在下列情形下，依法享受社会保险待遇：

(一)退休；

(二)患病、负伤；

(三)因工伤残或者患职业病；

(四)失业；

(五)生育。

劳动者死亡后，其遗属依法享受遗属津贴。

劳动者享受社会保险待遇的条件和标准由法律、法规规定。

劳动者享受的社会保险金必须按时足额支付。

第七十九条　劳动争议发生后，当事人可以向本单位劳动争议调解委员会申请调解；调解不成，当事人一方要求仲裁的，可以向劳动争议仲裁委员会申请仲裁。当事人一方也可以直接向劳动争议仲裁委员会申请仲裁。对仲裁裁决不服的，可以向人民法院提起诉讼。

四、《中华人民共和国安全生产法》有关安全的条文

第三条　安全生产管理，坚持安全第一、预防为主的方针。

第六条　生产经营单位的从业人员有依法获得安全生产保障的权利，并应当依法履行安全生产方面的义务。

第七条　工会依法组织职工参加本单位安全生产工作的民主管理和民主监督，维护职工在安全生产方面的合法权益。

第二十一条　生产经营单位应当对从业人员进行安全生产教育和培训，保证从业人员具备必要的安全生产知识，熟悉有关的安生生产规章制度和安全操作规程，掌握本岗位的安全操作技能。未经安全生产教育和培训合格的从业人员，不得上岗作业。

第三十三条　生产经营单位对重大危险源应当登记建档，进行定期检测、评估、监控，并制定应急预案，告知从业人员和相关人员在紧急情况下应当采取的应急措施。

第三十四条　生产、经营、储存、使用危险物品的车间、商店、仓库不得与员工宿舍在同一座建筑物内,并应当与员工宿舍保持安全距离。

第三十六条　生产经营单位应当教育和督促从业人员严格执行本单位的安全生产规章制度和安全操作规程;并向从业人员如实告知作业场所和工作岗位存在的危险因素、防范措施以及事故应急措施。

第三十七条　生产经营单位必须为从业人员提供符合国家标准或者行业标准的劳动防护用品,并监督、教育从业人员按照使用规则佩戴、使用。

第四十三条　生产经营单位必须依法参加工伤社会保险,为从业人员缴纳保险费。

第四十四条　生产经营单位与从业人员订立的劳动合同,应当载明有关保障从业人员劳动安全、防止职业危害的事项,以及依法为从业人员办理工伤社会保险的事项。

生产经营单位不得以任何形式与从业人员订立协议,免除或者减轻其对从业人员因生产安全事故伤亡依法应承担的责任。

第四十五条　生产经营单位的从业人员有权了解其作业场所和工作岗位存在的危险因素、防范措施及事故应急措施,有权对本单位的安全生产工作提出建议。

第四十六条　从业人员有权对本单位安全生产工作中存在的问题提出批评、检举、控告;有权拒绝违章指挥和强令冒险作业。

生产经营单位不得因从业人员对本单位安全生产工作提出批评、检举、控告或者拒绝违章指挥、强令冒险作业而降低其工资、福利等待遇或者解除与其订立的劳动合同。

第四十七条　从业人员发现直接危及人身安全的紧急情况时,有权停止作业或者在采取可能的应急措施后撤离作业场所。

第四十八条　因生产安全事故受到损害的从业人员,除依法享有工伤社会保险外,依照有关民事法律尚有获得赔偿的权利的,有权向本单位提出赔偿要求。

第四十九条　从业人员在作业过程中,应当严格遵守本单位的安全生产规章制度和操作规程,服从管理,正确佩戴和使用劳动防护用品。

第五十条　从业人员应当接受安全生产教育和培训,掌握本职工作所需的安全生产知识,提高安全生产技能,增强事故预防和应急处理能力。

第五十一条　从业人员发现事故隐患或者其他不安全因素,应当立即向现场安全生产管理人员或者本单位负责人报告;接到报告的人员应当及时予以处理。

第六十四条　任何单位或者个人对事故隐患或者安全生产违法行为,均有权向负有安全生产监督管理职责的部门报告或者举报。

第七十条　生产经营单位发生生产安全事故后,事故现场有关人员应当立即报告本单位负责人。

五、《建设工程安全生产管理条例》有关安全的条文

第二十五条　垂直运输机械作业人员、安装拆卸工、爆破作业人员、起重信号工、登高架设作业人员等特种作业人员,必须按照国家有关规定经过专门的安全作业培训,并取得特种作业操作资格证书后,方可上岗作业。

第二十八条　施工单位应当在施工现场入口处、施工起重机械、临时用电设施、脚手架、出入通道口、楼梯口、电梯井口、孔洞口、桥梁口、隧道口、基坑边沿、爆破物及有害危险气体和液体存放处等危险部位,设置明显的安全警示标志。

第二十九条　施工单位应当将施工现场的办公、生活区与作业区分开设置,并保持安全距离;办公、生活区的选址应当符合安全性要求。职工的膳食、饮水、休息场所等应当符合卫生标准。施工单位不得在尚未竣工的建筑物内设置员工集体宿舍。

第三十二条　施工单位应当向作业人员提供安全防护用具和安全防护服装,并书面告知危险岗位的操作规程和违章操作的危害。

作业人员有权对施工现场的作业条件、作业程序和作业方式中存在的安全问题提出批评、检举和控告,有权拒绝违章指挥和强令冒险作业。

在施工中发生危及人身安全的紧急情况时,作业人员有权立即停止作业或者在采取必要的应急措施后撤离危险区域。

第三十六条　施工单位应当对管理人员和作业人员每年至少进行一次安全生产教育培训,其教育培训情况记入个人工作档案。安全生产教育培训考核不合格的人员,不得上岗。

第三十七条　作业人员进入新的岗位或者新的施工现场前,应当接受安全生产教育培训。未经教育培训或者教育培训考核不合格的人员,不得上岗作业。

第三十八条　施工单位应当为施工现场从事危险作业的人员办理意外伤害保险。

六、《工伤保险条例》有关安全的条文

第一条　为了保障因工作遭受事故伤害或者患职业病的职工得到医疗救治和经济补偿,促进工伤预防和职业康复,分散用人单位的工伤风险,制定本条例。

第二条　中华人民共和国境内的各类企业的职工和个体工商户的雇工。均有依照本条例的规定享受工伤保险待遇权利。

第十四条　职工有下列情形之一的,应当认定为工伤:

(一)在工作时间和工作场所内,因工作原因受到事故伤害的;

(二)工作时间前后在工作场所内,从事与工作有关的预备性或者收尾性工作受到事故伤害的;

(三)在工作时间和工作场所内意外伤害的;

(四)患职业病的;因履行工作职责受到暴力等伤害的;

(五)因工外出期间,由于工作原因受到伤害或者发生事故下落不明的;

(六)在上下班途中,受到机动车事故伤害的;

(七)法律、行政法规规定应当认定为工伤的其他情形。

第十五条　职工有下列情形之一的,视同工伤:

(一)在工作时间和工作岗位,突发疾病死亡或者在48小时之内经抢救无效死亡的;

(二)在抢险救灾等维护国家利益、公共利益活动中受到伤害的;

(三)职工原在军队服役,因战、因公负伤致残,已取得革命伤残军人证,到用人单位后旧伤复发的。

职工有前款第(一)项、第(二)项情形的,按照本条例的有关规定享受工伤保险待遇;职工有前款第(三)项情形的,按照本条例的有关规定享受除一次性伤残补助金以外的工伤保险待遇。

第十六条　职工有下列情形之一的,不得认定为工伤或者视同工伤:

(一)因犯罪或者违反治安管理伤亡的;

(二)醉酒导致伤亡的;

(三)自残或者自杀的。

第十七条 职工发生事故伤害或者按照职业病防治法规定被诊断、鉴定为职业病,所在单位应当自事故伤害发生之日或者被诊断、鉴定为职业病之日起20日内,向统筹地区劳动保障行政部门提出工伤认定申请。遇有特殊情况,经报劳动保障行政部门同意,申请时限可以适当延长。用人单位未按前款规定提出工伤认定申请的,工伤职工或者其直系亲属、工会组织在事故伤害发生之日或者被诊断、鉴定为职业病之日起一年内,可以直接向用人单位所在地统筹地区劳动保障行政部门提出工伤认定申请。

第十九条 劳动保障行政部门受理工伤认定申请后,根据审核需要可以对事故伤害进行调查核实,用人单位、职工、工会组织、医疗机构以及有关部门应当予以协助。职业病诊断和诊断争议的鉴定,依照职业病防治法的有关规定执行。对依法取得职业病诊断证明书或者职业病诊断鉴定书的,劳动保障行政部门不再进行调查核实。

职工或者其直系亲属认为是工伤,用人单位不认为是工伤的,由用人单位承担举证责任。

第二十条 劳动保障行政部门应当自受理工伤认定申请之日起60日内作出工伤认定的决定,并书面通知申请工伤认定的职工或者其直系亲属和该职工所在单位。

劳动保障行政部门工作人员与工伤认定申请人有利害关系的,应当回避。

第二节 施工从业人员的安全生产的权利与义务

施工从业人员的安全生产的权利和义务内容如下:

(1)从业人员有获得签订劳动合同的权利,也有履行劳动合同的义务。

(2)有接受安全生产教育和培训的权利,也有掌握本职工作所需要的安全生产知识的义务。

(3)有获得符合国家标准的劳动防护用品的权利,同时也有正确佩戴和使用劳动防护用品的义务。

(4)有了解施工现场及工作岗位存在的危险因素、防范措施及施工应急措施的权利;也有相互关心,帮助他人了解安全生产状况的义务。

(5)有对违章指挥和强令冒险作业的拒绝权,也有遵章守纪、服从正确管理的义务。

(6)有对安全生产工作提出批评、检举、控告的权利,也有接受管理人员及相关部门真诚批评、善意劝告、合理处分的义务。

(7)有对安全生产工作的建议权,也有尊重、听从他人相关安全生产合理建议的义务。

(8)在施工中发生危及人身安全的紧急情况时,有权立即停止作业或者在采取必要的应急措施后撤离危险区域;同时有义务及时向本单位(或项目部)安全生产管理人员或主要负责人报告。

(9)发生工伤事故时,有获得工伤及时救治、工伤社会保险及意外伤害保险的权利;也有反思事故教训,提高安全意识的义务。

第三节 企业职工保险知识

一、企业职工工伤预防和工伤保险权利

1.工伤保险的权利

(1)有权获得劳动安全卫生的教育和培训，懂得所从事工作可能对身体健康造成的危害和可能发生的不安全事故。从事特种作业要取得特种作业资格，持证上岗。

(2)有权获得保障其安全、健康的劳动条件和劳动防护用品。

(3)有权对用人单位管理人员违章指挥、强令冒险作业予以拒绝。

(4)有权对危害生命安全和身体健康的行为提出批评、检举和控告。

(5)从事职业危害作业的职工有权获得定期的健康检查。

(6)发生工伤时，有权得到抢救治疗。

(7)发生工伤后，职工或其亲属有权向当地劳动保障部门报告申请认定工伤和享受工伤待遇，报告申请要经企业签字，如不签字时，可以直接报送。

(8)工伤职工有权按时足额享受有关工伤保险待遇。

(9)工伤治疗后致残时，有权要求进行劳动能力鉴定和护理依赖鉴定及定期复查；对鉴定结论不服的，有权要求进行复查鉴定和重新鉴定。

(10)因工致残尚有工作能力的职工，在就业方面应得到特殊保护，在合同期内用人单位对因工致残职工不得解除劳动合同，并应根据不同情况安排适当工作；在建立和发展工伤康复事业的情况下，应当得到职业康复培训和再就业帮助。

(11)工伤职工及其亲属，在申请工伤和处理工伤保险待遇时与用人单位发生争议的，有权向当地劳动争议仲裁委员会申请仲裁直至向人民法院起诉；对劳动保障部门作出的工伤认定和待遇支付决定不服的，有权提请行政复议或行政诉讼。

2.企业职工工伤预防

(1)职工有义务遵守劳动纪律和用人单位规章制度，做好本职工作和被临时指定的工作，服从本单位负责人工作安排和指挥，不得随意行动。但对违章指挥、强令冒险作业而采取的紧急避险的行为除外。

(2)职工在劳动过程中必须严格遵守安全操作规程，正确使用劳动防护用品，接受劳动安全卫生教育和培训，配合用人单位积极预防事故和职业病。

(3)职工或其亲属，报告工伤和申请工伤待遇时，有义务如实反映发生事故和职业病的有关情况及工资收入、家庭有关情况，当有关部门调查取证时，应当给予配合。

(4)除紧急情况外，工伤职工应当到工伤保险合同医院进行治疗，对于治疗、康复、评残要接受有关机构的安排，并给予配合。

(5)工伤职工经过劳动鉴定确认完全恢复或者部分恢复劳动能力可以工作的，应当服从用人单位的工作安排。

(6)职工因工死亡，其亲属办理丧葬事宜应当执行有关殡葬规定。

二、企业职工工伤认定工作及情况

(1)从事本单位日常生产、工作或者本单位负责人临时指定的工作，在紧急情况下，虽未经本单位负责人指定，但从事直接关系本单位重大经济利益的工作。

认定的情况有：

1)从事本岗位日常工作而在工作时间(包括班前准备和班后清理)和工作场所发生的。

2)受班组、车间以上负责人指派从事临时性工作的。

3)在紧急情况下未经指派而主动从事“直接关系本单位重大利益工作”而发生的。

(2)经本单位负责人安排或者同意，从事与本企业有关的科学试验、发明创造和技术改进工作。

认定的情况有：

1)事前有计划安排或经过主管负责人批准，包括参加人员和研究、试验的时间、地点和方式等。

2)是本单位的技术工作或与本单位的利益有关系。

(3)在生产工作环境中接触职业性有害因素造成职业病的。

认定的情况有：

1)符合法定职业病名单的范围。

2)受伤害职工有职业史和接触史。

3)由职业病诊断机构确诊并出具职业病诊断证明书。

(4)在生产工作的时间和区域内，由于不安全因素造成意外伤害的，或者由于工作紧张突发疾病造成死亡或经第一次抢救后全部丧失劳动能力的。

对于意外伤害认定的情况有：

1)意外事故发生在生产工作时间和区域内，即上班进入单位或厂区内发生的。

2)由于单位的不安全因素造成的意外伤害。如果不是由于不安全因素，而是自己不慎造成伤害，则不能定为工伤。

对于“工作紧张突发疾病”认定的情况有：

1)发生在生产时间和区域内，即上班进入单位或工作区域内。

2)由于工作紧张而突发疾病的。

3)后果是造成死亡或全残的。

对于“工作紧张突发疾病”的情况，全国总工会明确作为“特殊情况给予照顾”，按比照工伤处理，1982 年又对此作出解释：

1)由于工作确实需要而领导安排连续加班加点突击任务。

2)在执行任务中突发疾病，没有条件离开工作岗位去抢救治疗。

3)职工患病并有医生证明需要休息，而由于非本人参加工作不能完成某项紧急任务，领导安排其带病工作。

(5)因履行职责遭致人身伤害的。

认定的情况有：

1)真正是履行职责并且是使用合法手段。

2)发生在工作场所。

3)排除私怨私仇。

4)是公安或司法机关的调查结论。

(6)从事抢险、救灾、救人等维护国家、社会和公众利益的活动。

认定的情况有：

1)有充分的事实和证明材料。

2)有关主管机关确认为“见义勇为”的。

3)当地政府授予“革命烈士”称号的。

4)抢险救灾中失踪后经正式宣告死亡的定为因工死亡。

(7)因公、因战致残的军人复员转业到企业工作后旧伤复发的。

认定的情况有：

1)复转军人持有因公、因战(含职业病)的评残等级证明。

2)由指定治疗工伤的医院或医疗机构提供医疗证明并经当地劳动鉴定委员会确认为旧伤复发的。

(8)因公外出期间,由于工作原因,遭受交通事故或其他意外事故造成伤害或者失踪的,或因突发急病造成死亡或者经第一次抢救治疗后全部丧失劳动能力的。

认定的情况有:

1)发生在因公外出期间,即公派出差期间。

2)发生交通事故、意外事故伤害和失踪的,是由于工作原因,并非个人行为,如旅游娱乐等。

3)由于工作原因突发急病或使原有的病情加重并导致死亡或全残的。

4)失踪被认定因工死亡应经人民法院正式宣布。

(9)在上下班的规定时间和必经路线上,发生无本人责任或者非本人主要责任的道路交通机动车事故的。

认定的情况有:

1)目前只限于交通事故中的机动车事故,包括乘坐单位交通车、城市公交车发生的事故和过马路时的机动车肇事事故,不包括人力车、自行车等伤害事故。因为前者是个人不可抗力的,后者是个人可以避免的。此外,一些地区规定在上下班途中发生触电、雷击、树木倾倒、房屋坍塌等意外伤害事故,也按工伤处理。

2)由交警部门认定受伤害职工无本人责任或非主要责任的,要认定为工伤。有同等责任时,从保护职工考虑也应认定为工伤。

3)发生在上下班途中,即从住所到工作单位的路途中,并在规定的时间和必经路线上。如果必经的路线交通拥堵,应允许绕道。要排除顺道访友、购物、娱乐等与上下班无关的行为。

4)个人负全部或主要责任的,不认定为工伤,因为严重违反了道路交通规则。

5)以上责任的划分不适用于职业司机正常工作开车时发生的事故。

(10)法律、法规规定的其他情形。

“其他情形”包括过去已答复算工伤或比照工伤,现在没有列入也没有明确废止的规定。

三、企业职工工伤保险待遇及标准

1.评残标准

(1)10级分3类伤残程度。1～4级为全部丧失劳动能力,5～6级为大部分丧失劳动能力,7～10级为部分丧失劳动能力。

(2)5项护理条件和3个护理等级。自理范围有5项:进食、翻身、大小便、穿衣和洗漱、自我移动。根据此自理范围,护理定为3级:1级为完全护理依赖,5项均不能自理者;2级为大部分护理依赖,其中3项不能自理者;3级为部分护理依赖,其中1项不能自理者。

2.评残标准说明

(1)1～4级均为全部丧失劳动能力,而3级与4级的区别在于是否需要护理;1～3级有伤残程度的区别,主要是护理等级的不同。

(2)4级与5级之间,在生活能自理方面无区别,主要是劳动能力大部分丧失和部分丧失的区别。

(3)伤残等级不能代替护理等级,即不能用分级原则确定个人可否享受护理费。

(4)因工致残引起的社会心理因素的严重影响，有如毁容和不育等情况应给予特殊照顾。

3. 保险待遇标准

工伤保险待遇标准如图 1—1 所示。

工伤保险待遇标准

- 工伤医疗待遇
  - (1)享受范围。治疗工伤或职业病，包括旧伤复发治疗和医疗期满后继续治疗，享受工伤医疗费用报销和补助待遇，而治疗非工伤的疾病按照职工基本医疗保险办法处理，即个人负担一定的费用。对 1～4 级全残者可酌情补助。
  - (2)报销和补助标准。挂号费、住院费、医疗费、药费、就医路费等医疗费用全额报销；住院伙食补助费按因公出差伙食补助标准补助 2/3；转院到外地治疗的旅途中，按因公出差标准报销交通费、伙食费。
  - (3)定点医疗。一般在工伤医疗合同医院治疗，紧急时可到就近医院或医疗机构治疗；需转院或到外地就医的，实行医疗费统筹时要由合同医院提出意见，并经保险经办机构批准。
  - (4)单位及时救治。企业必须落实医疗抢救措施，确保工伤职工得到及时救治，并做好工伤预防、工伤职工管理等工作。
- 工作津贴待遇
  - (1)待遇标准。工伤津贴是工伤医疗期间生活津贴，标准为工伤职工本人受伤前 12 个月内平均工资收入。
  - (2)享受时间。在治疗工伤或职业病停工休息的医疗期内发给。工伤医疗期一般为 1～24 个月，最长为 36 个月。具体执行时间长短，要由治疗工伤的合同医院提出意见，经当地劳动鉴定委员会确认。评残后，大多数返回工作岗位领取工资，少数人全残可领取伤残抚恤金。
- 伤残抚恤金待遇
  - (1)享受范围。发给因工致残完全丧失劳动能力并退出生产工作岗位的工伤职工。退出生产工作岗位就是指办理退休。因工致残大部分丧失劳动能力时在企业难于安排工作的，也应享受伤残抚恤金。
  - (2)待遇标准。1 级伤残每月发给本人工资 90%，2 级 85%，3 级 80%，4 级 75%，5 级和 6 级发 70%。
- 护理费待遇
  - (1)享受范围。发给因工全残退休并符合护理依赖条件的工伤职工。
  - (2)待遇标准。护理 1 级按月发给当地职工平均工资的 50%，2 级 40%，3 级 30%。各省、自治区、直辖市一般根据职工平均工资的变动而定期调整。
- 残疾辅助器具费
  - (1)配置条件。工伤职工因日常生活或者辅助生产劳动需要，必须安装假肢、义眼、镶牙和配置代步车等辅助器具的，由指定医院提出意见并经过批准。不能由自己决定购买并要求报销。
  - (2)报销标准。按国内普及型标准的购置费用报销。这就是说，超过部分的费用自理。
- 易地安家补助费
  - (1)享受条件。全残退休后身边无人照顾需搬家易地居住以得到亲友帮助者。
  - (2)报销标准。一次补助当地职工平均工资 6 个月。同时报销旅途车船费、旅馆费、行李搬运费和伙食补助费。
- 一次性伤残补助金
  - (1)享受范围。因工致残被评定等级的，即按国家评残标准评为 1～10 级者。
  - (2)待遇标准。1 级为伤残职工本人工资 24 个月，2 级为 22 个月，3 级为 20 个月，4 级为 18 个月，5 级为 16 个月，6 级为 14 个月，7 级为 12 个月，8 级为 10 个月，9 级为 8 个月，10 级为 6 个月。一次性发给。
- 丧葬补助金
  - (1)因工死亡范围。工伤事故或职业中毒直接死亡，工伤或职业病医疗期间死亡，工伤或职业病旧伤旧病复发后死亡，因工外出或在抢险救灾中失踪并经人民法院宣告死亡的，以及被评定为 1～4 级并享受伤残抚恤金的期间内因病死亡的，都称为因工死亡并发给丧葬补助金。
  - (2)丧葬补助金标准。当地职工平均工资 6 个月，一次性发给。办理丧事的死者家属和亲友应执行政府对殡葬的规定，就是说，要反对违反殡葬管理规定的行为。
- 供养亲属抚恤金
  - (1)享受范围和条件。主要是《劳动保险条例实施细则》第 45～48 条和有关复函。对这个问题的改革和规范，要由制定《社会保险法》或工伤保险法律法规来决定。
  - (2)待遇标准。配偶每月为当地职工平均工资的 40%，子女和其他亲属每人为 30%。孤老或孤儿再加发 10%。抚恤金总额不得超过死者本人工资。
- 一次性工亡补助金
  - (1)享受范围。与供养亲属抚恤金相同，一般为工亡职工配偶、父母、子女。
  - (2)待遇标准。当地职工平均工资 48～60 个月的金额，一次性发给。48 个月工资是基本标准或最低标准，60 个月工资是选择性标准，由各省、自治区、直辖市根据实际情况确定。

图 1—1 工伤保险待遇标准

第四节　安全教育知识

一、企业职工劳动安全知识教育的类型

对企业职工进行安全知识教育主要是对企业中的管理人员和生产岗位职工两类人员进行安全生产知识的教育，如图1—2所示。

企业职工劳动安全知识教育的类型

- 对企业法人代表、厂长及经理的教育
  - 对企业法代表和厂长、经理主要应进行安全生产方针、政策、法规、规章制度、基本安全技术知识、基本安全管理知识的教育。其目的主要是提高他们对安全生产方针的认识，增强安全生产责任感和自觉性；使他们懂得并掌握基本的安全生产技术和安全管理方法；促使他们关心、重视安全生产，积极做出安全管理工作；促使他们以身作则遵章守纪，并积极支持安全部门的工作，为安全生产提供良好的条件。安全教育时间不得少于40学时。
- 对技术干部的教育
  - 对技术干部的教育主要包括：①安全生产方针、政策和法律、法规；②本职安全生产责任制，主要是在落实"三同时"，实现安全技术措施以及五新工作中他们应承担的责任；③典型事故案例剖析；④系统安全工程知识；⑤基本的安全技术知识。
  - 以前，一般工程技术人员不直接参加生产，不承担安全生产领导责任，往往缺乏接受安全生产教育的迫切性，因此对他们的安全教育是个薄弱环节。事实证明，工程技术人员与安全生产有密切的关系，特别是在产品的设计、研制阶段，新工艺、新技术、新材料的研究试用阶段，如能找出存在的危险，预先采取措施加以预防或消除，就可为安全生产创造极为有利的条件。安全教育时间不得少于24学时。
- 对行政管理干部的教育
  - 对行政管理干部教育的主要内容是安全生产方针政策和法律、法规、安全技术知识以及他们本职的安全生产责任制。目的是使他们提高责任感和自觉性，主动支持安全生产工作。安全教育时间不得少于24学时。
- 对安全生产管理人员的教育
  - 对安全生产管理人员教育的主要内容是国家有关安全生产方针、政策、法规和标准，企业安全生产管理，安全技术，劳动卫生知识，安全文化，工伤保险，职工伤亡事故和职业病统计报告及调查处理程序，有关事故案例及事故应急处理措施等内容。安全教育时间不得少于120学时。

图1—2　企业职工劳动安全知识教育的类型

二、企业职工安全教育的形式

1. 三级教育

(1)第一级。入厂教育是指新入厂的职工(干部和工人)或调动工作的工人以及新到厂的临时工、合同工、培训和实习人员等在分配到车间和工作地点以前，要由厂劳资部门组织，由安全部门进行初步安全教育。其内容包括国家有关安全生产方针政策和法规，本厂安全生产的一般状况，企业内部特殊危险部位的介绍，一般的机械电气安全知识，入厂安全须知和预防事故的基本知识。经考试合格后，再分配到车间。

(2)第二级。车间教育是指在新职工或调动工作的工人在分配到车间后进行的安全教育。由车间主管安全的主任负责，车间安全员进行教育。教育内容有本车间的生产概况，安全生产情况，本车间的劳动纪律和生产规则，安全注意事项，车间的危险部位，危险机电设施、尘毒作业情况，以及必须遵守的安全生产规章制度。

(3)第三级。岗位教育是指由工段、班组长对新到岗位工作的工人进行的上岗前安全教育。教育内容有工段、班组安全生产概况，工作性质和职责范围，应知应会，岗位工种的工作性质，机电设备的安全操作方法，各种安全防护设施的性能和作用，工作地点的环境卫生及尘源、毒源、危险机件，危险物的控制方法，个人防护用具的使用方法，以及发生事故时的紧急救灾措施和安全撤退路线。

三级安全教育时间不得少于40学时。工人经考试合格，领到安全操作证后，方可独立进行操作。没有经过三级教育并考试不合格者绝对禁止独立操作。

2.特种作业教育

(1)特种作业教育是指对接触危险性较大的特种作业人员，如电气、超重、焊接、司机；锅炉、压力容器等工种的工人所进行的专门安全技术知识培训。特种作业人员必须通过脱产或半脱产培训，并经过严格考试合格后才能准许操作。这种培训至少每年一次。

(2)在新工艺、新技术、新设备、新产品投产前也要按新的安全操作规程，教育和培训参加操作的岗位工人和有关人员。

3.经常性教育

(1)对职工应进行广泛的经常性安全教育，要在生产过程中坚持不断。一般的教育方法是班前布置、班中检查、班后总结，使安全教育制度化。重点设备或装置大修，应进行停车前、检修前和开车前的专门安全教育，安技部门应配合主管部门和检修单位进行教育，以确保安全检修。企业应集中力量确保安全检修。对重大危险性作业，作业前施工部门和安技部门必须按预定的安全措施和要求，对施工人员进行安全教育，否则不能作业。

(2)对职工还要进行必要的“离岗安全教育”、“复工安全教育”等，以确保安全生产。

三、企业进行安全教育的方式

1.宣传画、电影和幻灯

(1)各种宣传画以不同方式促进安全。宣传画主要分为两类：一类是正面宣传画，说明小心谨慎、注意安全的好处；另一类是反面宣传画，指出粗心大意、盲目行事的恶果。通过宣传画可以阻止广泛流行的坏习惯，展现安全生产的优越性或对有关安全的特殊问题提供信息，予以劝告或指导。

(2)由于宣传画只给出危害的印象，为了说明事故的全部情节，表示出其环境、起源、危险状况和产生的后果，以及如何预防事故等问题，现在人们已利用电影、电视等来提高人们的安全意识，同时也可以避免工人不愿意接受枯燥的命令相劝告。但应注意电影所反映的情况应符合正常劳动条件，如实地反映出工人的感觉、习惯和情况。如给人虚假的感觉，不但不能保证安全，还会对生产带来不利影响。

(3)为培训专门摄制的影片、录像片比为一般宣传而摄制的影片更有价值。它们对解释新的安全装置或新的工作方法特别有效。电影可以给出说明，示范实验室试验，分析技术过程，用有条理的方法解决疑难和复杂问题，并用慢动作再现快速的事件序列。可给人留下更深刻的印象，而且允许工人提出问题和讨论特殊问题。

(4)幻灯的优越性是只要需要就可以放映，同时能给出更详细的解释，并可以询问问题。但幻灯与宣传画有同样的局限性。

2.听报告、讲课、讲座

报告、讲课、讲座也是安全宣传教育的有力方式。特别是新工人一入厂，通过这种形式的安全教育，可以使他们对安全生产问题有一个概括的了解，针对事故状况、安全规则、保护措施等问题进行专题讲座，使听众与讲解人有直接交换意见的机会，可以加强宣传教育的效果。

3.举办安全知识竞赛活动

(1)许多企业开展“百日无事故竞赛”、“安全生产××天”等多种形式的活动，可以提高职工安全生产的积极性。可把安全竞赛列入企业的安全计划中去，在车间班组进行安全竞赛，对优胜者给予奖励。当然，竞赛的成功与否不在于谁是优胜者，而在于降低整个企业的事故率。

(2)经常开展深入细致的安全活动是必要的。做这项工作的办法是在某个范围内开展安全日、安全周或安全月活动。在许多工业企业开展这项活动时，通常是一般性的；但是在各企业内开展，可以集中在一个专门问题上。可以把前面讲过的不同种安全宣传工作结合起来。

(3)安全日、安全周或安全月活动在必要的情况下，还可得到政府有关部门的支持和赞助，通过报刊、广播、电视、电影等向人们宣传。活动可以包括展览、放映电影、示范表演、竞赛、讨论等。

4.展览安全出版物

展览及安全出版物。展览是以非常现实的方式使工人了解危害和怎样排除危害的措施。展览与有一定目的其他活动结合起来，可以得到最佳效果。例如，通道展览物，把注意力集中到有关工厂近来发生的事故上：一个坏砂轮中飞出的砂轮碎片被防护罩挡住，或安全帽保证了人员安全等。这种展览体现了安全预防措施和实用价值。

5.充分发挥劳动保护教育中心和教育室的作用

20世纪90年代以来，各省、自治区、直辖市劳动部门先后建立了一些劳动保护教育中心，各行业、企业也建立了劳动保护教育室，这是开展安全知识教育、交流安全生产先进经验的重要场所，需采取多种形式，充分发挥劳动保护教育中心和教育室的作用，推动安全教育进一步发展。

总之，各个企业要根据单位实际情况，因地制宜；有所创新，才能取很好的宣传教育效果。

四、建筑施工工人安全教育的基本要求

(1)新进场或转场工人必须经过安全教育培训，经考核合格后才能上岗。

(2)每年至少接受一次安全生产教育培训，教育培训及考核情况统一归档管理。

(3)季节性施工、节假日后、待工复工或变换工种也必须接受相关的安全生产教育或培训。

第五节　上　岗　证

一、建筑工人持证上岗要求

工地电工、焊工、登高架设作业人员、起重指挥信号工、起重机械安装拆卸工、爆破作业人员、塔式起重机司机、施工电梯司机、厂内机动车辆驾驶人员等特种作业人员，必须持有政府主管部门颁发的特种作业人员资格证方可上岗。

二、上岗证存档资料

上岗证存档资料内容如下：

声　明

单位名称＿＿＿＿＿＿　本人身份证号＿＿＿＿＿

姓　名＿＿＿＿性　别＿＿＿＿工　种＿＿＿＿血　型＿＿＿＿

本人郑重声明，我已认真阅读了《施工现场操作人员入场安全须知》并已接受三级安全教育。

项目入场教育(一级)　签字＿＿＿＿

施工队操作规程、遵章守纪教育(二级)　签字＿＿＿＿

班组岗位责任和安全操作教育(三级)　签字＿＿＿＿

第六节　施工安全生产知识

一、建筑施工安全生产标准体系的层次

安全生产标准体系的层次为安全生产国家标准、安全生产行业标准、有关地方标准，按标准化的对象又可以分为：基础标准（如《职业安全卫生标准编写的基本规定》）、管理标准（如《重大事故隐患评价方法及分级标准》）、技术标准（电气安全标准、防尘标准等）和其他综合标准。具体内容如图 1—3 所示。

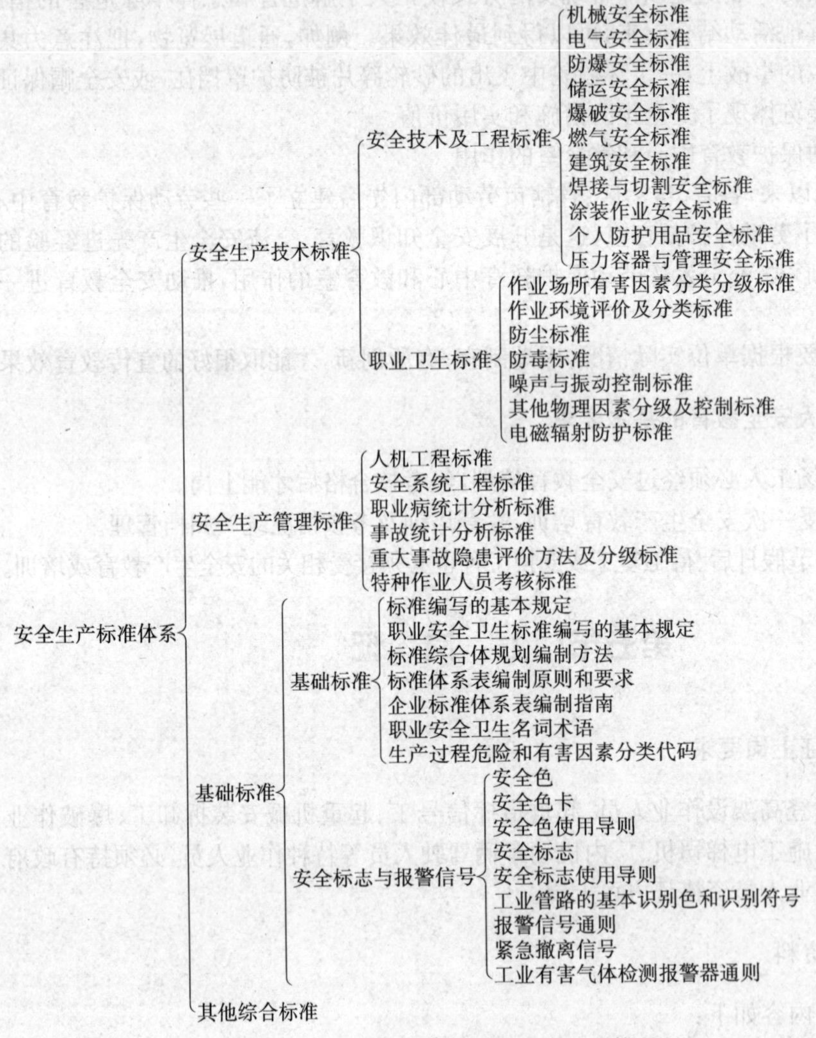

图 1—3　安全生产标准体系

二、安全生产方针的内容

安全生产方针又称劳动保护安全方针，是我国对安全生产工作所提出的一个总的要求和指导原则，它为安全生产指明了方向。要搞好安全生产，就必须要有正确的安全生产方针。

1. 安全生产工作的重要性

(1)在生产过程中安全是生产发展的客观需要,特别是现代化生产,更不允许有所忽视,必须强化安全生产,在生产活动中把安全工作放在第一位,当生产与安全发生矛盾时,生产要服从安全。这就是安全第一的含义。

(2)我国是社会主义国家,安全生产是党和国家的一项重要政策,是保护劳动者安全、健康和发展生产力的重要工作,同时也是维护社会安定,促进国民经济稳定、持续、健康发展的基本条件,是社会文明程度的重要标志。安全生产也是社会主义企业管理的一项重要原则,这是社会主义制度的性质所决定的。

2.安全与生产的辨证统一

(1)在生产建设中,必须用辨证统一的观点去处理安全与生产关系。也就是说,企业领导者必须善于安排安全和生产。越是生产任务忙,越要重视安全,把安全工作搞好。否则,就会招致工伤事故,既妨碍生产,又影响安全。这是生产实践证明了的一条重要经验教训。

(2)怎样理解安全和生产的辨证统一关系呢?在生产过程中,安全和生产既有矛盾性,又有统一性。所谓矛盾性,是指生产过程中不安全因素与生产的矛盾。要对不安全因素采取措施,就要增加支出,或影响生产进度。所谓统一性,是指对不安全因素采取措施后,改善了劳动条件,职工就有良好的精神状态和劳动热情,劳动生产率就会提高。没有生产活动,安全工作就不会存在;反之,没有安全工作,生产就不能顺利进行,这就是安全与生产互为条件、互相依存的道理,也就是安全与生产的统一性。

3.安全生产工作必须强调预防为主

安全生产以预防为主是现代生产发展的需要。现代科学技术日新月异,在生产过程中,安全问题十分复杂,稍一疏忽就会酿成重大事故。预防为主,就是要在事前做好安全工作。要做到"防微杜渐","防患于未然"。要依靠技术进步,加强科学管理,搞好科学预测与分析工作,把事故消除在萌芽状态。"安全第一,预防为主",二者是相辅相成,互相促进的。"预防为主"是实现"安全第一"的基础,要做到"第一",首先要搞好预防措施。预防工作做好了,就可以保证生产安全。

三、建筑施工的安全标志

安全标志是指在操作人员容易产生错误而造成事故的场所,为了确保安全,提醒操作人员注意所采用的一种特殊标志。目的是引起人们对不安全因素的注意,预防事故的发生,安全标志不能代替安全操作规程和保护措施。根据国家有关标准,安全标志应由安全色、几何图形和图形符号构成。

国家规定的安全色有红、蓝、黄、绿四种颜色,其含义是:红色表示禁止,停止(也表示防火);蓝色表示指令或必须遵守的规定;黄色表示警告、注意;绿色表示提示、安全状态、通行。

建筑工程施工常见的安全标志有警告标志、指示标志、禁止标志、指令标志及常用应急电话号码等,如图1—4～图1—7所示。常用应急电话号码有:火警(119)、医疗急救(120)、匪警(110)。

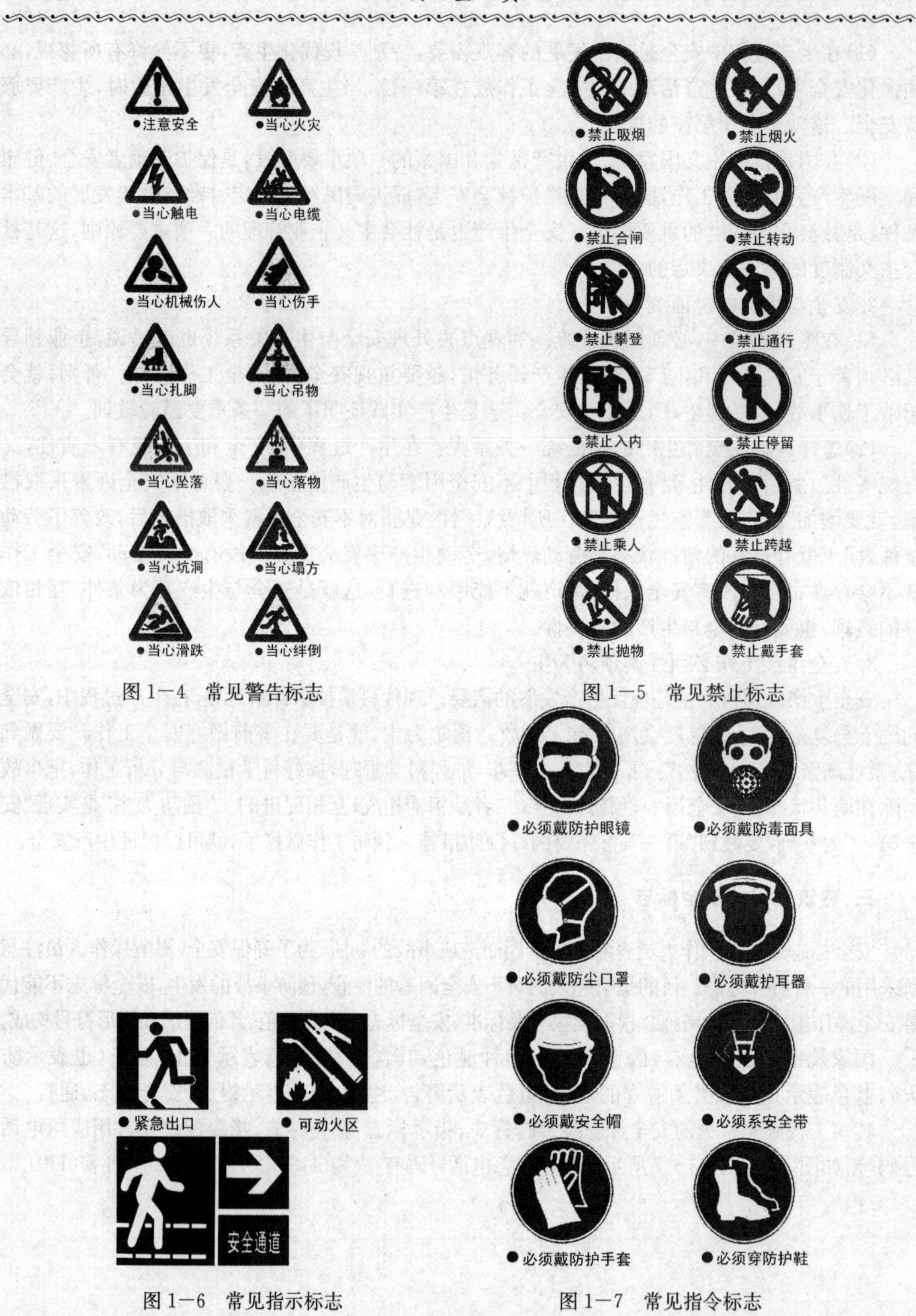

图 1—4 常见警告标志

图 1—5 常见禁止标志

图 1—6 常见指示标志

图 1—7 常见指令标志

对于安全标志牌要进行检查。该项检查是对所设安全标志同作业现场条件和状态是否相适应的一种检查。

第七节 劳动保护知识

一、劳动保护及职业安全卫生

劳动保护是指保护劳动者在劳动生产过程中的安全、健康。从这个简短的定义中可以看出，劳动保护的对象很明确，是保护从事劳动生产的劳动者。劳动保护的另一个含义是依靠技术进步和科学管理，采取技术措施和组织措施，来消除劳动过程中危及人身安全和健康的不良条件和行为，防止伤亡事故和职业病危害，保障劳动者在劳动过程中的安全和健康的一门综合性科学。

劳动保护很突出的一点是卫生的内容，同时也包括个体防护、未成年工保护、女工保护、工时休假等内容。

职业安全卫生是指防止劳动者在职业岗位上发生职业性伤害和健康危害，保护劳动者在劳动过程中的安全与健康。

职业安全卫生与劳动保护的概念大体相同，职业安全卫生的概念主要来源于发达资本主义国家，20 世纪 80 年代后期才引入我国。职业安全卫生的概念是在 1970 年美国颁布的《职业安全卫生法》中确立的。

1994 年全国人大常委会通过的《劳动法》第六章中提出了劳动安全卫生的概念，主要是指劳动过程中要保证劳动者的安全与健康。《劳动法》的界定很明确，该法适用于在中华人民共和国境内的企业、个体经济组织和与之形成劳动关系的劳动者。

二、职业健康安全知识

(1)注意饮食卫生，不吃变质饭菜，应喝开水，不要喝生水。

(2)讲究个人卫生，勤洗澡，勤换衣，穿防护服，避免化学品腐蚀肌肤、眼睛及呼吸系统。

(3)夜间施工休息时，身体多汗，肢体处于不动状态，在寒风的刺激下，皮肤小血管收缩、微循环不良，容易产生局部冻伤。在冬季施工时应避免肢体长时间不动，要做到勤搓手、脚、脸和做跺脚活动。休息时间不宜过久，尤其是不要在休息时打瞌睡。

(4)在水中作业时，须穿防水服和胶靴，外露部位如手、脸可擦些油脂(凡士林等)或护肤霜，减少散热。一次浸泡的时间不宜太长。根据气候条件，每隔半小时或一小时，要上岸活动一次，将浸泡的局部用布擦干后进行按摩，帮助改善血液循环。还可以喝一些热茶或姜糖水保暖身体。

(5)遇到潮湿多风天气，特别是气温在 1℃～2℃的天气，要特别注意防潮防寒措施，如穿戴防寒服装、防寒鞋、防寒手套，扎紧袖口、裤脚，颈部围围巾等。鞋袜、衣服、手脚湿了要及时擦干或烤干，鞋袜不要过紧，不要赤手接触冷的铁器，以防止撕裂皮肤。工间休息要找向阳避风的地方，休息时间要短。

(6)下工后要及时用热水泡脚，换上干的鞋袜；平时坚持用冷水洗脸、洗手或进行冷水浴等，加强耐寒训练，如跑步、做操、打拳等提高肌体的适应能力。增强脂肪、蛋白质和维生素的摄取，提供较多的能量和提高耐受能力。建立合理的劳动休息制度，避免在低温环境中一次停留时间过长。对于低温作业人员应定期体检，年老、体弱及有心、肝、肾等系统疾病患者，应避免从事低温作业。

(7)宿舍被褥应叠放整齐、个人用具按次序摆放;保持室内,外环境整洁。

(8)吸烟要注意防火,一定要将烟火掐灭。

(9)不吃过期食品、不酗酒、多进行身体锻练。

(10)员工应注意劳逸结合,积极参与健康的文体活动。

(11)出现身体不适或生病时,应及时就医,不要带病工作。

(12)不随地吐痰,不乱扔烟头、纸屑、果皮等。

(13)嘈杂环境下必须戴好耳塞。

(14)要注意用正确方法搬抬重物。

(15)过马路要走人行横道或过街天桥,上路要尽量靠右行驶,严禁在马路上抢跑。

(16)关爱生命、关注安全,共创和谐社会。

第二章　安全员基本要求

安全工作是全员化的工作，但也要有一个高效而精干的专门机构来实施。企业的安全机构一般可以分为4个层次：第一层次是成立以经理（厂长）、分管副经理（副厂长）、各职能部门负责人和党群相关部门组成的企业安全生产委员会，对企业安全工作的重大问题进行研究、决策、督促和实施；第二层次是成立安全管理部门，负责日常安全工作，对上起助手和参谋的作用，对下起布置和指导的作用；第三层次是各级各部门的兼职安全员，负责部门、单位的日常安全检查、措施制定、现场监护等方面的工作；第四层次是成立工会劳动保护监督检查委员会，组织职工广泛开展遵章守纪和事故预防的群众性活动。这样才能形成安全管理监督的网络。

通常情况下，企业要按照职工总数的3‰～5‰的比例配备专职安全生产管理人员，并保持安全人员的相对稳定。有的部门按照工程造价确定安全员的人数。作为施工企业，工点较为分散，安全人员的比例应该适当提高，有的企业规定50人（含外协队伍和临时性用工）以上的工点配备一名专职安全人员，效果比较好。

第一节　安全员的基本素质

安全业务是一项综合性工作，安全人员一定要觉悟高、身体好、业务精、能力强，一般情况下应具备如下条件：

(1)坚持四项基本原则，拥护改革开放，有一定的政策理论水平和安全工作管理经验。

(2)掌握安全技术专业知识。

(3)懂得企业的生产流程、工艺技术（施工方法），了解本企业生产过程中的危险部位和控制方法。

(4)能够深入一线，依靠基层专业人员和操作工人实施各项安全技术措施，具有较强的组织能力、分析能力和综合协调能力。

(5)能够深入施工（作业）现场调查研究，监督安全技术措施和制度的执行情况，能够会同生产、技术部门改进现有的安全技术措施，或提出意见供决策参考。

(6)具有较强的语言表达能力，敢于坚持原则，热爱本职工作，密切联系群众。

(7)有较好的身体素质和一定的文化水平。

安全员的权利有哪些？

(1)有权检查所在单位的安全管理；安全技术措施的落实和现场安全情况，遇有严重隐患和违章行为，有可能立即造成重大伤亡事故的危险，有权停止生产。

(2)根据有关人员和部门在安全生产中的不同表现，有按照本单位的规定执行奖惩的权力。

(3)对于不符合安全的决策和有关的评比，从安全的角度有否决的权力。

第二节　安全员的任务

安全员的任务主要有：

(1)会同有关部门做好安全生产宣传教育和培训,总结和推广安全生产的先进经验。

(2)指导下级安全员开展安全工作。

(3)参加编制年度安全技术措施计划和安全操作规程、制度的制定工作。

(4)督促有关部门做好防护用品、保健食品的采购和发放工作。

(5)经常进行安全检查,及时发现各种不安全问题。

(6)参加伤亡事故的调查处理,做好报告和统计工作,防止事故的发生。

(7)做好防暑、防毒等劳动保护工作。

第三节 安全员的责任

安全的责任主要有:

(1)所在单位如果安全工作长期存在严重问题,既没有提出意见,又没有向上级汇报,因而发生了事故,要负责任。

(2)在安全检查中不深入不细致放过了严重隐患而造成事故,要负责任。

(3)在安全评比中,由于所掌握的资料不真实,以致影响评比工作,要负责任。

(4)其他业务工作差错,要负责任。

第四节 安全员应做的日常工作

安全员的主要日常工作是建立并检查安全生产规章制度的落实情况,对施工现场进行检查并做出处理,进行安全技术管理,进行安全教育等内容。

1. 建立并落实企业安全生产规章制度

不同企业所建立的安全生产规章制度也是不同的,不同的企业应根据本企业的特点,制定出具体而且操作性强的规章制度。一般来说企业应建立以下规章制度:

(1)综合管理方面,安全生产总则、安全生产责任制、安全技术措施管理、安全教育、安全检查、安全奖惩、设备检修、隐患管理与控制、事故管理、防火、承包合同安全管理、安全值班等制度。

(2)安全技术方面,特种作业管理、重要设备管理、危险场所管理、易燃易爆有毒有害物品管理、交通运输管理、安全操作规程等。

(3)职业卫生方面,职业卫生管理、有毒有害物质监测、职业病、职业中毒管理。

(4)其他方面,女工保护制度、劳动保护用品、保健食品、职工身体检查等。

2. 对安全检查发现的问题做出处理

(1)对于检查中发现的问题应分类登记。

(2)应研究整改方案,做到"三定",定整改责任人、定整改措施、定整改期限。

(3)对于整改的结果应进行复查、销案。

(4)现场处置。现场处置方法主要有三种,即限期整改、禁止作业、处罚,这三种方法有时可以合并使用,如采取禁止作业的同时可以对责任人进行罚款处理等。

3. 主要业内工作

业内工作主要包括技术分析、决策和信息反馈的研究处理,其中安全技术资料是内业管理的重要工作,它是施工安全技术的指令性文件、实施的依据和记录,是提供安全动态分析的信息流，主要包括以下资料：

(1)安全组织机构情况。

(2)安全生产规章制度。

(3)安全生产的宣传培训资料。

(4)安全检查考核资料，包括隐患整改资料。

(5)安全技术资料，包括生产计划、安全措施、安全交底资料和重要设施的验收资料。

(6)采用新工艺、新技术、新设备、新材料安全交底书和安全操作规程。

(7)班组安全活动资料。

(8)安全奖惩资料。

(9)有关安全文件和会议记录。

(10)伤亡事故档案。

(11)总、分包工程安全文书资料。

(12)特种作业人员的登记台账等。

4.安全技术管理

(1)对工艺和设备的管理。生产工艺过程产生的危险因素，是导致事故发生、造成人员伤亡和财产损失的主要危险源。加强生产工艺过程安全技术管理，是防止发生事故、避免或减少损失的主要环节。生产工艺过程安全技术管理主要包括工艺安全管理和设备安全管理。生产工艺是指导企业组织生产的重要文件，主要包括加工的方法、设备的选用、原材料的选择、工序的安排及加工过程的人员组合。生产工艺的优劣直接影响生产效率和产品质量，如果它缺乏安全内容，同样会影响甚至阻碍生产的进行。

企业的设备管理主要包括以下内容：

认真执行以防为主的设备维修方针，实行设备分级归口管理，协调管、用、修关系，明确各方职责，努力把设备故障和设备事故消除在萌芽状态。

正确选购设备，严格采购后的质量验收把关，保证其安全和可靠性，并认真进行安装调试。

制定和实施工艺规程和操作规程，正确合理使用设备，防止不按操作规程使用设备和超负荷现象。

做好日常的设备维护、保养工作，并认真执行设备的计划预防修理和定点、检修制度。

有计划、有步骤地积极进行设备的改造与更新工作，尤其是那些可靠性和安全性不好的陈旧设备要重点地进行更新、改造，以提高设备本身安全水平，改善劳动条件。

(2)生产环境安全的管理。主要包括场地的布置，建筑物、设施的安全卫生要求，劳动条件，仓库的安全距离等方面的内容。

(3)组织制定和实施安全技术操作规程。

(4)加强个人防护用品的管理。

(5)组织制定安全技术标准。安全技术标准是保证企业安全生产的基本准则。促进安全工作标准化，是提高安全管理水平的重要途径。安全工作标准化包括安全管理标准化、设备安全标准化、作业环境标准化、岗位操作标准化。

第三章　现场施工安全管理制度及措施

安全管理是就安全生产工作进行的计划、组织、指挥、协调和控制的一系列活动,其目的是保证在生产、经营活动中的人身安全和健康以及财产安全。它是一项社会系统工程,既需要国家的组织和协调,更需要企业的全员、全过程的参与,同时需要社会力量的协助和支持。

安全生产管理制度是根据我国安全生产方针及有关政策和法规制定的,是企业和职工在生产活动中共同遵守的安全行为的规范和准则。安全生产管理制度是企业规章制度的重要组成部分,通过安全生产管理制度,可以把广大职工组织起来,围绕安全目标进行生产活动。

企业必须建立安全基本制度,即安全生产责任制、安全技术措施计划、安全生产教育与培训、安全生产定期检查以及文明施工管理制度等。

随着社会和生产的发展,安全生产管理制度也不断发展,在安全基本制度的基础上又建立了许多新的制度,如安全卫生评价,易燃、易爆、有毒物品管理,防护用品使用与管理,特种设备及特种作业人员管理,机械设备安全检修,动火、防火及文明生产等制度。

第一节　现场施工安全管理概述

一、我国安全管理体制的内容

(1)企业负责。这一原则强调了企业是安全管理的主体,适应了社会主义市场经济的要求,要求企业采取技术的、经济的、行政的手段来确保安全,进一步加重了企业的安全生产责任。

(2)行业管理。企业主管部门要根据"管生产必须管安全"的原则管理本行业、系统的安全工作,建立机构、配备人员,贯彻有关规定和标准,对本行业和系统的安全生产工作进行计划、组织、检查、考核。目前这一行业管理的职能有弱化的趋势,部分工作内容将由国家安全主管部门承担。

(3)国家监察。由国家安全主管部门及其派出机构代表国家进行安全监察,主要监察国家法规、政策的执行情况,预防和纠正违反法规、政策的偏差,但不干预企业的具体事务,不能代替行业管理部门和企业的日常管理和安全检查。

(4)群众(工会组织)监督。工会对危害职工的安全和健康的现象有抵制和纠正乃至控告的权力,这种监督是与国家安全监察和行业管理相辅相成的。

(5)劳动者遵章守纪。许多事故的发生与职工的违章行为有着直接的关系,因此,劳动者在生产过程中应该遵守安全生产规章制度和劳动纪律,严格按照操作规程作业,这是对事故进行主动预防的措施之一。从业人员的安全义务已经写入《安全生产法》。

二、安全管理现代化的概念

安全管理现代化是指按照客观规律,在传统管理经验和有效方法的基础上,积极采用现代自然科学、社会科学、管理科学等一系列成果对安全生产实行科学管理。

安全管理现代化的内容:

（1）管理思想现代化，它是安全管理现代化的灵魂，也就是要树立以人为本、安全第一、注重科学的思想。要努力建立安全第一的哲学观、安全是生产力的认识观、安全表征人类生存质量的效益观、安全是综合效益的价值观、设置合理安全性的风险观和人机环协调的系统观。

（2）管理组织现代化，就是要求管理组织要合理，它是安全管理现代化的保证，包括管理体制、领导制度、机构设置、规章制度、职责分工等内容。它还要求建立安全保证体系，实行全员、全过程管理，做到指挥灵、信息快、效率高、效果好。

（3）管理人才的现代化，就是从事安全管理的工作人员以及各级领导都有良好的政治素质、管理素质和技术素质。

（4）管理方法的现代化，就是积极学习和运用国内外的安全管理方法和技术，如目标管理、管理心理学等，逐步实现由单项现代管理方法向多项现代管理方法的转化。

（5）管理手段的现代化，运用计算机进行安全生产的辅助管理，还可以运用检测、监控手段以及经济、行政、法律等手段。

三、施工企业安全管理的基本要点

1.齐心协力是保证安全管理的根本

建筑施工的安全，并非仅靠"无伤亡事故"的口号就可以唾手而得，只有上下各级相互协作才能达到目的。为了消灭伤亡事故，施工机械设备的配备，施工作业程序、作业方法，作业人员的技能培训和安全教育等都必须相互衔接良好，并且要进行科学的、无隐患的、高质量的施工作业。而现场管理者，包括基层作业班组长、安全管理员，都要担负起自己的责任，认真地投入到落实安全管理措施和对策中去。

（1）施工管理者，要切实树立起"人命关天"的观念，在自己的职责范围内，全力实施安全管理的各项目标、计划，制度，确保本企业安全机制正常运行。

（2）施工安全员要对参与现场作业的一切人员进行安全指导，行使安全员的职责。

（3）作业人员应该积极参与企业的安全活动，不仅要做到自身不受到伤害，同时也要对他人负责，做到不伤害他人。

（4）在施工现场内大家要恪守各自岗位的职责与安全要求，营造作业场所的安全氛围，并形成一体的"相互协作"——这就是安全的根本。

2."习以为常"是安全的大敌

日常施工作业大多都是单调的、重复性的作业。

当重复性的作业做了数次、数日，甚至数月以至数年就形成了习惯，习惯了就会提高速度，提高效率。一方面，成效高了、时间省了，但另一方面，却容易造成疏忽和怠惰。

习惯是可怕的，作业人员可能会认为已经做了数日、数月甚至数年，偶尔一次不配戴安全带也无妨。可能这一次没有出现事故，但有了这可怕的第一次，终究逃脱不了以后某一次的杀身之祸，原因也就在于过度自信的"习以为常"。

3."如果……就……"的后悔药于事无补

在伤亡灾害发生后，我们经常会听到一些人痛心疾首的话语：

"如果铺架安全网，而且注意的话就……"；

"如果戴上安全帽，这事情就……"；

"如果使用了安全带，那么就……"；

"要是按照作业标准去执行，那也就……"。

这些假设关系的后悔药对已经发生的灾难来说是于事无补的！最多也仅仅是一种无奈的悲叹！这些话语的毛病，就如同作业现场明明存在着许多危险，却还在高喊什么"创建比现在更安全的现场"一样无知和无奈。

为什么不采用以下肯定关系的语句并付诸实际行动呢？

"高空作业必须铺架安全网，否则……"；

"进入作业现场，必须戴上安全帽，否则……"；

"高空作业必须系带安全带，否则……"；

"作业标准必须逐条准确操作，否则……"。

4. 事故的发生是环境与人共同作用的结果

(1)建筑施工企业中导致伤亡灾害的事故如果以类别区分，其中占压倒多数的是高处坠落、物体打击、机械伤害和触电四种情况，无论是国内外，也无论是历年的统计数据，都没有改变过这种状况。而施工企业四大安全祸害中，高处坠落更是"重复灾害"的典型，位居几大魔头之首。

(2)从观察与统计可以得出，造成"高处坠落"这种灾害的两大主要因素是："物"处于不安全的状态以及"人"采取了不安全的行动。如果这两大因素的阴影部分重叠，灾害魔影就会出现。

(3)参与现场作业的各位，千万要注意"物"的状态和"人"的行动。

四、施工现场管理中人际关系的处理

1. 调动起人的自主性

一般来说，职位较低的作业者或普通的管理者，不是经历少，便是文化知识缺乏；不是缺乏实践工作经验，便是缺乏全盘性思索问题的能力；因此，对于善于培养、培育人才的公司或企业的领导者，对下属的引导与教育，绝不是停留在"应该这样做""不应该那样干"的就事论事上，而是要调动起他们主动去考虑、去思索、去行动的自主性。如果对下属给予过分详细的指示与批评，下属就容易成为"等候指示的员工"，成为需观上司眼色行事、在乎上司意见的人。而自主从事具体工作是教育人的真正目的，这种结果极大地关系着安全性与生产能力的提高。

2. 搞好施工中的安全周期活动

周期性地进行防止作业伤害事故的活动，是施工安全一体化的需要。为保证现场安全，必须配合作业现场的施工规模以及施工项目的种类，列出可实施的具体事项，并重复执行，同时，不仅要提高安全意识，还必须树立无伤亡事故全面完工的信念。

一般情况下，由于安全活动模式比较固定、呆板，大家都容易产生"习以为常"的感觉，因此，具体负责策划的领导层、安全员需要经常思索、创新，充分征集、采纳作业人员的意见，努力使安全管理、安全周期活动多样化、活泼化、生动化。

3. 进场前反复叮嘱安全注意事项

反复叮嘱并非让现场安全人员一个人反复地、呆板地叙说"安全重要""安全第一"等话语，而是要让他和安全助理员一起提出要求、说出希望。提出要求，是指对一天的作业目标、作业安全等方面的要求进行布置；说出希望，是指作业队长需要给作业者带来希望：即使在发生困难的情况下，只要具有冲破以及超越困难的信心，就会作出卓越的成绩。

通过每天早晨有全体现场作业人员参加的例行会议，通过一再重复讲话内容的形式，从而迈出安全管理的第一步。

作业队长与现场安全员、安全助理员等人反复重复相互的讲话内容，并非是啰嗦和婆婆妈妈的行为，而是一种秉持信念的行为，时间长了，必然会被作业人员渐渐了解和理解。

4.要以“旁观者”的眼光巡视安全

(1)作业观场的施工安全员或作业班组长巡视现场的重要目的是为了防止事故。而这种巡视是具有一定威慑力的。

(2)由一人或数人巡视作业现场,自然就会发现迄今未曾引起注意的不安全因素。而这种巡视必须以“旁观者”的客观眼光去观察事物,这种观察是很重要的。

(3)以旁观者的眼光去观察、巡视,对事故的防范效果极佳。

5.营造轻松的工作氛围

“高高兴兴上班,平平安安回家”。这众所周知的广告语,高度浓缩了“安全是生活的基础”的哲理。

在上班工作过程中,人们常会感到疲劳、烦恼,例如工作场所同事之间的人际关系、与上司之间的摩擦等。人们不仅要承受劳动作业所带来的身体疲劳,还要承受有关人际关系方面的精神疲劳,于是,事故难免会乘虚而入。

为了保持每日的工作精力以及保证工作安全,“建立明朗的工作场所,营造轻松的工作氛围”是十分必要的,其中包括以下几方面:

(1)工作职责、范围分工明确,各负其责。

(2)充分实行作业作息间隙的安全生产教育,培养作业者的自信与兴趣。

(3)在作业场所内,作业班组之间应建立相互协助性的联系,形成一种人人皆感融洽的气氛。

6.从管理细微处去温暖作业员工的心

(1)作业员工对于上司能够记得和叫得出自己的名字,甚至对自己个性特征、爱好都有所了解,是会感到很高兴的。见面互道“早上好!”“下午好!”“您好!”固然不差,但是如果用“××师傅,××先生,您好!”的叫法,不是显得更亲切吗?它可以一下子把人与人之间的距离拉得更近。

(2)无论何人都有“自尊欲望”。保持平等的心态去呼唤部下,并从心底里尊重部下存在的价值,那么这种呼叫姓名的“关心”,就会使作业场所气氛融洽、亲近。

(3)作业队长先生、安全员先生:请努力记着你部下每个人的名字,再努力记着他们的生活、工作、娱乐爱好。

7.作业现场的问题由大家共同商讨解决

作业现场的问题往往表现在施工工期紧、各种材料供应脱节以及由材料质量引起的施工困难等等。如果在这种情况下,只是作业队长一个人烦恼,或者大家都不相互协作,各行其事,那么,困难非但得不到解决,还会引发作业事故。

对安全员、施工人员来讲,遇到这种情况时,应该做到以下几点:

(1)坦率地对大家讲出目前困境的原因,并表现出诚恳征求广大作业员工意见和建议的姿态。

(2)敞开心扉,寻找作业骨干“深入谈话”,征求意见与建议,以此努力引起共鸣,建立真正意义上的“同盟协助者”。与第一位建立了“同盟协助者”关系,必然会有第二、第三、第四位。

第二节　施工安全责任制

一、建筑施工安全责任制的作用

建立和健全以安全生产责任制为中心的各项安全管理制度,是保障安全生产的重要组织手段，它是企业最基本的一项安全制度。就施工企业而言，安全生产责任就是对企业所有人员规定安全责任的一种制度，有了安全生产责任制，就能够把安全和生产从组织领导上统一起来，真正把安全生产落到实处。

(1)建立了安全生产责任制就明确了企业各方面人员的安全责任，可以有效地防止和克服安全工作中的混乱和推诿现象。

(2)建立安全生产责任制可以更好地发挥企业安全专职机构的作用，使各方面职责明确地共同搞好安全工作，可以更好地发挥企业安全专职机构作为领导在安全工作上的助手和组织者的作用。

(3)建立安全生产责任制，有利于发生事故时进行调查、处理，对于分清责任、吸取教训、改进工作都有积极作用。

二、施工企业经理和主管生产的副经理的安全生产责任

(1)认真贯彻执行劳动保护和安全生产政策、法令和规章制度。

(2)定期向企业职工代表会议报告企业安全生产情况和措施。

(3)制定安全生产工作规划和企业各级干部的安全责任制等制度，建立健全安全生产的保证体系。

(4)定期分析研究解决安全生产中的问题。

(5)定期组织安全检查、开展安全竞赛等活动。

(6)组织审批安全技术措施计划并布置实施。

(7)督促各级领导干部和职能部门的职工做好本职安全工作。

(8)对职工进行安全、遵章守纪及有关安全法规的教育。

(9)总结推广安全生产先进经验。

(10)主持重大伤亡事故的调查分析，提出处理意见和改进措施，并督促实施。

三、施工企业总工程师的安全生产责任

(1)在编制和审批施工组织设计(施工方案)和采用新技术、新工艺、新设备时，必须制定相应的安全技术措施。

(2)编制审查企业的安全操作规程，及时解决施工中的安全技术问题。

(3)对职工进行安全技术教育。

(4)负责提出改善劳动条件的项目和实施措施。

(5)参加重大伤亡事故的调查分析，提出技术鉴定意见和改进措施。

四、施工企业项目经理的安全生产责任

(1)在项目施工生产全过程中，认真贯彻落实安全生产方针、政策、法规和各项规章制度，结合本项目的特点，提出有针对性的安全管理要求，严格履行安全考核指标和安全奖惩办法。

(2)认真落实施工组织设计中安全技术管理的各项措施，严格执行安全技术措施审批制度，施工项目安全交底制度和设施、设备的验收、使用制度。

(3)领导组织安全生产检查，定期研究分析承包项目施工中存在的不安全问题并加以解决。

(4)发生事故后，保护好现场，及时上报，并认真吸取教训。

五、施工企业项目队长、领工员的安全责任

(1)组织实施安全技术措施,进行安全技术交底。

(2)对施工现场搭设的架子和安装的电气、机械等安全防护装置,申请或组织验收。

(3)不违章指挥。

(4)组织工人学习安全操作规程,教育工人不违章作业。

(5)认真消除事故隐患,发生工伤事故要立即按照有关程序汇报,并保护好现场,参与事故的调查。

六、施工企业安全员的安全生产责任

(1)在主管领导直接领导下,努力做好本职工作,学习安全生产管理等业务知识,贯彻执行有关安全生产的规章制度,并接受上级安全部门的检查和业务指导。

(2)负责实施对新工人、招聘民工和复岗人员的三级安全教育(工地一级的安全教育)和考试,定期对职工进行安全生产的宣传教育,做好每年的安全考核、登记和上报工作。

(3)协助领导开展定期的安全生产自查和专业检查,对查出来的问题进行登记上报,并督促按期解决。协助领导组织好本单位的安全例会、安全日活动,开展安全生产竞赛及总结先进经验。

(4)经常深入施工现场检查和了解安全生产的状况,并做好检查日记,检查职工对安全规章制度的执行情况,详细记载施工现场发现的不安全行为和隐患,并应立即制止或发出整改通知书,报告主管领导,协助施工单位研究解决办法,监督实施,对严重违章行为按章处罚。

(5)参加伤亡事故调查、分析、处理,提出防范措施,负责伤亡事故和违规违章的统计上报。

(6)督促检查施工现场安全防护措施器具,机械设备的检查、检测、验收和个人劳动防护用品的产品质量,协助有关部门监督禁止采购伪劣不合格产品。

(7)安全人员在执法检查时,必须严肃认真,坚持原则,秉公办事,实事求是,与有关部门紧密合作,共同搞好安全管理工作。

七、施工企业班组长的安全生产责任

(1)负责班组的安全生产,对本班组所发生的伤亡事故负直接责任。

(2)遵守本工种安全技术操作规程和有关安全生产制度、规定,根据班组人员的技术、体力、思想等情况,合理安排工作,做好安全交底,开好班前、班后的安全会。

(3)有权拒绝违章指挥,随时制止班组人员的违章作业行为。

(4)组织搞好安全活动日,安全活动要有重点、有内容、有记录,参加人员要有签字,并定时进行安全评比。

(5)组织本班组职工学习安全技术操作规程和上级部门颁布的安全管理制度,教育本班人员不得违章蛮干,不得擅自动用施工现场的水、电、风、汽机阀门和开关,不得随意拆除安全防护设施。

(6)服从安全员的检查,听从指挥,接受改进措施,做好上下班的交接工作和自检工作,对新调入的工人要进行班组一级的安全教育,并熟悉施工现场的工作环境,必须在师傅带领下工作,不准单独作业。

(7)经常检查所施工范围内的安全生产情况,发现隐患及时处理,不能解决的要及时上报。

(8)发生事故应立即组织抢救,保护事故现场,做好详细记录,并立即报告上级。事故调查组在调查事故情况时,应如实反映事故经过和原因,不得隐瞒和虚报。

八、施工企业生产工人的安全生产责任

(1)认真学习各项安全生产规章制度,提高安全生产知识和技术水平,掌握本工种的安全技术操作规程,听从安全人员的指导,不违章冒险作业。

(2)牢记"安全生产,人人有责",树立"安全第一"的思想,遵章守纪提高安全生产意识,积极参加各项安全活动,接受安全教育。

(3)正确使用劳动防护用品和安全工具,使用前必须检查是否合格,应保护好施工现场安全标志和安全防护设施,不随意开动他人使用的机电设备及用具。

(4)特种作业人员必须经劳动部门的培训、考试、发证后,方准上岗作业。

(5)施工前及施工过程中,对施工现场场所要进行检查,做好防护措施,不准盲目作业、冒险施工,设有安全警告的标志区域,切勿随意进入。

(6)坚持文明施工,爱护现场安全设施,不得随意乱扯乱动,不得将设备、材料等堆放在施工通道上,保持施工通道畅通。

(7)师傅对徒弟、老工人对新工人要进行安全教育,特别是危险性工作,要交代安全施工方法,并在施工中照顾他们的安全。

(8)遇到危及生命安全而又无防护措施保证的作业,工人有权拒绝施工,同时立即上报或越级上报有关部门领导。

(9)积极参加安全达标和文明施工活动,创建安全文明施工环境,提高安全意识,做到"三不伤害"(不伤害自己、不伤害他人、不被他人伤害)。

九、施工企业工程项目经理部安全生产责任

(1)要依据国家有关安全生产的法律、法规、规范、标准及施工组织设计(包括专项安全施工组织设计)合理组织安全生产、文明施工。

(2)加强施工现场平面管理,建立安全生产、文明施工秩序,监督检查各级各部门安全生产责任制的执行情况。

(3)对经济承包合同(包括分包合同)中的安全管理目标和安全生产责任进行审核,工程分包时,同时办理书面的安全防护部位、防护设施的移交。

(4)督促检查对职工安全教育计划的执行情况,负责新工人入场的二级教育,并履行签字手续及有关资料的积累。

(5)定期组织施工现场安全生产、文明施工大检查,并对检查出的问题及隐患进行研究、分析,指定专人落实整改措施,限期完成。

(6)每月召开安全生产大会,对安全达标、文明施工遵章守纪突出的班组、个人进行表扬及奖励,对违章作业、违章指挥人员进行批评教育及处罚。

(7)配合有关部门进行工伤事故的调查处理,做好统计上报。

十、施工企业生产计划部门的安全生产责任

(1)认真贯彻党和国家的安全生产方针、政策、法规及本企业的各项安全规章制度等,根据"五同时"原则组织施工生产计划与调度工作,合理组织安全生产,文明施工。

(2)在编制企业年、季、月施工生产计划时,需提出安全方面的要求,安排工程进度时,必须考虑完成有关安全技术措施所需的人工、材料等。

(3)负责编制施工组织设计,其中必须包括安全专项内容,并有针对性,着重指出危害和重点危险部位及具体防范措施。

(4)编制企业自身建设工程项目计划时,按“三同时”(同时施工,同时竣工,同时投产)规定,安排施工,并通知安全部门进行监督检查。

十一、施工企业安全管理部门的安全生产责任

(1)在项目经理领导下,做好安全管理工作,监督检查工程项目制定的安全管理目标(伤亡控制指标、安全达标指标、文明施工达标)的情况,并付诸实施。

(2)组织工程项目的定期安全检查、巡回检查、季节变化等安全检查。对发现的隐患要及时发出整改通知,并要求按“三定”(定人、定时间、定措施)进行整改。整改后要组织复查,并将有关资料存档。

(3)负责会同有关部门进行安全生产宣传教育工作,组织学习有关安全生产的法律、法规、规范、标准及安全技术操作规程和安全生产规章制度。

(4)参与施工组织设计或专业性较强的作业项目安全技术措施的制定。工程项目必须依据安全生产的有关法律、法规、规范、标准组织施工。

(5)制止违章指挥、违章作业的行为,当发现有重大事故隐患或危及人身安全的情况时,要及时处理和向有关领导汇报,必要时有权命令撤出作业人员,抢救国家财产。

(6)对采购的各种安全防护用品及安全防护设施的质量、性能负有监督、检查的责任并提出保证质量和安全的有关建议,指导职工正确使用安全防护用品和用具。

(7)负责工伤事故的统计、上报,参加本工程项目工伤事故调查分析,协助有关领导做好事故善后处理及整改工作。

(8)监督检查分包经济合同中分解的安全管理目标的落实,有权建议有关领导不对不具备安全生产的施工队伍分包工程。

(9)会同设备等有关部门对施工现场临时用电、机械设备、安全防护等设施进行使用前的验收并做相应记录。

十二、施工企业技术部门的安全生产责任

(1)严格按照国家有关安全技术规程、标准,编制、审批施工组织设计、施工方案、施工工艺等技术文件,使安全措施贯穿其内容之中;负责解决施工过程中的疑难问题,从技术措施上保证安全生产。

(2)会同劳动、教育部门编制安全技术教育计划,对职工进行安全技术教育。

(3)对改善劳动条件、减轻劳动强度、消除噪声、治理尘毒危害等情况,负责制定技术措施。

(4)对施工生产中的有关技术问题负安全责任。

(5)对新工艺、新技术、新设备、新方法要制定相应的安全措施和操作规程。

(6)参加安全检查,对检查发现的问题提出技术改进措施,并检查执行情况。

(7)参加伤亡事故和重大未遂事故的调查,针对事故原因提出技术改进措施。

十三、施工企业设备管理部门安全生产责任

(1)认真贯彻执行安全生产方针、政策、规定、标准及本企业的安全规章制度等。

(2)定期组织检查各种机械、电气设备,保证其处于安全状态,各种设备的安全装置齐全有

效,并与主体设备同样管理。

(3)企业自制或自行改造过的设备必须符合安全卫生规定,并在投产前组织编制设备操作规程。

(4)负责组织编制特种设备(塔吊、电梯、物料提升机等)装拆方案,并对装拆队伍进行审查,没有资质资格的队伍不可装拆设备。

(5)购置新设备时,优先选购附有必要安全装置的设备,或另行配齐必要的安全装置。

(6)新型设备投入使用前,必须编制设备操作规程,做好操作人员的技术培训工作。

(7)负责建立健全机械设备维修保养制度,交接班制度,定期检查制度,确保安全运转。建立设备台账。

(8)安排好设备大、中、小修和日常维护,设备大修时,缺少的安全装置应配备齐全,修理时临时拆除的装置必须恢复。

(9)参与技术部门组织的技术改造、机械设备革新及鉴定工作。

(10)参与有关机械设备事故的调查、分析和提出整改意见。

十四、施工企业物资供应部门的安全生产责任

(1)供施工生产使用的一切机具和附件,在购入时必须有出厂合格证,发放时必须验明其是否符合安全要求,回收后必须进行检修。

(2)所采购的劳保用品必须符合规范和标准的要求。

(3)负责保管和回收劳保用品,并向本单位的劳动和安全部门提供使用情况。

(4)对批准的安全设施所用材料应列入采购计划,及时供应。

(5)对本部门的职工经常进行相关的安全教育。

十五、施工企业劳动部门的安全生产责任

(1)负责对劳保用品发放标准的执行情况进行监督检查,并根据上级有关规定,修改和制定劳保用品的发放标准。

(2)严格审查和控制职工加班、加点,实现劳逸结合。

(3)会同有关部门对新工人做好入场安全教育,对职工进行定期安全教育和培训考核。

(4)对违反劳动纪律、影响安全生产者应加强教育,必要时提出处理意见。

(5)参加伤亡事故调查处理,认真执行对责任者的处理(如属工人管理范畴)决定。

十六、施工企业教育部门的安全生产责任

(1)组织各种学习班时,都必须安排安全教育课程。

(2)各企业主办的各类专业学校,要设置安全课程。

(3)将安全教育列入职工培训计划,负责组织职工的安全技术培训和教育。

十七、施工企业行政人事部门的安全生产责任

(1)根据本单位实际需要,配备具有一定文化程度、技术水平和实践经验的安全干部,并注意解决安全干部的新老交替问题。

(2)会同有关部门对施工、技术、管理人员进行遵章守纪教育。

(3)参加重大伤亡事故调查,认真执行对责任者(干部)的处理决定。

十八、施工企业保卫消防部门的安全生产责任

治安保卫部门与安全生产关系密切，其职责如下：

(1)认真执行有关安全生产、治安保卫的法律、法规、规范、标准，做好治安保卫工作，并对工地的治安保卫负有直接责任。

(2)加强防盗、防火，维护职工作业环境不受破坏，协调处理职工矛盾，保持施工现场祥和气氛。

(3)严格执行出入证制度，禁止无证人员随意进入施工现场。

(4)有权制止施工现场的违章行为，在发现施工现场危及人身安全和社会治安险情时，要及时向领导报告，并积极参加抢险。

十九、施工企业财务部门的安全生产责任

(1)按施工生产计划提供安全技术措施费用。

(2)按时提供劳动保护、保健(劳保用品、防暑降温)费用。

(3)监督其上述费用合理使用，不得挪作他用。

二十、施工企业卫生部门的安全生产责任

(1)定期对职工进行身体检查。

(2)定期监测尘毒作用点，做好防疫工作。

(3)提出预防职业病和改善现场劳动条件计划。

第三节　施工安全管理措施

一、施工企业安全技术措施制度

施工企业安全技术措施制度的主要内容如图 3－1 所示。

施工企业安全技术措施制度的主要内容
- 一般工程安全技术措施
  - (1)基础工程。根据基坑、基槽、地下工程等挖土深度和土的种类，选择开挖方法，确定边坡的坡度或采取哪种护坡支撑和护桩，以防止塌方。
  - (2)脚手架、吊篮等的选用及设计搭设方案和安全防护措施。
  - (3)高处作业的防坠措施。
  - (4)施工机具的安全要求和措施。
  - (5)场内运输道路及人行通道的布置。
  - (6)施工临时用电的方案和措施。
  - (7)防火、防毒、防爆、防雷等安全措施。
- 特殊工程安全技术措施
  - 对于结构复杂，危险性大，特性较多的特殊工程，应编制单项的安全措施，如既有线施工、爆破作业等，并有设计的依据、有计算、有详图、有文字要求。

图　3－1

施工企业安全技术措施制度的主要内容——季节性施工安全措施：

(1)雨季施工安全措施。主要是做好防触电、防雷击、防坍塌、防台风和防洪工作。雨季增加了触电的机会，要注意：电源线不得使用裸导线和塑料线，电线不得沿地面敷设；配电箱要具有防水作用；要加强机具和设备的绝缘检查；要使用相应等级的安全电压；操作人员要按照规定配戴防电用品。

在临房和其他有遭雷击可能而又不在其他避雷设施保护范围的地方，安装独立的避雷设施。

防洪工作是路基等工程雨季施工安全重点之一，施工单位要建立防洪组织，制定防洪预案，明确责任区和责任人，备足草袋、木材等防洪材料。

(2)冬季施工安全措施。冬季施工安全的重点是防火、防寒、防滑、防煤气中毒等。冬季比较干燥，焊接等作业产生的火星有可能引起火灾，要控制火源；冬季作业场地容易积雪、结冰，人员的动作灵活性减低，容易导致滑跌和坠落事故，要建立清扫制度；车辆要采取防滑措施；取暖炉要安装烟囱。

图 3—1 施工企业安全技术措施制度的主要内容

二、施工企业安全技术措施的执行

1. 施工企业安全技术措施的执行

(1)要认真进行安全技术措施的交底。在工程开工前，有关技术人员要将工程概况、施工方法和安全措施，向所有参加施工的人员进行安全技术交底。单项工程还要重复进行单项交底，并办理有关签认手续。

(2)安全技术措施中的各种安全设施、防护设施的实施要列入施工任务单，责任落实到具体的班组和个人，并实行验收制度。

(3)加强安全技术措施实施情况的检查，有关人员还要经常深入工地检查安全技术措施的落实情况，发现不足立即进行补充，发现偏差立即进行纠正。

(4)除了进行检查外，还要把安全技术措施的落实同经济挂钩，进行考核和奖惩。

2. 施工企业安全生产教育

安全系统是人、机、料、法、环的集合，其中人处在中心和支配地位，他的能动性最强，人的安全素质越高，安全生产就越有保障，安全教育的重要性就在于它是提高职工的安全意识和安全技能的重要途径。

安全生产教育与培训制度的重要性主要有：

(1)通过安全教育可以增强职工的安全生产意识。职工的安全意识，一方面要靠自己长期的生产实践进行体验，另一方面要靠坚持不懈进行灌输，而且这种灌输比自我实践见效要快。安全教育就是有效的灌输形式。

(2)安全教育可以增强职工的安全技术知识。施工企业发生的伤亡事故，有相当一部分是由于当事者缺乏安全技术和安全知识造成的，也就是说光有安全意识还是远远不够的。安全教育的实质，就是学习、掌握安全生产技术和知识的过程。

(3)通过安全教育可以克服或部分克服职工心理上的弱点。研究表明：人的失误的诱因可能是自身或微小气候等外部环境，而自身的重要因素是心理因素，进行安全教育可以克服急躁反应、松弛不当等弱点。

(4)通过安全教育可以强化职工的安全行为。安全教育的内容是人们生产实践的经验总结，是集体智慧的结晶，适时地进行安全教育，可以促使职工主动地去采取安全行为，变主动为被动，使安全行为得到强化和巩固。

三、安全教育措施

1. 施工企业安全生产教育与培训的形式

安全教育培训可以根据各自的特点，因地制宜地采取多种形式进行，如建立安全教育室、举办安全培训班、板报、会议等。施工企业通常的安全教育形式如图 3－2 所示。

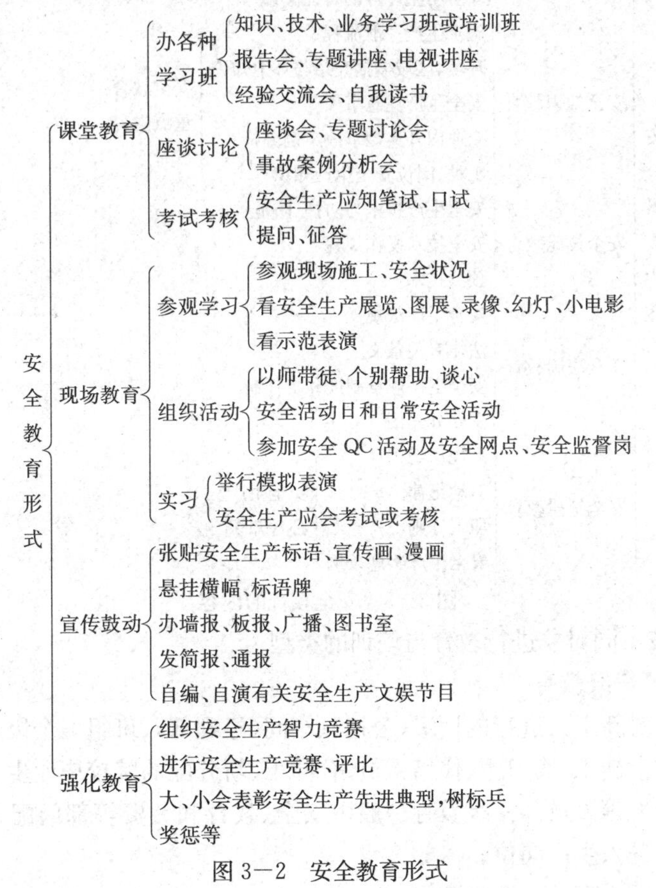

图 3－2　安全教育形式

2. 施工企业日常安全生产教育与培训

安全教育和培训工作，必须做到经常化、制度化，并做到缺什么补什么、干什么学什么，才能起到应有的作用。其主要内容是：上级劳动保护、安全生产法规及有关文件、指令；各部门和岗位的安全责任；遵章守纪；事故案例及教训；安全技术先进经验和革新成果。按其工作的重点又可以分为以下几个方面：

(1)班组安全活动和班前安全讲话。

(2)适时安全教育。建筑施工生产适时安全教育具体表现为"五抓紧"：工期紧、赶任务，容易不注意安全，要抓紧进行安全教育；工程接近收尾，容易忽视安全，要抓紧教育；施工条件好时，容易麻痹，要抓紧教育；季节、气候变化，外界不安全因素多，要抓紧教育；节假日前后，思想不稳定，要抓紧教育。

(3)纠正违章教育。企业对由于违反安全规章制度而导致重大险情或事故的职工，要进行违章教育。其内容为：所违反的规章条文及意义，违章的危害等。一定要使受教育者充分认识自己的错误或过失，吸取教训，对于情节严重的，还应通过适当的形式扩大教育面。

3. 施工企业安全生产教育的一般内容

安全教育的一般内容主要包括安全生产思想教育、知识教育、技能教育等六个方面的教育,如图3—3所示。

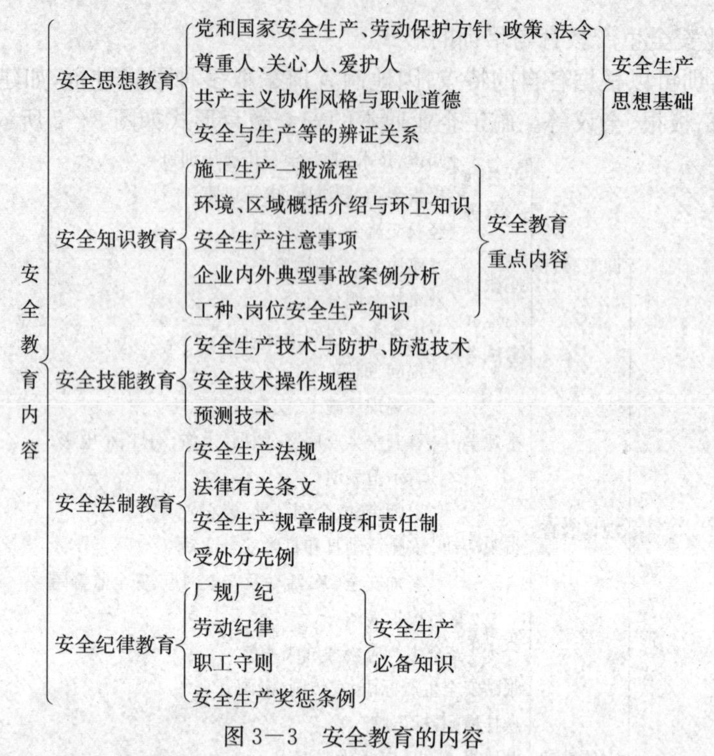

图3—3　安全教育的内容

4. 施工企业按不同对象进行教育与培训的类型

(1)新工人入厂三级教育

三级教育是指对新工人进行的厂级(公司)、车间(经理部)、班组三个级别的安全教育。新工人是指新入场的学徒工、实习生、代培人员、合同工、新分配的院校毕业生、参加劳动的学生、外单位来支援的工人等人员。三级教育一般由安全、教育和劳资等部门配合组织进行。经过考核合格方可准许进入生产岗位。

新工人入厂三级教育的主要内容是:

1)厂级(公司)主要进行安全基本知识、法规、法制教育:党和国家的安全生产方针、政策;安全生产法规、标准和法制观念;本单位施工生产流程、方法及安全生产规章制度、安全纪律;本单位安全生产形势及历史上发生的重大事故及应汲取的教训;发生事故后如何抢救伤员、排险、保护现场和及时进行报告。

2)车间(经理部)主要进行现场规章制度和遵章守纪教育:本单位施工特点及施工安全基本知识;本单位安全生产制度、规定及安全注意事项;本工种的安全技术操作规程;机械设备、电气安全及高处作业等安全基本知识;防火、防毒、防尘、防爆知识及紧急情况安全处置和安全疏散知识;防护用品发放标准及防护用具、用品使用的基本知识。

3)班组安全教育由班组长主持进行,或者由班组安全员及指定的技术熟练、重视安全的老工人讲解,主要进行本工种、岗位安全操作规程及班组安全制度、纪律教育:本班组作业特点及安全操作规程;班组安全活动制度和纪律;爱护和正确使用安全防护设施、装置及个人劳动防护用品;本岗位易发生事故的不安全因素及其防范对策;本岗位的作业环境及使用机械设备、工具的安全要求。

4)特种作业人员的培训。特种作业的范围包括:电工作业、金属焊接切割作业、起重机械(含电梯)作业、企业内机动车辆驾驶、登高架设作业、锅炉作业(含水质化验)、压力容器操作、制冷作业、爆破作业、矿山通风作业(含瓦斯检验)、矿山排水作业以及其他经国家经贸委批准的作业。

从事特种作业的人员,必须在经过培训资格认可的单位进行与本工种相适应的、专门的安全技术理论学习和实际操作训练,并经过考核单位考核合格,持证上岗。操作证一般每两年复审一次。

5)新操作法和新工作岗位安全教育。在采用新技术、新材料、新工艺、新设备或调换工种时,要对操作人员进行新技术和新岗位的安全教育。教育的重点内容是新技术知识、新操作方法、新岗位的安全注意事项,经过考核合格才准上岗工作。

6)从事接触尘、毒危害作业工人的安全教育。对从事接触尘、毒危害作业工人,除进行本工种的安全技术操作规程教育外,还应进行除尘、毒危害和防范技术知识教育。

7)项目队长、领工员、班组长和安全员的安全教育。重点内容是安全生产知识、技术业务知识以及安全生产方面的规章制度等。

(2)企业各级领导干部和专业技术人员的安全教育

主要采用轮训或自学的办法,学习和掌握安全生产知识、安全技术、安全法规、安全生产制度、有效的安全管理方法和现代化管理方法等内容。

四、安全检查措施

1. 施工企业安全检查制度的作用

(1)预防事故的发生和改善生产条件和作业环境。

(2)通过检查,发现施工中的不安全行为、不安全状态和不符合职业卫生要求等问题。

(3)利用安全检查进行有关的安全宣传和群众性的安全教育。

(4)通过检查可以互相学习、取长补短。

(5)通过安全检查可以了解安全生产的状态,为分析安全生产形势、研究对策提供了信息和依据。

2. 施工企业安全检查的形式

安全检查的形式有很多分类方法,通常可以分为定期检查、季节性检查、专业性检查等,如表3—1所示。

表3—1　安全检查形式

检查形式	检查项目及检查时间	参加部门及成员
定期安全检查	总公司(主管局)每半年一次,普遍检查 工程公司(处)每季一次,普遍检查 工程处(车间)每月一次,普遍检查 元旦、春节“五一”、“十一”前,普遍检查	由各级主管施工的领导,工长、班组长主持,安全技术部门或安全员组织,施工技术、劳动工资、机械动力、保卫、供应、行政福利等部门参加,工会、共青团配合
季节性安全检查	防传染病检查,一般在春季 防暑降温、防风、防汛、防雷、防触电、防倒塌,防淹溺检查,一般在夏季 防火检查,一般在秋季 防寒、防冻检查,一般在冬季	由各级主管施工的领导,工长、班组长主持,安全技术部门或安全员组织,施工技术、劳动工资、机械动力、保卫、供应,行政福利等部门参加,工会、共青团配合

续上表

检查形式	检查项目及检查时间	参加部门及成员
临时性安全检查	施工高峰期、机构和人员重大变动期、职工大批探亲前后、分散施工离开基地之前、工伤事故和险肇事故发生后，上级临时安排的检查	基本同上，或由安全部门主持
专业性安全检查	压力容器、焊接工具、起重设备、电气设备、高空作业、吊装、深坑、支模、拆除、易爆破、车辆、易燃、易爆、尘毒、噪声、辐射、污染等	由安全技术部门主持，安全管理人员及有关人员参加
群众性安全检查	安全技术操作、安全防护装置、安全防护用品、违章作业、违章指挥、安全隐患、安全纪律	由工长、班组长、安全员、班组安全员组成
安全管理检查	规划、制度、措施、责任制、原始记录、台账、图表、资料、报表、总结、分析、档案等，以及安全网点和安全管理小组活动	由安全技术部门组织进行

事实上多数情况下以上各项内容是融合在一起的，即一次检查具有多项目的和任务。

3. 施工企业安全检查的内容

凡是涉及到安全生产的一切工作，都是安全检查的内容，重点可以归纳为"六查"，即查思想、查制度、查管理、查领导、查违章等。

(1)查思想。包括施工企业生产经营指导思想和安全意识，通过查对大量的事实和数据，证实企业、单位、个人是否树立了安全第一的思想。

(2)查制度。查制度的建立和执行情况。

(3)查管理。查安全保证体系是否建立、运行有效，重点应放在基层管理上。

(4)查领导。查领导是否做到了"五到位"(亲自批阅和传达安全生产法令、文件，并组织落实是否定期主持召开安全例会、是否经常深入工地检查指导安全工作、主管安全部门是否解决安全工作中的问题、是否主持重大事故的调查和处理)。查违章，查不安全行为，包括违章指挥和违章作业。

4. 施工企业安全检查的要求

(1)各种安全检查都应该根据检查的要求配备力量。尤其是大范围、全面性的安全检查，要抽调专业人员参加。

(2)每次检查都要有明确的检查目的、检查项目、检查内容和标准。在检查前召开一次碰头会是非常必要的，要明确检查的重点，进行必要的分工，确定检查的方法，统一检查的标准。

(3)检查记录要认真、详细地填写，因为它是进行安全评价的依据。

(4)对检查的结果要进行定性和定量的分析，以获得准确而有力的结果。

(5)要做好整改工作。

5. 施工企业安全检查的方法

(1)一般方法

安全检查中运用的主要方法是直观的、经验的看、听、查、问等方法。

看——看现场的环境和作业条件，看实物和实际操作，看记录和资料。

听——听汇报、介绍，听反映，重点是作业岗位的反映，也可以听设备的运转声响。

嗅——对挥发物等进行辨别。

问——通过询问有关人员掌握第一手资料，尤其要询问来自生产第一线的人员。

查——查问题、查数据、查原因、查责任。

测——测量、测试、监测和检测。

验——进行必要的试验和化验，用数据说话。

析——对掌握的资料、数据进行必要的分析。

(2)利用抽样技术

对于无法全面检查的项目或设备、设施，可以采用按照一定的比例进行抽查的方法来确定结果。如对于铁路轨道和拼装式龙门吊螺栓紧固情况的检查就可以使用此方法。

(3)建筑施工安全检查评分表法

建筑施工安全检查评分表如表3－2～表3－17所示。

表3－2　建筑施工安全检查评分汇总表

企业名称：　　　　　　　　　　经济类型：　　　　　　　　　　资质等级：

单位工程(施工现场)名称	建筑面积(m^2)	结构类型	总计得分(满分100分)	项目名称及分值									
				安全管理(满分10分)	文明施工(满分10分)	脚手架(满分10分)	基坑支护与模板工程(满分10分)	“三定”、“四口”防护(满分10分)	施工用电(满分10分)	物料提升机与外用电梯(满分10分)	塔吊(满分10分)	起重吊装(满分10分)	施工机具(满分10分)
评语：													
检查单位		负责人		受检项目		项目经理							

年　　月　　日

表 3—3　安全管理检查评分表

检查项目		扣分标准	应得分数	扣减分数	实得分数
保证项目	安全生产责任制	未建立安全责任制，扣 10 分 各级各部门未执行责任制，扣 4～6 分 经济承包中无安全生产指标，扣 10 分 未制定各工种安全技术操作规程，扣 10 分 未按规定配备专(兼)职安全员，扣 10 分 管理人员责任制考核不合格，扣 5 分	10		
	目标管理	未制定安全管理目标(伤亡控制指标和安全达标、文明施工目标)，扣 10 分 未进行安全责任目标分解，扣 10 分 无责任目标考核规定，扣 8 分 考核办法未落实或落实不好，扣 5 分	10		
	施工组织设计	施工组织设计中无安全措施，扣 10 分 施工组织设计未经审批，扣 10 分 专业性较强的项目，未单独编制专项安全措施未落实，扣 8 分 安全措施不全面，扣 2～4 分 安全措施无针对性，扣 6～8 分 安全措施未落实，扣 8 分	10		
	分部(分项)工程安全技术交底	无书面安全技术交底，扣 10 分 交底针对性不强，扣 4～6 分 交底不全面，扣 4 分 交底未履行签字手续，扣 2～4 分	10		
	安全检查	无定期安全检查制度，扣 5 分 安全检查无记录，扣 5 分 检查出事故隐患整改做不到定人、定时间、定措施，扣 2～6 分 对重大事故隐患整改通知书所列项目未如期完成，扣 5 分	10		
	安全教育	无安全教育制度，扣 10 分 新入场工人未进行三级安全教育，扣 10 分 无具体安全教育内容，扣 6～8 分 变换工种时未进行安全教育，扣 10 分 每有 1 人不懂本工种安全技术操作规程，扣 2 分 施工管理人员未按规定进行年度培训，扣 5 分 专职安全员未按规定进行年度培训考核或考核不合格，扣 5 分	10		
	小计		60		
一般项目	班前安全活动	未建立班前安全活动制度，扣 10 分 班前安全活动无记录，扣 2 分	10		
	特殊作业持证上岗	有 1 人未经培训从事特种作业，扣 4 分 有 1 人未持操作证上岗，扣 2 分	10		
	工伤事故	工伤事故未按规定报告，扣 3～5 分 工伤事故未按事故调查分析规定处理，扣 10 分 未建立工伤事故档案，扣 4 分	10		
	安全标志	无现场安全标志布置总平面图，扣 5 分 现场未按安全标志总平面图设置安全标志，扣 5 分	10		
	小计		40		
检查项目合计			100		

注：1. 每项最多扣减分数不大于该项应得分类。

2. 保证项目有一项不得分或保证项目小计得分不足 40 分，检查评分表计零分。

3. 该表换算到建筑施工安全检查评分汇总表(表 3－2)后得分＝10×该表检查项目实得分数合计÷100。

表 3—4　文明施工检查评分表

检查项目		扣分标准	应得分数	扣减分数	实得分数
保证项目	现场围挡	在市区主要路段的工地周围未设置高于 2.5m 的围挡，扣 10 分 一般路段的工地周围未设置高于 1.8m 的围挡，扣 10 分 围挡材料不坚固、不稳定、不整洁、不美观，扣 5～7 分 围挡没有沿工地四周连续设置，扣 3～5 分	10		
	封闭管理	施工现场进出口无大门，扣 3 分 无门卫和无门卫制度，扣 3 分 进入施工现场不佩戴工作卡，扣 3 分 门头未设置企业标志，扣 3 分	10		
	施工现场	工地地面未进行硬化处理，扣 5 分 道路不畅通，扣 5 分 无排水设施或排水不通畅，扣 4 分 无防止泥浆、污水、废水外流或堵塞下水道和排水河道措施，扣 3 分 工地有积水，扣 2 分 工地未设置吸烟处、随意吸烟，扣 2 分 温暖季节无绿化布置，扣 4 分	10		
	材料堆放	建筑材料、构件、料具不按总平面布局堆放，扣 4 分 料堆未挂名称、品种、规格等标语，扣 2 分 堆放不整齐，扣 3 分 未做到工完场地清，扣 3 分 建筑垃圾堆放不整齐，未标出名称、品种，扣 3 分 易燃易爆物品未分类存放，扣 4 分	10		
	现场住宿	在建工程兼作住宿，扣 8 分 施工作业区与办公、生活区不明显划分，扣 6 分 宿舍无保温和防煤气中毒措施，扣 5 分 宿舍无消暑和防蚊虫叮咬措施，扣 3 分 无床铺、生活用品放置不整齐，扣 2 分 宿舍周围环境不卫生、不安全，扣 3 分	10		
	现场防火	无消防措施、制度或无灭火器材，扣 10 分 灭火器材配置不合理，扣 5 分 无消防水源(高层建筑)或不能满足消防要求，扣 8 分 无动火审批手续和动火监护，扣 5 分	10		
	小计		60		
一般项目	治安综合治理	生活区未给工人设置学习和娱乐场所，扣 4 分 未建立治安保卫制度，责任未分解到人，扣 3～5 分 治安防范措施不力，常发生失盗事件，扣 3～5 分	8		
	施工现场标牌	大门口处挂的五牌一图其内容不全，每缺 1 页扣 2 分 标牌不规范、不整齐，扣 3 分 无安全标语，扣 5 分 无宣传栏、读报栏、黑板报等，扣 5 分	8		
	生活设施	厕所不符合卫生要求，扣 4 分 无厕所，随地大小便，扣 8 分 食堂不符合卫生要求，扣 8 分 无卫生责任制，扣 5 分 不能保证供应卫生饮用水，扣 8 分 无淋浴室或淋浴室不符合要求，扣 5 分 生活垃圾未及时清理，未装容器，无专人管理，扣 3～5 分	8		
	保健急救	无保健医药箱，扣 5 分 无急救措施和急救器材，扣 8 分 无经培训的急救人员，扣 4 分 未开展卫生防病宣传教育，扣 4 分	8		
	社区服务	无防粉尘、防噪声措施，扣 5 分 夜间未经许可施工，扣 8 分 现场焚烧有毒、有害物质，扣 5 分 未建立施工不扰民措施，扣 5 分	8		
	小计		40		
检查项目合计			100		

注：1. 每项最多扣减分数不大于该项应得分数。

2. 保证项目有一项不得分或保证项目小计得分不足 40 分，检查评分表计零分。

该表换算到建筑施工安全检查评分汇总表(表 3－2)后得分＝20×该表检查项目实得分数合计÷100。

表 3—5 落地式外脚手架查评分表

检查项目		扣分标准	应得分数	扣减分数	实得分数
保证项目	施工方案	脚手架无施工方案，扣 10 分 脚手架高度超过规范规定，无设计计算书或未经审批，扣 10 分 施工方案不能指导施工，扣 5～8 分	10		
	立杆基础	每 10 延长米立杆基础不平、不实、不符合方案设计要求，扣 2 分 每 10 延长米立杆缺少底座、垫木，扣 5 分 每 10 延长米无扫地杆，扣 5 分 每 10 延长米木脚手架立杆不埋地或无扫地杆，扣 5 分 每 10 延长米无排水措施，扣 3 分	10		
	架体与建筑结构拉结	脚手架高 7m 及 7m 以上，架体与建筑结构拉结按规定要求，少 1 处扣 2 分 拉结不坚固，每 1 处扣 1 分	10		
	杆件间距与剪刀撑	每 10 延长米立轩、大横杆、小横杆间距超过规定要求每 1 处，扣 2 分 不按规定设置剪刀撑的每 1 处，扣 5 分 剪刀撑未沿脚手架高度连续设置或角度不符合要求，扣 5 分	10		
	脚手板与防护栏杆	脚手板不满铺，扣 7～10 分 脚手板材质不符合要求，扣 7～10 分 每有 1 处探头板，扣 2 分 脚手架外侧未设置密目式安全网或网间不严密，扣 7～10 分 施工层不设 1.2m 高防护栏杆和 18cm 高挡脚板，扣 5 分	10		
	交底与验收	脚手架搭设前无交底，扣 5 分 脚手架搭设完毕未办理验收手续，扣 10 分 无量化的验收内容，扣 5 分	10		
	小计		60		
一般项目	小横杆设置	不按立杆与大横杆交点处设置小横杆的，每有 1 处扣 2 分 小横杆只固定一端的，每有 1 处扣 1 分 单排架子小横杆插入墙内小于 24cm 的，每有 1 处扣 2 分	10		
	杆件搭接	木立杆、大横杆每 1 处搭接小于 1.5m，扣 1 分 钢管立杆采用搭接的，每 1 处扣 2 分	5		
	架体内封闭	施工层以下每隔 10m 未用平网或其他措施封闭，扣 5 分 施工层脚手架内立杆与建筑物之间未进行封闭，扣 5 分	5		
	脚手架材质	木杆直径、材质不符合要求，扣 4～5 分 钢管弯曲、锈蚀严重，扣 4～5 分	5		
	通道	架体不设上下通道，扣 5 分 通道设置不符合要求，扣 1～3 分	5		
	卸料平台	卸料平台未经设计计算，扣 10 分 卸料平台搭设不符合设计要求，扣 10 分 卸料平台支撑系统与脚手架连接，扣 8 分 卸料平台无限定荷载标牌，扣 3 分	10		
	小计		40		
检查项目合计			100		

注：1. 每项最多扣减分数不大于该项应得分数。

2. 保证项目有一项不得分或保证项目小计得分不足 40 分，检查评分表计零分。

该表换算到建筑施工安全检查评分汇总表(表 3－2)后得分＝20×该表检查项目实得分数合计÷100。

表 3—6　悬挑式脚手架检查评分表

检查项目		扣分标准	应得分数	扣减分数	实得分数
保证项目	施工方案	脚手架无施工方案、设计计算书或未经上级审批，扣 10 分 施工方案中搭设方法不具体，扣 6 分	10		
	悬挑梁及架体稳定	外挑杆件与建筑结构连接不牢固，每有 1 处扣 5 分 悬挑梁安装不符合设计要求，每有 1 处扣 5 分 立杆底部固定不牢，每有 1 处扣 3 分 架体未按规定与建筑结构拉结，每 1 处扣 5 分	20		
	脚手板	脚手板铺设不牢、不严，扣 7～10 分 脚手板材质不符合要求，扣 7～10 分 每有 1 处探头板，扣 2 分	10		
	荷载	脚手架荷载超过规定，扣 10 分 施工荷载堆放不均匀，每有 1 处扣 5 分	10		
	交底与验收	脚手架搭设不符合方案要求，扣 7～10 分 每段脚手架搭设后，无验收资料，扣 5 分 无交底记录，扣 5 分	10		
	小计		60		
一般项目	杆件间距	每 10 延长米立杆间距超过规定，扣 5 分 大横杆间距超过规定，扣 5 分	10		
	架体防护	施工层外侧未设置 1.2m 高防护栏杆和 18cm 高的挡脚板，扣 5 分 脚手架外侧不挂密目式安全网或网间不严密，扣 7～10 分	10		
	层间防护	作业层下无平网或其他措施防护，扣 10 分 防护不严，扣 5 分	10		
	脚手架材质	杆件直径、型钢规格及材质不符合要求，扣 7～10 分	10		
	小计		40		
检查项目合计			100		

注：1. 发现脚手架钢木、钢竹混合搭设，检查评分表计零分。

2. 每项最多扣减分数不大于该项应得分数。

3. 保证项目有一项不得分或保证项目小计得分不足 40 分，检查评分表计零分。

4. 该表换算到建筑施工安全检查评分汇总表（表 3-2）后得分＝20×该表检查项目实得分数合计÷100。

表 3—7　门型脚手架检查评分表

检查项目		扣分标准	应得分数	扣减分数	实得分数
保证项目	施工方案	脚手架无施工方案，扣 10 分 施工方案不符合规范要求，扣 5 分 脚手架高度超过规范规定，无设计计算书或未经上级审批，扣 10 分	10		
	架体基础	脚手架基础不平、不实、无垫木，扣 5 分 脚手架底部不加扫地杆，扣 5 分	10		
	架体稳定	不按规定间距与墙体拉结，每有 1 处扣 5 分 拉结不牢固，每有 1 处扣 5 分 不按规定设置剪刀撑，扣 5 分 不按规定高度做整体加固，扣 5 分 门架立杆垂直偏差超过规定，扣 5 分	10		
	杆件、锁件	未按说明书规定组装，有漏装杆件和锁件，扣 6 分 脚手架组装不牢，每有 1 处紧固不合要求，扣 1 分	10		
	脚手板	脚手板不满铺，离墙大于 10cm 以上，扣 5 分 脚手板不牢、不稳，材质不符合要求，扣 5 分	10		
	交底与验收	脚手架搭设无交底，扣 6 分 未办理分段验收手续，扣 4 分 无交底记录，扣 5 分	10		
	小计		60		

表 3—8 挂脚手架检查评分表

检查项目		扣分标准	应得分数	扣减分数	实得分数
保证项目	施工方案	脚手架无施工方案,设计计算书,扣 10 分 施工方案未经审批,扣 10 分 施工方案措施不具体、指导性差,扣 5 分	10		
	制作组装	架体制作与组装不符合设计要求,扣 17～20 分 悬挂点无设计或设计不合理,扣 20 分 悬挂点部件制作或埋设不符合设计要求,扣 15 分 悬挂点间距超过 2m,每有 1 处扣 20 分	20		
	材质	材质不符合设计要求,杆件严重变形,局部开焊,扣 10 分 杆件、部件锈蚀,未刷防锈漆,扣 4～6 分	10		
	脚手板	脚手板铺设不满、不牢,扣 8 分 脚手板材质不符合要求,扣 6 分 每有 1 处探头板,扣 8 分	10		
	交底与验收	脚手架进场无验收手续,扣 10 分 第一次使用前未经荷载试验,扣 8 分 每次使用前未经检查验收或资料不全,扣 6 分 无交底记录,扣 5 分	10		
	小计		60		
一般项目	荷载	施工荷载超过 1kN,扣 5 分 每跨(不大于 2m)超过 2 人作业,扣 10 分	15		
	架体防护	施工层外侧未设置 1.2m 高的防护栏杆和 18cm 高的挡脚板,扣 5 分 脚手架外侧不挂密目式安全网或网间不严密,扣 12～15 分 脚手架底部封闭不严密,扣 10 分	15		
	安装人员	安装脚手架人员未经专业培训,扣 10 分 安装人员未系安全带,扣 10 分	10		
	小计		40		
检查项目合计			100		

注:1. 发现脚手架钢木、钢竹混合搭设,检查评分表计零分。

2. 每项最多扣减分数不大于该项应得分数。

3. 保证项目有一项不得分或保证项目小计得分不足 40 分,检查评分表计零分。

4. 该表换算到建筑施工安全检查评分汇总表(表 3—2)后得分＝20×该表检查项目实得分数合计÷100。

表 3—9　基坑支护安全检查评分表

检查项目		扣分标准	应得分数	扣减分数	实得分数
保证项目	施工方案	基础施工无支护方案，扣 20 分 施工方案针对性差不能指导施工，扣 12～15 分 基坑深度超过 5m 无专项支护设计，扣 20 分 支护设计及方案未经上级审批，扣 15 分	20		
	临边防护	深度超过 2m 的基坑施工无临边防护措施，扣 10 分 临边及其他防护不符合要求，扣 5 分	10		
	坑壁支护	坑槽开挖设置安全边坡不符合安全要求，扣 10 分 特殊支护的做法不符合设计方案，扣 5～8 分 支护设施已产生局部变形又未采取措施调整，扣 6 分	10		
	排水措施	基坑施工未设置有效排水措施，扣 10 分 深基础施工采用坑外降水，无防止临近建筑危险沉降措施，扣 10 分	10		
	坑边荷载	积土、料具堆放距槽边距离小于设计规定，扣 10 分 机械设备施工与槽边距离不符合要求，又无措施，扣 10 分	10		
	小计		60		
一般项目	上下通道	人员上下无专用通道，扣 10 分 设置的通道不符合要求，扣 6 分	10		
	土方开挖	施工机械进场未经验收，扣 5 分 挖土机作业时，有人员进入挖土机作业半径内，扣 6 分 挖土机作业位置不牢、不安全，扣 10 分 司机无证作业，扣 10 分 未按规定程序挖土或超挖，扣 10 分	10		
	基坑支护变形监测	未按规定进行基坑支护变形监测，扣 10 分 未按规定对毗邻建筑物、重要管线和道路进行沉降观测，扣 10 分	10		
	作业环境	基坑内作业人员无安全立足点，扣 10 分 垂直作业上下无隔离防护措施，扣 10 分 光线不足未设置足够照明，扣 5 分	10		
	小计		40		
检查项目合计			100		

注：1. 每项最多扣减分数不大于该项应得分数。

2. 保证项目有一项不得分或保证项目小计得分不足 40 分，检查评分表计零分。

3. 该表换算到建筑施工安全检查评分汇总表（表 3－2）后得分＝20×该表检查项目实得分数合计÷100。

表 3－10　模板工程安全检查评分表

检查项目		扣分标准	应得分数	扣减分数	实得分数
保证项目	施工方案	模板工程无施工方案或施工方案未经审批,扣 10 分 未根据混凝土输送方法制定有针对性安全措施,扣 8 分	10		
	支撑系统	现浇混凝土模板的支撑系统无设计计算,扣 6 分 支撑系统不符合设计要求,扣 10 分	10		
	立柱稳定	支撑模板的立柱材料不符合要求,扣 6 分 立柱底部无垫板或用砖垫高,扣 6 分 不按规定设置纵横向支撑,扣 4 分 立柱间距不符合规定,扣 5 分	10		
	施工荷载	模板上施工荷载超过规定,扣 10 分 模板上堆料不均匀,扣 5 分	10		
	模板存放	大模板存放无防倾倒措施,扣 5 分 各种模板存放不整齐,过高等不符合安全要求,扣 5 分	10		
	支撑拆模	2m 以上高处作业无可靠立足点,扣 8 分 拆除区域未设置警戒线且无监护人,扣 5 分 留有未拆除的悬空模板,扣 4 分	10		
	小计		60		
一般项目	模板验收	模板拆除前未经拆摸申请批准,扣 5 分 模板工程无验收手续,扣 6 分 验收单无量化验收内容,扣 4 分 支撑拆模未进行安全技术交底,扣 5 分	10		
	混凝土强度	模板拆除前无混凝土强度报告,扣 5 分 混凝土强度未达规定提前拆模,扣 8 分	10		
	运输道路	在模板上运输混凝土无走道垫板,扣 7 分 走道垫板不稳不牢,扣 3 分	10		
	作业环境	作业面孔洞及临边无防护措施,扣 10 分 垂直作业上下无隔离防护措施,扣 10 分	10		
	小计		40		
检查项目合计			100		

注:1. 每项最多扣减分数不大于该项应得分数。

2. 保证项目有一项不得分或保证项目小计得分不足 40 分,检查评分表计零分。

3. 该表换算到建筑施工安全检查评分汇总表(表 3－2)后得分＝20×该表检查项目实得分数合计÷100。

表 3—11　"三宝"、"四口"检查评分表

检查项目		扣分标准	应得分数	扣减分数	实得分数
保证项目	安全帽	有 1 人不戴安全帽,扣 5 分 安全帽不符合标准,每发现 1 顶扣 1 分 不按规定戴安全帽,每有 1 人扣 1 分	20		
	安全网	在建工程外侧未用密目式安全网封闭,扣 25 分 安全网规格、材质不符合要求,扣 25 分 安全网未取得建筑安全监督管理部门准用证,扣 25 分	25		
	安全带	每有 1 人未系安全带,扣 5 分 每有 1 人安全带系挂不符合要求,扣 3 分 安全带不符台标准,每发现 1 条扣 2 分	10		
	楼梯口、电梯井口防护	每有 1 处无防护措施,扣 6 分 每有 1 处防护措施不符合要求或不严密,扣 3 分 防护设施未形成定型化、工具化,扣 6 分 电梯井内每隔两层(不大于 10m)少 1 道平网,扣 6 分	12		
	预留洞口、坑井防护	每有 1 处无防护措施,扣 7 分 防护设施未形成定型化、工具化,扣 6 分 每有 1 处防护措施不符合要求或不严密,扣 3 分	13		
	通道口防护	每有 1 处无防护棚,扣 5 分 每有 1 处防护不严,扣 2～3 分 每有 1 处防护棚不牢固、材质不符合要求,扣 3 分	10		
	阳台、楼板、屋面等临边防护	每有 1 处临边无防护,扣 5 分 每有 1 处临边防护不严、不符合要求,扣 3 分	10		
	小计		60		

注:1. 每项最多扣减分数不大于该项应得分数。

2. 该表换算到建筑施工安全检查评分汇总表(表 3－2)后得分＝20×该表检查项目实得分数合计÷100。

表 3－12　施工用电检查评分表

	检查项目	扣分标准	应得分数	扣减分数	实得分数
保证项目	外电防护	小于安全距离又无防护措施，扣 20 分 防护措施不符合要求，封闭不严，扣 5～10 分	20		
	接地与接零保护系统	工作接地与重复接地不符合要求，扣 7～10 分 未采用 TN-S 系统，扣 10 分 专用保护零线不符合要求，扣 5～8 分 保护零线与工作零线混接，扣 10 分	10		
	配电箱、开关箱	不符合“三级配电两级保护”要求，扣 10 分 开关箱(末级)无漏电保护或保护器失灵，每 1 处扣 5 分 漏电保护装置参数不匹配，每发现 1 处扣 2 分 配电箱内无隔离开关，每 1 处扣 2 分 违反“一机、一闸、一箱”，每 1 处扣 5～7 分 安装位置不当、周围杂物多等不便操作，每 1 处扣 5 分 闸具损坏、闸具不符合要求，每 1 处扣 5 分 配电箱内多路配电无标记，每 1 处扣 2 分 电箱无门、无锁、无防雨措施，每 1 处扣 2 分	20		
	现场照明	照明专用回路无漏电保护，扣 5 分 灯具金属外壳未进行接零保护，每 1 处扣 2 分 室内线路及灯具安装高度低于 2.4m，未使用安全电压供电，扣 10 分 潮湿作业未使用 36V 以下安全电压，扣 10 分 使用 36V 安全电压照明线路混乱和接头处未使用绝缘布包扎，扣 5 分 手持照明灯未使用 36V 及以下电源供电，扣 10 分	10		
	小计		60		
一般项目	配电线路	电线老化，破皮未包扎，每 1 处扣 10 分 线路过道无保护，每 1 处扣 5 分 电杆、横担不符合要求，扣 5 分 架空线路不符合要求，扣 7～10 分 未使用五芯线(电缆)，扣 10 分 使用四芯电缆外加一根线替代五芯电缆，扣 10 分 电缆架设或埋设不符合要求，扣 7～10 分	15		
	电器装置	闸具、熔断器参数与设备容量不匹配、安装不符合要求，每 1 处扣 3 分 用其他金属丝代替熔丝，扣 10 分	10		
	变配电装置	不符合安全规定，扣 3 分	5		
	用电档案	无专项用电施工组织设计，扣 10 分 无接地极阻值摇测记录，扣 4 分 无电工巡视维修记录或填写不真实，扣 4 分 档案乱、内容不全、无专人管理，扣 3 分	10		
	小计		40		
检查项目合计			100		

注：1. 每项最多扣减分数不大于该项应得分数。

2. 保证项目有一项不得分或保证项目小计得分不足 40 分，检查评分表计零分。

3. 该表换算到建筑施工安全检查评分汇总表(表 3－2)后得分＝20×该表检查项目实得分数合计÷100。

表 3－13　物料提升机(龙门架、井字架)检查评分表

检查项目			扣分标准	应得分数	扣减分数	实得分数
保证项目	架体制作		无设计计算书或未经上级审批,扣 9 分 架体制作不符合设计要求和规范要求,扣 7～9 分 使用厂家生产的产品,无建筑安全监督管理部门准用证,扣 9 分	9		
	阳伞保险装置		吊篮无停靠装置,扣 9 分 停靠装置未形成定型化,扣 5 分 无超高限位装置,扣 9 分 使用摩擦式卷扬机超高限位采用断电方式,扣 9 分 高架提升机无下极限限位器、缓冲器或无超载限制器,每 1 项扣 3 分	9		
	架体稳定	缆风绳	架高 20m 以下时设一组,20～30m 设两组,少一组扣 9 分 缆风绳不使用钢丝绳,扣 9 分 钢丝绳直径小于 9.3mm 或角度不符合 45°～60°,扣 4 分 地锚不符合要求,扣 4～7 分	9		
		连墙杆与构筑构连接	连墙杆的位置不符合规范要求,扣 5 分 连墙杆连接不牢,扣 5 分 连墙杆与脚手架连接,扣 9 分 连墙杆材质或连接做法不符合要求,扣 5 分			
	钢丝绳		钢丝绳磨损已超过报废标准,扣 8 分 钢丝绳锈蚀、缺油,扣 2～4 分 绳卡不符合规定,扣 2 分 钢丝绳无过路保护,扣 2 分 钢丝绳拖地,扣 2 分	8		
	楼层卸料平台防护		卸料平台两侧无防护栏杆或防护不严,扣 2～4 分 平台脚手板搭设不严、不牢,扣 2～4 分 平台无防护门或不起作用,每 1 处扣 2 分 防护门未形成定型化、工具化,扣 4 分 地面进料口无防护棚或不符合要求,扣 2～4 分	8		
	小计			43		
一般项目	吊篮		吊篮无安全门,扣 8 分 安全门未形成定型化、工具化,扣 4 分 高架提升机不使用吊笼,扣 4 分 违章乘坐吊篮上下,扣 8 分 吊篮提升使用单根钢丝绳,扣 8 分	8		
	安装验收		无验收手续和责任人签字,扣 9 分 验收单无量化验收内容,扣 5 分	9		
	架体		架体安装拆除无施工方案,扣 5 分 架体基础不符合要求,扣 2～4 分 架体垂直偏差超过规定,扣 5 分 架体与吊篮间隙超过规定,扣 3 分 架体外侧无立网防护或防护不严,扣 4 分 摇臂把杆未经设计或安装不符合要求或无保险绳,扣 8 分 井字架开口处未加固,扣 2 分	10		
	传动系统		卷扬机地锚不牢固,扣 2 分 卷筒钢丝绳缠绕不整齐,扣 2 分 第一个导向滑轮距离小于 15 倍卷筒宽度,扣 2 分 滑轮翼缘破损或与架体柔性连接,扣 3 分 卷筒上无防止钢丝绳滑脱保险装置,扣 5 分 滑轮与钢丝绳不匹配,扣 2 分	9		
	联络信号		无联络信号,扣 7 分 信号方式不合理、不准确,扣 2～4 分	7		
	卷扬机操作棚		卷扬机无操作棚,扣 7 分 操作棚不符合要求,扣 3～5 分	7		
	避雷		防雷保护范围以外无避雷装置,扣 7 分 避雷装置不符合要求,扣 4 分	7		
	小计			57		
检查项目合计				100		

注:1. 每项最多扣减分数不大于该项应得分数。

2. 保证项目有一项不得分或保证项目小计得分不足 40 分,检查评分表计零分。

3. 该表换算到建筑施工安全检查评分汇总表(表 3－2)后得分＝20×该表检查项目实得分数合计÷100。

表 3—14 塔吊检查评分表

	检查项目	扣分标准	应得分数	扣减分数	实得分数
保证项目	力矩限制器	无力矩限制器,扣 13 分 力矩限制器不灵敏,扣 13 分	13		
	限位器	无超高、变幅、行走限位,每项扣 5 分 限位器不灵敏,每项扣 5 分	13		
	保险装置	吊钩无保险装置,扣 5 分 卷扬机卷筒无保险装置,扣 5 分 上人爬梯无护圈或护圈不符合要求,扣 5 分	7		
	附墙装置与夹轨钳	塔吊高度超过规定不安装附墙装置,扣 10 分 附墙装置安装不符合说明书要求,扣 3～7 分 无夹轨钳,扣 10 分 有夹轨钳不用,每 1 处扣 3 分	10		
	安装与拆卸	未制定安装拆除方案,扣 10 分 作业队伍未取得资格证,扣 10 分	10		
	塔吊指挥	司机无证上岗,扣 7 分 指挥无证上岗,扣 4 分 高塔指挥不使用旗语或对讲机,扣 7 分	7		
	小计		60		
一般项目	路基与轨道	路基不坚实、不平整、无排水措施,扣 3 分 枕木铺设不符合要求,扣 3 分 道钉与接头螺栓数量不足,扣 3 分 轨距偏差超过规定,扣 2 分 轨道无极限位置阻挡器,扣 5 分 高塔基础不符合设计要求,扣 10 分	10		
	电气安全	行走塔吊无卷线器或失灵,扣 6 分 塔吊与架空线路小于安全距离又无防护措施,扣 10 分 防护措施不符合要求,扣 2～5 分 道轨无接地、接零,扣 4 分 接地、接零不符合要求,扣 2 分	10		
	多塔作业	两台以上塔吊作业无防碰撞措施,扣 10 分 措施不可靠,扣 3～7 分	10		
	安装验收	安装完毕无验收资料或责任人未签字,扣 10 分 验收单上无量化验收内容,扣 5 分	10		
	小计		40		
检查项目合计			100		

注:1. 每项最多扣减分数不大于该项应得分数。

2. 保证项目有一项不得分或保证项目小计得分不足 40 分,检查评分表计零分。

3. 该表换算到建筑施工安全检查评分汇总表(表 3－2)后得分＝20×该表检查项目实得分数合计÷100。

表 3—15　起重吊装安全检查评分表

<table>
<tr><th colspan="3">检查项目</th><th>扣分标准</th><th>应得分数</th><th>扣减分数</th><th>实得分数</th></tr>
<tr><td rowspan="7">保证项目</td><td colspan="2">施工方案</td><td>起重吊装作业无方案,扣 10 分
作业方案未经上级审批或方案针对性不强,扣 5 分</td><td>10</td><td></td><td></td></tr>
<tr><td rowspan="2">起重机械</td><td>起重机</td><td>起重机无超高和力矩限制器,扣 10 分
吊钩无保险装置,扣 5 分
起重机未取得准用证,扣 20 分
起重机安装后未经验收,扣 15 分</td><td rowspan="2">20</td><td rowspan="2"></td><td rowspan="2"></td></tr>
<tr><td>起重扒杆</td><td>起重扒杆无设计计算书或未经审批,扣 20 分
扒杆组装不符合设计要求,扣 17～20 分
扒杆使用前未经试吊,扣 10 分</td></tr>
<tr><td colspan="2">钢丝绳与地锚</td><td>起重钢丝绳磨损、断丝超标,扣 10 分
滑轮不符合规定,扣 4 分
缆风绳安全系数小于 3.5 倍,扣 8 分
地锚埋设不符合设计要求,扣 5 分</td><td>10</td><td></td><td></td></tr>
<tr><td colspan="2">吊点</td><td>不符合设计规定位置,扣 5～10 分
索具使用不合理、绳径倍数不够,扣 5～10 分</td><td>10</td><td></td><td></td></tr>
<tr><td colspan="2">司机、指挥</td><td>司机无证上岗,扣 10 分
非本机型司机操作,扣 5 分
指挥无证上岗,扣 5 分
高处作业无信号传递,扣 10 分</td><td>10</td><td></td><td></td></tr>
<tr><td colspan="2">小计</td><td></td><td>60</td><td></td><td></td></tr>
<tr><td rowspan="8">一般项目</td><td colspan="2">地耐力</td><td>起重机作业路面地耐力不符合说明书要求,扣 5 分
地面铺垫措施达不到要求,扣 3 分</td><td>5</td><td></td><td></td></tr>
<tr><td colspan="2">起重作业</td><td>被吊物体重量不明就吊装,扣 3 分
有超载作业情况,扣 6 分
每次作业前未经试吊检验,扣 3 分</td><td>6</td><td></td><td></td></tr>
<tr><td colspan="2">高处作业</td><td>结构吊装未设置防坠落措施,扣 9 分
作业人员不系安全带或安全带无牢靠悬挂点,扣 9 分
人员上下无专设爬梯、斜道,扣 5 分</td><td>9</td><td></td><td></td></tr>
<tr><td colspan="2">作业平台</td><td>起重吊装人员作业无可靠立足点,扣 5 分
作业平台脚手板不满铺,扣 3 分</td><td>5</td><td></td><td></td></tr>
<tr><td colspan="2">构件堆放</td><td>楼板堆放超过 1.6m 高度,扣 2 分
其他物件堆放高度不符合规定,扣 2 分
大型构件堆放无稳定措施,扣 3 分</td><td>5</td><td></td><td></td></tr>
<tr><td colspan="2">警戒</td><td>起重吊装作业无警戒标志,扣 3 分
未设专人警戒,扣 2 分</td><td>5</td><td></td><td></td></tr>
<tr><td colspan="2">操作工</td><td>起重工、电焊工无安全操作证上岗,每 1 人扣 2 分</td><td>5</td><td></td><td></td></tr>
<tr><td colspan="2">小计</td><td></td><td>40</td><td></td><td></td></tr>
<tr><td colspan="3">检查项目合计</td><td></td><td>100</td><td></td><td></td></tr>
</table>

注:1. 每项最多扣减分数不大于该项应得分数。

2. 保证项目有一项不得分或保证项目小计得分不足 40 分,检查评分表计零分。

3. 该表换算到建筑施工安全检查评分汇总表(表 3－2)后得分＝20×该表检查项目实得分数合计÷100。

表 3－16　施工机具检查评分表

检查项目	扣分标准	应得分数	扣减分数	实得分数
平刨	平刨安装后无验收合格手续，扣 5 分 无护手安全装置，扣 5 分 未做保护接零、无漏电保护器，各扣 5 分 无人操作时未切断电源，扣 3 分 使用平刨和圆盘锯合用一台电机的多功能木工机具，平刨和圆盘锯两项扣 20 分	10		
圆盘电锯	电锯安装后无验收合格手续，扣 5 分 无锯盘护罩、分料器、防护挡板安全装置和传动部位无防护，每缺 1 项扣 5 分 未做保护接零、无漏电保护器，各扣 5 分 无人操作时未切断电源，扣 3 分	10		
手持电动工具	Ⅰ类手持电动工具无保护接零，扣 10 分 使用Ⅰ类手持电动工具不按规定穿戴绝缘用品，扣 5 分 使用手持电动工具随意接长电源线或更换插头，扣 5 分	10		
钢筋机械	机械安装后无验收合格手续，扣 5 分 未做保护接零、无漏电保护器，各扣 5 分 钢筋冷拉作业区及对焊作业区无防护措施，扣 5 分 传动部位无防护，扣 3 分	10		
电焊机	机械安装后无验收合格手续，扣 5 分 未做保护接零、无漏电保护器，各扣 5 分 无二次空载降压保护器或防触电装置，扣 5 分 一次线长度超过规定或不穿管保护，扣 5 分 焊把线接头超过 3 处或绝缘老化，扣 5 分 电源不使用自动开关，扣 3 分 电焊机无防雨罩，扣 4 分	10		
搅拌机	搅拌机安装后无验收合格手续，扣 5 分 未做保护接零、无漏电保护器，各扣 5 分 离合器、制动器、钢丝绳达不到要求，每项扣 3 分 操作手柄无保险装置，扣 3 分 搅拌机无防雨棚和作业台不安全，扣 4 分 搅拌机无保险挂钩或挂钩不使用，扣 3 分 传动部位无防护罩，扣 4 分 作业平台不平稳，扣 3 分	10		
气瓶	各种气瓶无标准色标，扣 5 分 气瓶间距小于 5m，距明火小于 10m 又无隔离措施，各扣 5 分 乙炔瓶使用或存放时平放，扣 5 分 气瓶存放不符合要求，扣 5 分 气瓶无防振圈、防护帽，每 1 个扣 2 分	10		
翻斗车	翻斗车未取得准用证，扣 5 分 翻斗车制动装置不灵敏，扣 5 分 无证司机驾车，扣 5 分 行车载人或违章行车，每发现 1 处扣 5 分	10		
潜水泵	未做保护接零、无漏电保护器，各扣 5 分 保护装置不灵敏、使用不合理，扣 5 分	10		
打桩机械	打桩机未取得准用证和安装后无验收台格手续，扣 5 分 打桩机无超高限位装置，扣 5 分 打桩机行走路线地耐力不符合说明书要求，扣 5 分 打桩作业无方案，扣 5 分 打桩操作违反操作规程，扣 5 分	10		
小计		60		

注：1. 每项最多扣减分数不大于该项应得分数。
　　2. 该表换算到建筑施工安全检查评分汇总表（表 3－2）后得分＝20×该表检查项目实得分数合计÷100。

5. 铁路工程施工安全检查评分表

表 3－17　铁路工程安全标准工地检查评分表

检查项目	应得分数	扣　分　标　准	扣分
安全管理	30	(1)施工负责人没有执行“安全生产第一责任者到位标准”，扣 10 分 (2)50 人以上的施工队伍没有配备专职安全员，扣 10 分 (3)经济承包没有与安全生产挂钩的指标，扣 5 分 (4)工程没有经上级批准的施工组织设计或施组(施工方案)中没有安全技术措施，扣 5 分 (5)安全措施没有进行技术交底或交底针对性不强，扣 3 分 (6)危险源没有进行分级监控管理，扣 5 分 (7)新工人没有接受三级安全教育或调换工种工人没有接受岗前教育，每发现 1 人扣 5 分 (8)特种作业人员无证上岗，每发现 1 人扣 5 分 (9)三大材等原材料、半成品、构件未经过检验，重要材料没按规定进行复试便进入施工过程，扣 5～15 分 (10)没有执行定期安全检查制度，扣 3 分；检查无记录或整改不及时，扣 3 分 (11)没有坚持每周 2h 以上安全教育，扣 3 分；伤亡事故不及时上报、没按“三不放过”原则查处，扣 4 分 (12)工地上材料、构件等没分类堆码整齐、道路不通畅平整、管线不通顺，扣 3 分	
		合计扣分	
安全防护	10	(1)施工现场每发现 1 人不戴安全帽，扣 2 分；每发现 1 人穿拖鞋、高跟鞋、硬底易滑鞋进行作业，扣 2 分；酒后上岗，每发现 1 人扣 5 分 (2)安全网未按技术标准搭设，扣 5 分 (3)无防护设施的高处作业，每发现 1 人不系安全带扣 3 分 (4)距地面 2m 以上的作业处所临边无防护，扣 3 分；防护不严，扣 2 分；高处作业没有统一规定的信号、旗语、口哨等与地面联系，扣 3 分 (5)上、下交叉作业没有有效的隔离措施，扣 5 分 (6)现场深坑、沟、井等危险场所没有设置昼夜明显警戒标志和防护措施，扣 3 分 (7)行车线作业未按技术标准没置旗、牌、灯防护，扣 5 分 (8)个人劳动防护用品购置、使用没有严格的管理制度，扣 3 分 (9)夜间作业，施工现场没有足够的照明设备，扣 5 分	
		合计扣分	
施工用电	10	(1)开关箱位置安装不当、无门、无锁、无防雨，每发现 1 处扣 1 分 (2)开关箱未安装漏电保护器，每发现 1 个扣 2 分 (3)违反一闸一机原则或熔丝规格不符合标准，扣 2 分 (4)照明线、动力线架设高度不够或穿过通道未穿管埋地，扣 2 分；临时敷设电线缠挂在钢筋、模板、脚手架上，扣 2 分；电动机具电源线随地拖拉，扣 2 分；停止使用的电器设备、电源线和开关没及时拆除，扣 2 分 (5)现场手持作业灯没有使用安全电压，扣 4 分；低压电线路使用裸导线时，扣 4 分 (6)7.5kW 以上电机没采用减压起动方式，且未加过载保护装置，扣 5 分；在建工程与临近高压线的距离小于规定又无防护措施，扣 10 分 (7)检修电气设备时没执行停电作业、开关握柄上未挂“有人操作，严禁合闸”警示牌或没设专人看守，扣 10 分 (8)现场安装变压器没有设防护栏，门未加锁和没有悬挂“高压危险，切勿接近”警示牌，扣 5 分；没有专用灭火器及高压安全用具，扣 5 分	
		合计扣分	
施工机具	10	(1)电刨、电锯、木工及钢筋机械等机具传动部位无防护罩，扣 2 分 (2)电刨、电锯、木工及钢筋机械等机具无保护接地或接零，扣 2 分；室外电机没有防尘雨罩，电源线随地拖拉各，扣 2 分 (3)电刨、电锯、木工及钢筋机械等机具不安装漏电保护器，扣 2 分 (4)手持电动工具无保护接零或接地，扣 2 分；无漏电保护器，扣 4 分 (5)电焊机无良好保护接零或接地，扣 2 分；无防雨或焊把绝缘不好，扣 2 分 (6)搅拌机安装不平稳，扣 1 分；无保护接地或接零，扣 2 分；无保险挂钩，扣 2 分；检修拌和机人员进入搅拌筒内，没有切断电源、锁好开关箱或没专人监护，扣 10 分 (7)混凝土搅拌机工作时，用工具伸到转动的搅拌筒内扒浆和出料，每发现一次扣 3 分；料斗拌和中升起时，料斗下有人工作和行走，每发现 1 人扣 2 分；清理上料坑时，料斗未采用链条挂扣牢，扣 2 分 (8)团结翻斗车违章行车或载人，扣 3 分；司机无证上岗，扣 5 分 (9)潜水泵无保护接零，扣 3 分；不安漏电保护器，扣 4 分 (10)氧气和乙炔气瓶分开距离及距明火不足 10m，扣 3 分；无防震圈，扣 2 分 (11)操作水磨石机和使用振捣器的工作人员没穿绝缘鞋和戴绝缘手套，扣 3 分	
		合计扣分	

续上表

检查项目	应得分数	扣 分 标 准	扣分
起重安装作业及门(井)式架塔吊	10	(1)主要起重机械进场、安装未制定检查验收制度，扣2分；安装、拆除没有专人监护，扣2分 (2)起重安装作业前，未制定施工方案、工作步骤及安全措施，扣3分 (3)各类起重机械使用前未进行全面检查并进行静载和动载试验，扣2分 (4)起重工和指挥人员无证上岗，扣5分；未执行“九不吊”、“七禁止”，扣3分 (5)起吊重物时，起重扒杆下有人停留或行走，每发现1人扣2分；起重工在索具受力或起吊物悬空的情况下中断工作或离开岗位，每发现1次扣3分； (6)现场使用的吊具和索具与有关标准、规定不符或缆风、地垄不合规定，各扣2分 (7)起重用钢丝绳起油、有死弯或某一断面断丝量超过5%，扣2分 (8)在轨道上行使的起重机轨道不良、无车挡或夹轨钳，各扣1分 (9)用电动机作动力的各类起重机，没有起重量限位器与卷扬限位器，扣3分 (10)千斤顶没有根据起重量及施工方法选型，使用前未进行检查，扣2分 (11)千斤顶起顶或下降时未及时设置或撤出保险垫块，扣2分 (12)使用两台以上千斤顶同时顶起重物来使每台千斤顶负荷平衡并同起同落或两端交替起落，扣2分 (13)门(井)式提升架无灵敏可靠的制动停靠装置和超高限位，各扣2分 (14)门(井)式提升架吊盘无安全门、安全栏杆，扣2分；工人乘坐吊盘上下，每发现1人扣2分 (15)塔(门)式吊机缺少超高、变幅、行走、力矩限位器，各扣2分 (16)高处作业安全带没拴在操作人员垂直上方及工具、小型材料未放入工具袋时，各扣2分	
		合计扣分	
脚手架	10	(1)外脚手架钢管立杆无底座或垫木，竹脚手不埋地，每10延米扣1分 (2)各类脚手没按规定设扫地杆和剪刀撑，每10延米各扣1分 (3)外脚手架高至7m以上，高度每隔4m水平距离7m与建筑物拉结，每少1处扣1分 (4)现场使用的挑、挂、爬及整体提升等特殊类型脚手架没有编制单项施工方案并制定相应操作规定及验收制度，扣5分；施工方案没有经上一级技术主管审核，扣3分 (5)钢管脚手间距立杆大于2.0m，大横杆大于1.2m，小横杆大于1.0m，每发现1处扣0.5分 (6)脚手架的外侧、斜道和平台没设防护栏杆和挡脚板或挂防护立网，每10延米扣1分 (7)施工脚手板不满铺，每10延米扣1分；探头板，每发现1处扣2分；脚手架不设工人上下跑道或爬梯，扣3分 (8)各类脚手架没有在醒目处设置最大允许承载量和严禁超载使用警示牌，扣2分；均布荷载承重脚手架每平方米超过270kg，装修用脚手架每平方超过200kg，每1处扣2分 (9)拆除脚手架时，没执行自上而下逐步拆除方案，采用推倒或拉倒方式，扣3分；拆下的脚手架材料随意抛掷，发现1次扣2分；非作业人员进入拆除脚手架作业区，发现1人扣2分	
		合计扣分	
地基基础工程	10	(1)采用固壁支撑开挖基坑(槽)没有施工图和安全技术措施，扣3分；方案和措施没有经上级技术主管部门批准，扣3分；没有执行撑好一层下挖一层，扣2分 (2)明挖基坑顶面四周没有排水设施、没按规定边坡挖、机具、材料、弃土距基坑边缘安全距离不符规定，各扣1分；用掏“神仙土”方法开挖，每发现1人扣1分 (3)采用土、草袋围堰防水开挖基坑作业时，没有防护洪水冲刷边坡措施，扣2分 (4)开挖基坑用吊斗出土没有信号指挥，扣3分；吊机扒杆和土斗下方站人，每发现1人扣1分 (5)向基坑(槽)和管沟内运送砖、石、砂浆没有溜槽或吊篮，扣2分；砌筑基础墙高大于2m的深基础时，没有脚手架，扣2分 (6)挖孔桩作业没有随井深而加强通风，并采取防孔壁塌方和物体坠落孔内措施，扣3分 (7)打桩施工采用滚筒滑移打桩架无人指挥，扣1分；桩架上的工作平台无防护栏杆及上下扶梯，扣2分；6级及以上风力没停止打桩，扣5分；起吊桩或桩锤时工作人员在吊钩下及龙门口处停留或工作，每发现1人扣1分 (8)钻孔桩施工所用的钻机、钻具和吊钻头的钢丝绳与设计要求不符或没专人检查维修，扣3分；钻机工作平台脚手板没满铺及设置栏杆、走道，扣3分；不施工的孔口未设防护，每发现1个扣2分 (9)冲击钻钻进作业中钢丝绳断丝超过5%没及时更换，扣2分；钢丝绳与钻头连接的夹子数没按等强度安装，扣2分	
		合计扣分	

续上表

检查项目	应得分数	扣　分　标　准	扣分
钢筋与模板工程	10	(1)钢筋冷拉场地两侧无防护、两端地锚无防护，各扣1分；地锚之处、没设警戒区、挂警示牌，扣1分 (2)钢筋调直机工作时、机械附近有无关人员，每发现1人扣1分 (3)钢筋切断机切断长钢筋时无专人扶持，切断短于30cm的短钢筋时没使用套管或钳子夹住，用手直接送料，各扣1分 (4)钢筋弯曲机工作时、钢筋旋转半径内，非操作人员，每发现1人扣1分 (5)操作对焊机、点焊机人员没配戴好安全防护用品，扣1分 (6)预应力张拉、油泵操作人员没戴防护目镜，扣1分；发现用手或脚踏预应力钢筋，扣1分 (7)在高处、深坑绑扎钢筋和安装骨架及模板前没有搭设平台、栏杆及上下扶梯，扣2分；绑扎高层建筑的圈梁、挑檐、外墙、边柱钢筋时，没搭设外挂架或安全网，作业人员未系安全带各，扣3分 (8)模板竖立过程中，上模板工作人员没系好安全带，每发现1人扣1分；模板就位后没有立即用撑木等固定位置就进行下道工序作业，扣3分；模板合缝时，不用撬棍等工具拨移，徒手操作，每发现1人扣1分；暂停作业时，模板没上好连接器和上下箍筋、打好内撑，扣3分 (9)安装墩帽、阳台、挑檐、雨篷等结构的模板时，没有使模板支撑自成体系或拉杆支搭在脚手架上，扣3分 (10)拆除模板时，没设立禁区，扣1分；没按规程程序先拴牢吊具挂钩再操作，扣1分；模板、材料工具随意往下扔，扣2分；拆下的模板没立即按指定地点堆码整齐，扣2分；木模板上铁钉没立即打平，扣1分	
		合计扣分	
运营线施工	10	(1)在运营线施工或影响运营线安全的施工，作业前施工组织设计、防护措施及具体作业计划未取得路局、分局审核批准，并与工务部门签订施工安全协议，扣10分 (2)需要封锁区间或限制行车速度的施工项目，虽有经批准的作业计划，但施工前未向所在车站办理要点手续，无工务、电务等有关行车运营部门配合，便擅自开工，扣5～10分 (3)凡既有线正、站线拨接转线开通作业和道岔插入施工，没有工程处长或指派的负责人现场指挥，扣5～10分 (4)既有线路施工，未按规定配齐经培训考试合格的驻站联络员和工地防护人员，扣10分；防护信号(含灯、旗牌等)，每1处不符要求扣2分 (5)每次施工收工前，施工负责人没有详细检查确认列车放行条件便撤除防护，扣10分；发出停工作业命令、作业人员没及时撤至限界外安全地点待避，每发现1人扣5分 (6)利用既有线区间卸车没经行车调度批准，或没严格按规定时间进入区间作业和退回车站，各扣5分 (7)在既有线设置施工临时道口，未向所在铁路局办理申请批准手续，扣10分；施工临时道口未按有人看守道口标准配齐铺面、防护标志、设施并设专人看守、清扫，扣5分；使用完毕没有立即拆除，扣5分 (8)没有取得车站值班员同意并办理手续就在既有线上使用轻型车辆，扣10分；使用单轨小车没有按规定安排专人随时显示停车手信号和按规定进行防护，扣10分；轻型车辆及小车用毕没按规定抬至安全处所加锁保管，扣5分 (9)在既有线使用齿条式起道机及未改进的轨缝调节器进行线路作业，发现一次扣3分；在自动闭塞和有轨道电路区段施工时，使用的养路机具、万能道尺、撬棍等没有绝缘装置，每发现1处扣5～10分 (10)在既有线区间或站场路肩、线下挖沟埋缆、没有进行必要的加固，每10延米扣3分；没有及时回填，每10延米扣3分 (11)新增桥涵墩台挖基、涵渠接长、桥涵顶进等作业项目未按施工方案进行防护，线路没有必要的加固或看守，工地没有备齐应急抢修物资备，扣5分 (12)邻近既有线进行爆破作业前，未按规定办理要点手续并设置防护，扣10分；采用火花起爆，扣10分；在已通电的电气化区段使用电雷管，扣10分	
		合计扣分	

续上表

检查项目	应得分数	扣 分 标 准	扣分
桥涵顶进工作	10	(1)桥涵顶进施工前施工组织设计、线路加固及顶进方案未报路局或分局相应单位批准便开始施工,扣10分 (2)线路加固方案在实施前没有征得运营单位同意并办理好加固地段慢行要点手续便开始施工,扣10分 (3)顶进工地没安排专人对线路进行防护及维修,扣10分;顶进过程中,每次列车通过后或每顶进一次,没安排专人检修线路是否有异状(包括线路方向、水平、挠度、横梁垫片及联结构件等),扣5分;没安排专人测定车速,扣2分 (4)工作坑坡顶距线路外侧钢轨的距离不能满足各级线路要求的标准,扣5～10分 (5)采用扣轨加固线路时,轨道两端少轨卡、道心内的轨束两端没有加木楔头,各扣3分;吊轨上的U型螺栓高出正线轨面超过25mm,每发现1根扣3分;横梁的规格间距、长度不能满足土方开挖要求,扣5～10分 (6)施顶时,施工人员接近或跨越顶铁,每发现1人扣3分;非操作人员没撤离工作现场,每发现1人扣2分;列车通过时没停止顶进作业(包括挖土、施顶),扣3～10分 (7)顶进挖土时、开挖坡度没有控制在1∶0.8～1∶1.2之间,扣3～5分;没有做到随挖随顶,扣3分;掏洞取土、逆坡取土或趣前挖土,分别扣3～5分;没安排专人检查路基边坡及周围建筑物有无下沉、变形,扣5分 (8)使用机械挖土时,挖土机械与清理开挖面的工人同时作业,每发现1人扣3分 (9)顶进期间起吊顶铁时,重物运行范围内有人工作或停留,每发现1人扣3分;工作情况下检查和调整液压系统,扣5～10分 (10)顶铁长度超过4m时,没及时加设横梁,扣3分 (11)顶进现场没有准备适当数量的道砟、枕木、草袋、钢轨等料具作抢修备料,扣5～10分	
		合计扣分	
隧道工程	10	(1)在洞口或附近适当处所,没有设置急救材料储备库,或库中没有足够的支撑材料、防火、防水、防毒器材和各种适用工具,扣5分 (2)开挖钻眼人员到达工作面前,没有专人检查支撑、顶板及两帮是否牢固处于安全状态,扣5分;在残眼中继续钻眼,发现1次扣10分 (3)照明不足、工作面岩石破碎未及时支护即装药爆破,扣5分;无关人员和机具没撤离就开始装炮,扣5分;没有可靠措施安排钻跟与装药平行作业,扣5分;爆破后未经通风排烟或相距时间少于15分钟,未经专人检查有无瞎炮及残余炸药、雷管,工人即进入作业面,扣10分 (4)爆破工在炸药加工房以外地点进行炸药加工,发现1次扣5分;爆破器材和爆破作业人员穿着化纤衣服,发现1人扣5分;爆破工作业时没带手电筒进洞,扣5分;使用明火点炮,扣10分 (5)两个作业面相距余留8倍循环进尺(最小不得少于15m)时没有停止一端工作,将人员及机具撤走,并在安全距离处设警告标志,扣10分 (6)洞内运输(有轨、无轨)人料混装、扒车、追车,发现1人扣3分;2km以上的长隧道,工人上下班没有专门载人的车辆,扣2分;洞内运输线路无专人养护、维修使经常保持良好状态,扣5分 (7)炸药和雷管没有执行分开运送或在人员交接班时进行,各扣3分;将炸药雷管存放在洞内或辅助导坑内,扣5分 (8)施工期间没安排专人对各部支护进行定期检查及时修整加固,扣3分;发现已锚区段围岩有较大变形或锚杆失效没立即采取措施,扣5分;发现测量数据突变、异常,特别是喷层有异常裂缝时,现场负责人没有在1h内采取应急措施并通知人员撤离危险区域,扣10分。 (9)洞内衬砌吊装拱架、模型板时工作地段没有专人监护,扣3分;检查、修理压浆机械及管路没停机并切断风源、电源,扣5分 (10)无专人管理隧道施工用通风机,扣2分;没采取湿式凿岩,扣5分;含有瓦斯的隧道没有采取防爆型灯具,扣10分;隧道内瓦斯浓度达1.5%时未立即停止作业,切断电源进行处理,扣10分 (11)洞内照明灯光不能满足亮度充足、均匀及不闪烁要求,扣3分;洞内检修、搬迁电气设备时没有切断电源,未悬挂"有人工作,不准送电"警告牌,扣10分;设有斜井、竖井的隧道及隧道施工主要设备房(主通风机、竖井提升人员的绞车等)没设置两路电源供电,扣10分 (12)对软岩及不良地质隧道施工,没有采取弱爆破、短开挖、强支撑、早衬砌、先护顶等小循环施工方法,未对围岩加强检查与量测,扣10分;发现有塌方迹象时,没有在危险区段设明显标志,派专人监护并迅速报告施工负责人采取措施,扣10分。	
		合计扣分	
脚手架	10	(1)工地临时道路未按批准的设计施工,扣3分;临时单车道未根据行车需要设置会车道,扣3分;缺少必要的安全标志及防护设施,扣3分;未安排专人定期维修养护,扣3分 (2)铁路及公路便线、便桥未按批准的文件施工,扣3分;未安排专人经常保养维修,扣3分;铁路便线、便桥汛期没有专人巡道、看守并配备通讯设备,扣5分 (3)各类临时生产、生活房屋布置及防火间距与有关规定不符,扣5分;与铁路、公路及高压线之间距离与国家规定不符,扣3～10分 (4)工地临时爆破器材库不能满足国家《爆破安全规程》,扣5～10分 (5)施工栈桥修建后未经检查验收便投人使用,扣5～10分;栈桥桥面两侧没设人行道及栏杆、线路中心步行板没满铺,扣3～5分 (6)施工用交通码头与起重码头没分开设立,扣5分;码头缺少靠绑设备,扣3分 (7)交通船没有明确将定员、风级等航行规定公布于众,扣5分;交通船没有足够的救生设施和消防器材,扣5～10分;交通船驾驶员没有航运部门颁发的驾驶证,扣10分 (8)缆索吊机按设计安装后未经检查验收及便投入使用,扣10分;没有专人定期检查,扣5～10分 (9)其余临时工程及附属辅助工程项目按设计标准检查	
		合计扣分	

五、文明管理措施

1. 施工企业文明施工管理制度

(1)施工现场管理人员在施工现场应当佩戴证明其身份的胸章,作业人员必须挂证或卡上岗,并按规定配戴劳动防护用品。

(2)保持作业场所整洁,要做到工完料净场地清,不能随意抛撒物料;物料要堆放整齐。

(3)在工地禁止嬉闹及酒后工作;员工应互相帮助,自尊自爱,禁止赌博等违法行为。

(4)施工现场严禁焚烧各类废弃物。

(5)不在施工现场吸烟。

(6)饮酒之后,不能进入施工现场。

(7)施工现场有威胁到生命安全时,有权拒绝进入。

2. 施工企业文明施工管理工作的实施

(1)施工单位应贯彻文明施工要求,推行现代管理方法,科学组织施工,努力做好施工现场的各项管理工作。

(2)指定专人和部门负责文明施工管理、监督、检查,落实整改工作。

(3)认真执行上级有关文明施工管理规定,加强职工文明施工思想意识的教育,开展文明施工达标活动。

(4)施工现场要按规定设置坚固的高度不低于 2.5m 或 1.8m 的围挡,设置门楼(宽 4～8m,高 3～6m),并在醒目的位置挂“五牌一图”。

(5)施工现场各职能部门的办公室、医务室、材料、机械库房等工棚,必须挂牌,四周环境保持清洁卫生。

(6)大门内两侧应在明显位置标明“百年大计,质量第一”,“安全生产,人人有责”,“非施工(生产)人员,禁止进入施工现场”等警示标语。并把“安全生产十大纪律各项措施”标示公布于众。

(7)场地及道路做到硬地化,并设置相应的安全防护设施和安全标志,周边排水沟保持畅通无积水。

(8)工地四周不乱倒垃圾、淤泥,不乱扔遗弃物,并做到工完场清。

(9)成品、半成品及材料的堆放,应按平面布置图划定的位置分类堆放并整齐美观。

(10)搭设的临时厕所、浴室有排污措施,粪便污水不外流。

(11)不非法占地,及时清理淤泥。淤泥、垃圾,沿途不漏撒,沾有泥沙及浆状物的车辆不得驶出工地。

(12)食堂要有卫生许可证和卫生保洁制度,炊事员和茶水工要持有效的健康证上岗。

六、安全防护用品使用管理措施

1. 施工企业安全防护用品的使用要求

(1)进入工地必须戴安全帽,并系紧下颌带;女工的发辫要盘在安全帽内。

(2)在 2m 以上(含 2m)有可能坠落的高处作业,必须系好安全带;安全带应高挂低用。

(3)禁止穿高跟鞋、硬底鞋、拖鞋及赤脚、光背进入工地。

(4)作业时应穿“三紧”(袖口紧、下摆紧、裤脚紧)工作服。

(5)防护用品应按要求保养,发现失效及时更换或送修。

2. 安全帽的使用注意事项

(1)安全帽品种

安全帽产品的生产企业多,使用范围广,品种繁多,结构各异。依据帽壳制造材料可划分为塑料安全帽、玻璃钢安全帽、橡胶安全帽、竹编安全帽、铝合金安全帽和纸胶安全帽等。前4种材料的安全帽被广泛使用,后两种则使用较少。

依据帽壳的外部形状可以划分为单顶筋、双顶筋、多顶筋、"V"字顶筋、"M"字顶筋、无顶筋和钢盔式等多种型式。

依据安全帽帽沿尺寸可以划分为大沿、中沿、小沿和卷沿安全帽,其帽沿尺寸分别为50~70mm、30~50mm以及0~30mm。

依据作业场所可以划分为一般作业类和特殊作业类安全帽。一般作业类安全帽用于具有一般冲击伤害的作业场所,如建筑工地等;特殊作业类安全帽用于有特殊防护要求的作业场所,如低温、带电、有火源等场所。不同类别的安全帽,其技术性能要求也不一样,使用时应根据实际需求加以选择。

(2)安全帽的防护原理

安全帽的作用主要有两个方面,可以分散、减弱、吸收坠落物对头部的冲击伤害,还可以在佩戴者坠落时对头部进行防护。

人的头盖骨最薄处仅2mm,头部一旦受到外力的冲击,可以引起脑震荡、脑出血、脑膜挫伤、颅底骨折、肌体机能障碍等伤害,甚至死亡。所以,对作业场所内工作人员的头部必须加以保护,而头部防护的重要用品就是安全帽。

安全帽的防护原理是采用具有一定强度的帽体、帽衬材料和缓冲结构,承受和分散坠落物的瞬间冲击力,使有害荷载分布在头盖骨的整个面积上和头与帽顶空间位置的能量吸收系统上,以保护使用者的头部,避免或减轻外来冲击力的伤害。

(3)安全帽的选择及使用

1)露天作业为了防日晒雨淋,一般选用大沿安全帽;在脚手架上作业,考虑到作业的方便一般选用小沿安全帽;特殊的使用环境应选用符合相应特殊性能的安全帽;要根据管理要求和背景颜色选用醒目的颜色。

2)使用前要进行外观检查,有缺陷不得使用,各部件要按照规定进行连接;安全帽要佩戴牢固,尤其要系紧下颚系带,使低头作业时不会脱落;要爱护安全帽,有的人在休息时把安全帽当凳子坐,要坚决制止;安全帽的使用期一般为3年左右,当超过3年或者受过冲击后就要进行更换。

3. 安全带的作用

(1)安全带的种类

1)安全带按用途可以分为高空作业安全带、架子工安全带、铁路调车员安全带、电工、电信工安全带和消防安全带等品种。

2)高空作业安全带。主要由腰带、背带、胸带、吊带、腿带、挂绳及金属配件组成。它主要适用于桥梁施工、采石作业和高空焊接等高处作业场所。

3)架子工安全带。主要由腰带、背带、挂绳和配件组成。主要适用于架子工和起重工。

4)电工安全带。由腰带、围腰带、围杆带和配件组成。它主要适用于电工登杆作业。

(2)安全带的作用

1)应选用经检验合格的安全带产品。使用和采购之前应检查安全带的外观和结构,检查部件是否齐全完整，有无损伤，金属配件是否符合要求，产品和包装上有无合格标识，是否存在影响产品质量的其他缺陷，发现产品损坏或规格不符合要求时，应及时调换或停止使用。

2)不得私自拆换安全带上的各种配件，更换新件时，应选择合格的配件。

3)使用过程中，一般应高挂低用，并防止摆动、碰撞，避开尖锐物体，不能接触明火。

4)不能将安全绳打结使用，以免发生冲击时安全绳从打结处断开，应将安全钩挂在连接环上，不能直接挂在安全绳上，以免发生坠落时安全绳被割断。

5)使用3m以上的长绳时，应加缓冲器，必要时，可以联合使用缓冲器、自锁钩、速差式自控器。

6)作业时应将安全带的钩、环牢固地挂在系留点上，卡好各个卡子并关好保险装置，以防脱落。

7)在低温环境中使用安全带时，要注意防止安全绳变硬割裂。

8)使用频繁的安全绳应经常做外观检查，发现异常时应及时更换新绳，并注意加绳套的问题。

9)安全带应贮藏在干燥、通风的仓库内，不准接触高温、明火、强酸、强碱和尖利的硬物，也不能暴晒。搬运时不能用带钩刺的工具，运输过程中要防止日晒雨淋。

4. 安全绳的种类

安全绳主要有双钩单环、单钩单环、单钩双环等品种。长度主要有5m、10m、15m、20m、30m、50m等带钩环的，还有20m、30m、50m、100m、500m不带钩环的备用品，供修配和换装。

安全绳使用时应该采取高挂低用的方式。

5. 安全网的使用

(1)安全网的类别

目前国内广泛使用的安全网可以划分为三类，即安全平网、安全立网和密目式安全立网。安装平面不垂直于水平面，主要用来挡住坠落人和物的安全网称为安全平网；安装平面垂直于水平面，主要用来防止人和物坠落的安全网称为安全立网。

(2)安全网的安装

1)安装前要对网进行外观检查，要检查支撑物(架)是否具有足够的强度、刚度和稳定性，以及在系网处有无撑角及尖锐边缘。

2)在每个系接点上，边绳应与支撑物靠紧，并用一根独立的系绳连接，系接点要沿网边均匀分布，其间距应小于75cm。

3)有筋网安装时必须把筋绳连接在支撑物上。

4)多张安全网连接使用时，相邻部分应靠紧或重叠，连接绳的材料要与网的材料相同。

5)当在输电线路附近安装网时，必须预先请示有关部门，并采取适当的防触电措施。

(3)安全网的使用、维护

1)安全网安装后必须经过专项验收，合格后方可使用。

2)在使用时要避免出现以下现象：把网拖过粗糙的表面或锐边，以免造成网的损伤；在网内或网下堆置物品，防止人员在坠落时碰伤；人员跳入或把物品投入网内；大量的焊接火星或其他火星落入网内。

3)每星期至少对网检查一次，如网受到了较大的冲击最好更换网或及时进行检查。

4)修理网所用的材料、编接方法要与原网相同，修理后要进行专项检查，合格后方可使用。

5)要经常清理网上的落物，保持网的工作表面清洁。

6)要保证网的试验绳始终穿在网上，每隔 3 个月要进行一次性能试验。

6. 其他防护用品

(1)防尘用品

防尘用品主要有呼吸道防尘用品、身体性防尘用品。

(2)防电用品

防电用品的防护原理主要是绝缘和等电位屏蔽分流。绝缘是使用绝缘物质使人体与电路隔绝；等电位屏蔽分流是通过穿在身体周表的导电均压服，以屏蔽高压电场和分流电容电流。

防电用品主要有绝缘手套、绝缘靴鞋等。

(3)电焊工及辅助用品

这类用品主要有电焊工手套、电焊罩面、防电光性眼炎眼镜。

(4)防脏污用品

防脏污用品的品种比较多，比如工作服、手套、工作帽、套袖等。

(5)防寒用品

防寒用品有防寒服、防寒鞋、帽及手套。

7. 施工企业安全防护用品管理制度的内容

(1)项目部安监部门根据安全防护用品的使用寿命、报废期限，按照公司统一标准，定期编制安全防护用品更换、发放计划。

(2)项目部物资管理部门根据计划采购合格的安全防护用品，保存产品的相关资料。并组织相关部门按照标准检验程序，对安全防护用品经验收合格后，方可入库、发放使用。

(3)配备给个人使用的安全防护用品，领用时记入个人劳保卡，个人妥善保管，并在使用前进行检查；对损坏或不符合安全要求的不得使用；对人为原因损坏或丢失的安全防护用品，由个人提出申请，部门审核，安监部门审批更换。

(4)属集体使用的安全防护用品(包括外来参观、检查、支援工作人员)及绝缘手套、防酸手套等非经常用安全防护用品，应该建立严格的使用、审批、领取手续。

(5)临时使用或专业使用的安全防护用品由需用部门提出计划，经安监部门审核、项目经理批准后购买。

(6)安全防护用品管理人员应确保所保管安全防护用品的完好，对临时借用的安全防护用品在工作结束后，应及时督促归还。

(7)安全防护用品在使用过程中，使用单位应做好日常自检，并按使用要求定期组织检验。

(8)项目部和协作单位全体人员统一使用合格的安全帽，项目部中层以上干部佩戴白色安全帽。项目部专兼职安监人员佩戴黄色安全帽，带红字“安监”标识。项目部其他人员佩戴红色安全帽。协作单位人员佩戴蓝色安全帽。

(9)安全帽、安全带、防护眼镜等按各工种的规定期限领用或更换，丢失或损坏需重新领用或更换者，由本人写出书面原因，所在部门审批，由物资管理部门根据领用年限核定折价赔偿数额，到财务部交款，安监部门审批后补发。

(10)协作单位安全帽由项目部统一配置，费用自理；安全带、防护眼镜等原则上自备，特殊情况下可到用工部门借用。自备安全防护用品必须为合格品。

七、卫生防疫

1. 施工企业安全卫生设施

职业安全卫生设施的建立是防止伤亡事故发生,减少职业危害的一种重要措施。企业都应根据各自的生产特点,采取各种方法,完善各种职业安全卫生设施,保障劳动者的安全与健康。职业安全卫生设施包括以改善劳动条件、防止伤亡事故和职业病发生为目的的一切技术措施,内容有:

(1)为保持空气清洁或使温度符合职业卫生要求而安设的通风换气装置和采光、照明设施。

(2)为消除粉尘危害和有毒物质而设置的除尘设备及防毒设施。

(3)防止辐射、热危害的装置及隔垫、防暑、降温设施。

(4)为改善劳动条件而铺设的各种垫板。

(5)为职业卫生而设置的对原材料和加工材料消毒的设施。

(6)为减轻或消除工作过程中的噪音及振动的设施。

(7)专为职工工作而设置的饮水设施。

(8)为从事高温作业或接触粉尘、有害化学物质或毒物作业人员专用的淋浴设备或盥洗设备。

(9)更衣室或存衣箱,工作服洗涤、干燥、消毒设备。

(10)女士卫生室及洗涤设备。

(11)为从事高温作业等工种工人修建的倒班休息室等。

2. 施工企业安全卫生管理制度

(1)划分区域负责人,实行挂牌制,做到现场清洁整齐。

(2)施工现场办公室、仓库、职工宿舍保持环境清洁卫生,班组宿舍的衣物、日常用品等摆放整齐。

(3)工人作业地点和周围必须清洁整齐,做到工完场清,不得留余料。垃圾集中堆放,及时清理。严禁随地丢垃圾。污水、废水不外溢。

(4)车辆进出清洗干净,不污染道路。

(5)厨房卫生整洁,符合卫生检疫要求,炊事员需持定期体检健康证,上岗需穿工作服,戴工作帽及口罩,保持个人卫生和内外环境清洁卫生,做到生熟食品隔离,有防蝇、鼠、尘设施。

(6)保证供应符合卫生饮用水,茶水桶加盖加锁。

(7)厕所必须落实专人清洁,保持时时清洁,便槽不得有积垢,严禁随地大小便。

八、其他方面安全管理措施

1. 施工企业的消防安全制度

(1)成立消防安全监督小组,监督班组消除火灾隐患,设立具有消防专业知识的消防监督安全员。

(2)任何班组和个人不得违反消防安全规定,冒险作业。

(3)加强教育和培训,逐步建立起定期对各班组进行防火消防的教育。

(4)坚持3个月和不定期检修用电设备及线路、开关,切实杜绝和避免电气设备和线路故障引起火灾。

(5)实行防火安全责任制度,项目经理为防火责任人。

(6)消防工作实行“预防为主,消防结合”的方针和“谁主管,谁负责”的消防管理原则。

(7)保持施工现场安全出口的疏散通道畅通无阻。

(8)任何班组和个人不得堵塞消防通道或者损坏和擅自挪用拆除、停用消防设施器材。

(9)对及时举报火灾隐患的班组和个人给予奖励，对违反消防条例，玩忽职守造成火灾或发现火灾隐患不及时消除和通知有关单位的班组和个人给予处罚。

(10)进行电焊、气焊等具有火灾危险作业的特种作业人员必须持证上岗，严格执行动火审批规定。

(11)在宿舍区内，严禁燃烧容易引起火灾的东西。

(12)易燃易爆物品必须由专人进行管理存放于指定地点。

(13)在施工现场作业区禁止吸烟，吸烟应在指定"吸烟点"。

(14)禁止在宿舍使用煤油炉、液化气炉以及电炉、电热棒、电饭煲、电炒锅、电热毯等电器。

(15)发现火情及时报告。

2. 施工企业安全用电管理制度的内容

(1)本着安全用电的原则，各单位必须严格按照有关安全要求规定进行用电的管理。

(2)工程部对所有用电负荷及动力、照明分配进行规划、布置和管理。提高用电的安全性、可靠性，使用电管理规范化、制度化、程序化，减少浪费，提高资源、能源的利用率。施工用电设施安装完毕后，应有完整的系统图、布置图等竣工资料。

(3)现场施工用电由电气施工处电工班归口管理。具有对全厂施工用电进行检查、管理的职能，指导二级单位及协作单位电工工作。对不符合安全要求的用电行为有权进行处理。各二级单位电工只能进行固定配电盘(箱)以下电源接线、维护工作。

(4)现场由电气施工处安装的第一级配电盘，如有专一的使用单位，由该使用单位负责管理，其余一律由电气施工处负责管理；二级及以下电源盘、箱由用电单位自行管理、维护。

(5)工地配制有多种规格、形式的电源盘，由租赁站统一保管，用电单位持业务联系单，经工程部批准后，去租赁站借出所需规格电源盘，租赁站内的电源盘必须为合格电源盘，未经三级验收合格的电源盘不得租赁。

(6)所有电源盘一律采取上锁管理，钥匙由各用电单位掌握，以防非电工私拉乱接电源现象的发生。

(7)现场各级配电盘应有明显标牌，标牌上有统一编号及盘的使用部门、责任人等。

(8)电源盘用完后，应及时送还。盘应完好无损，否则回收后发生的一切维修费用由使用单位承担。

(9)不得私自乱拉乱接电源线，应由专职电工安装操作。

(10)不得随意接长手持、移动电动工具的电源线或更换其插头；施工现场禁止使用明插座或线轴盘。

(11)禁止在电线上挂晒衣物。

(12)发生意外触电，应立即切断电源后进行急救。

3. 施工企业季节施工的安全管理制度

(1)项目部安监部门根据夏季施工需要，每年6～9月在现场设立饮水点。后勤部门负责为施工现场人员供应充足的饮用水，并根据气温变化和施工需要提供绿豆汤等防暑、清凉饮料。每天上午9:00以前，下午2:30以前将饮用水送到工地饮水点。

(2)由医务部门发放夏季灭蚊、蝇药及防暑降温用品，准备必要的防暑用品，以备急用。加强防暑降温知识宣传，让职工了解防暑降温基本知识和采取的措施，负责对各供水点饮水桶的定期消毒工作。

(3)职工食堂要确保饭菜质量符合卫生标准,禁止出售霉变食品。

(4)在高温时期,安监部门根据气温和湿度,按国家有关规定建议调整作息时间。

(5)夏季来临,项目部安监部门组织成立防汛工作领导小组和防汛、抗洪抢险突击队,做到在紧急情况下能迅速出击,实施抢险工作。

(6)从每年6月1日开始项目部执行汛期24小时值班制度,确保汛情信息和调度命令的畅通,所有值班人员要克服麻痹思想,消除侥幸心理,兢兢业业做好防汛值班工作,坚守岗位、遵守纪律,发生汛情立即及时组织指挥抢险,并及时向公司和地方防汛指挥部汇报。

(7)项目部施工现场、生活区的排洪、雨水沟道,由工程部安排有关单位清理疏通,保证汛期畅通无阻。

(8)雨季来临前,各单位对各自工具房、仓库、宿舍、办公室等区域进行一次防雨、防漏检查,发现问题及时整改。

(9)夏季多雨季节,厂区工程挖地基要采取防坍塌措施。道路两侧开挖时,要设安全警戒区,夜间安装警戒灯。

(10)汛期到来之前,施工现场及生活区的临建设施及高架机构均应进行修缮和加固,防汛器材尽早准备。

(11)对于大型起重机械,资产管理部门要组织做好防风、防倾覆措施的落实工作,并做到责任到人。对机械的制动、限位装置进行检查和检修,保证安全可靠。机械操作工下班时要做好交接记录,谨防机械出轨和倾覆。

(12)夏季雷雨季节到来之前,施工现场和生活区的全部防雷装置均要投入使用。脚手架、水塔、井架、塔吊等各种高层建筑物及高架施工机具避雷装置由工程部在雷雨季前组织有关人员进行检查试验,并对接地电阻进行测定,确保接地合格。

(13)项目部经理组织有关部门在6月中旬对夏季施工安全措施的落实情况进行一次全面检查,存在问题立即组织整改。

(14)工程部要在雨季前组织一次施工和生活用电专项安全检查,发现隐患及时消除。

(15)冬季到来之前,各单位要制定切合部门实际的防冻保温措施。

(16)入冬前,工程部应组织进行一次防冻检查,制定切实可行的防冻保温措施,并于入冬前完成保温防冻工作。

(17)项目部经理组织有关部门于11月中旬对冬季施工安全措施落实情况进行全面检查,发现问题及时组织整改。

(18)严格执行三级动火作业审查制度,加强动火管理,及时清除火源周围的易燃物。施工现场禁止吸烟。

(19)项目部应对各班组进行冬季施工安全交底。

(20)冬季对现场道路以及脚手架、踏板和走道等,应及时清除积水、霜、雪,采取防滑措施。现场道路由工程部负责,其他由所在施工单位负责。

(21)锯木场、木工房、乙炔站、氧气站、主厂房、设备仓库、食堂作为重点防火部位,所有重点防火部位挂醒目标识牌。消防部门要进行经常性的防火、防爆检查,发现问题及时处理,并配备足够的消防器材,将防火措施落实到个人。

4. 施工企业对女职工及未成年工的安全保护措施

(1)女职工的劳动安全保护

1)合理安排妇女劳动。禁止安排女职工从事矿山井下、第四级劳动强度的劳动、过重的体力劳动、二级以上高处作业等"女职工禁忌劳动范围的规定"所规定的工作。

2)做好妇女经期、孕期、产前及产后期、哺乳期及更年期(即"五期")的劳动保护工作。

3)定期组织妇女进行体检,及时发现疾病并进行积极的治疗。

(2)未成年工的劳动安全保护

未成年工指年满16周岁不足18周岁的劳动者。未成年工由于身体发育尚未定型,容易受工作条件和工作环境的影响而影响身体健康或产生疾病,因此,要对未成年工采取特殊的劳动保护措施。

1)不得安排未成年工从事矿山井下、有毒有害、危险性作业、第四级劳动强度的劳动及其他禁忌从事的劳动。

2)限制未成年工从事劳动的时间,每天不得超过8小时,不得让未成年工上夜班。

3)用人单位应当对未成年工进行就业前及定期健康检查。

第四节　安全员应做的安全管理工作

一、施工企业安全员安全管理的职责

目前每个施工现场都配备有安全员,他们负责整个现场的安全状况,对整个企业的安全管理有着举足轻重的作用。作为安全员要牢记自己的职责:

(1)做好安全教育和安全检查工作。

(2)与有关部门共同做好新工人、特种作业工人的安全技术培训、考核和发证工作。

(3)进行工伤事故的统计、分析和报告,参与工伤事故的调查和处理。

(4)制止违章指挥和违章作业,遇有险情,立即停止施工,并向上级汇报。

二、安全管理者的讲话方式

开会并不是时间越长越好,当话不被人理解或话不投机时,时间就会变得漫长而无效。

话不容易被人所理解,乃是因为话中使用了许多抽象用语及暧昧用语的缘故。例如,"下午3点为止"或"约1小时"就比"很紧急"容易理解,"说空话"就是由于概略性的抽象用语造成的。

话不投机乃是因为"说废话"造成的,也就是说话的内容杂乱无章,没有一个突出的核心,致使听者不知其所云。

召开安全管理会议之时,会议主持者应该尽量举出实例,或使用数据,或使用图画、幻灯片、录像带等,努力使人接受。也就是说,使人看到东西之后再对其讲道理。

三、质量控制与安全管理的关系

(1)QC(质量控制)是符合企业意愿的,通过更便宜的价格提供更好的产品,是每个企业所期望的。

(2)安全管理可防止事故给企业带来的经济损失,给全体员工带来幸福,而且企业也会获得较高的评价。因此不论是质量控制还是安全管理,其目的相同,推进方式也相同,相互之间不仅是不可分割的,而且是相辅相成的。

具体的推进方式就是大家齐心协力,于是就能以更便宜的价格及更高的安全性创造更好

的质量。

四、让每个人工作时保持兴奋状态的措施

通过睡眠、工作、休息、兴奋、喜悦等精神活动，拥有惊人的工作能力。而工作能力是需要不断提高的，这就好比充电电池一样，如果只知道用电而不知道充电，电总有一天会用完的。若将工作能力加以区分，可分为四级：

一级——忧闷状态。感觉工作单调、乏味、疲劳，不想做任何事。

二级——习惯性状态。判断不充分，只进行习惯性动作。

三级——兴奋状态。具有极强的判断力与创造力。

四级——惊慌状态。面对突如其来的事件不知所措。

为了将员工始终维持在三级的状态。可做一下体操来驱除睡意，当觉得同事行为迟钝时要大声招呼他，现场安全员应调节现场气氛，并进行适当的指示。

五、加强每个人安全责任意识的措施

(1)在施工现场的每个人都应肩负起自己的责任。

(2)学好各种安全技术知识，归根结底是为了保障自身的安全，每个人的心中都应抱有“我要安全”的想法，并且应持有“安全管理，人人有责”的态度。

一旦发现危险状况要立即向领导报告。因施工需要而将安全设备卸下后要立即恢复原状。

(3)大家不但要努力保护自我，同时还要对自己的立场及行为负有责任，对于周围的其他工作人员也要有关心的态度。

六、安全管理工作的认识

“安全化管理”与“无事故”并不相同。“无事故”是从结果去衡量，“安全化管理”则是从过程去衡量的领先理念，这就如同会计术语中的财务会计(传统会计)与管理会计(现代会计)的差异。

重伤以及死亡，乃是浮在水面上冰山的一角，水面之下还有轻伤以及未发生伤害的隐患等“潜在危险”，如同前面所述，要重视“水面下”的不安全行为，天天努力，致力于安全教育、安全检查等行之有效的行动，就会彻底消除事故隐患。即削掉冰山的下方，冰山就会往下沉。如果撒手或泄气时，冰山就会浮上来。重要的是，为了实现安全化管理，除了每日努力、不断积累外，别无他法。

第四章　铁路工程安全施工技术管理

安全施工技术管理主要是指在工程施工中，针对工程特点，施工现场环境、施工方法、劳力组织、作业方法、机械、动力以及各项安全防护设施等的安全措施要点，铁路工程安全施工技术管理主要包括路堑、路基安全施工技术管理要点、轨道辅设安全施工技术管理要点、桥梁架设安全施工技术管理要点、隧道开挖安全施工技术管理要点以及既有线路安全施工技术管理要点等。

第一节　路基安全施工

一、路堑安全施工技术要点

(1)禁止安排有癫痫、高血压、严重贫血人员从事撬石和高边坡作业。

(2)人工开挖时间距不得小于 2～3m；严禁在危石下方作业、休息、存放工具；多人共同撬一石要有人指挥、动作要协调；在高于 3m 的坡面上作业要系安全绳，安全桩要牢固，禁止多人同系一条安全绳或多根安全绳拴在同一根安全桩上；要注意防滑。

(3)应自上而下进行开挖，严禁掏底，防止造成坍塌。

(4)路堑施工应保证排水通畅。开挖区要保持排水系统通畅，并与原排水系统相适应，排出的水不得危及路基、建筑物和农田；对边坡开挖过程中出现的地下水，要在采取了排水措施后方可继续施工；对于岩溶地区的岩溶水应进行治理，不得任意抽水或者堵塞出水口；堑顶为土质或含有软弱夹层的岩石时，天沟应及时铺砌或者采取其他防渗措施；天沟、侧沟等引、截水设施严禁设在未处理的虚渣、弃土上，要平顺、畅通。

(5)要注意边坡的稳定问题。施工前后要对坡面、坡顶附近进行检查，有裂缝和坍方迹象或有危石、危土时要立即处理；开挖坡面要尽可能接近设计坡度，坡面要清理干净；不能处理而又对安全构成威胁时，要暂停施工并向上级报告。

(6)如果出现岩层走向、倾角不利于边坡稳定及施工安全时应及时采取措施：顺层开挖不挖断岩层；采取减弱振动的措施；在设有挡土墙的地段要短开挖或者马口开挖并设置临时支护。

(7)作业要与装运工作错开，严禁上下重叠作业。

(8)在行车线上施工要遵守有关的安全规定。

(9)弃土应遵守的规定。要按计划、整齐地堆在一侧或两侧以及距离较远的荒山、空地。弃土不得弃在河道内，不得挤压桥孔或涵管。在地面横坡陡于 1∶5 的路堤边坡上和浸水的路堤边坡上不得弃土；当路堑土质松软或者岩层倾向线路的地段不得在堑顶弃土；严禁在岩溶漏斗处和暗河口弃土；严禁贴近桥墩台弃土。

二、路基安全施工技术要点

(1)路基应自下而上分层填筑，运卸与填筑压实作业面错开，防止互相干扰。

(2)使用机械填筑时,填土边缘要设标志杆;要指定会车地点;必要时设指挥人员;注意穿越架空电线路等的安全问题。

(3)在水中填筑路基要采取相应的措施,在泥沼、低洼地带施工要先做好排水和防洪工作,并注意观测。

(4)砌筑边坡的进度要与路基的填筑进度相协调,砌筑高度要与填土中心高度大致保持一致,以防止石头滚落。

(5)施工便道间的交叉口以及与铁路的交叉口要设标志,与铁路交叉的临时施工道口的设置和管理要按有关规定办理。

三、路基加固安全施工技术要点

(1)路基加固通常采用挡土墙、抗滑(锚固)桩等方法。

(2)挡土墙在施工时应随开挖随下基随砌筑,并做好墙后的排水设施,及时回填或填筑路堤。

(3)挡土墙开挖时要根据具体情况及时做好临时支撑,基坑周围以内设临时排水沟,若有地下水要有排水疏干措施。

(4)岩体破碎或土质松软、有水地段修建挡土墙宜在旱季进行,并适当分段集中施工,不宜长段开挖、长时间暴露。

(5)挡土墙伸入路堤或嵌入地层部分应与墙体结合在一起砌筑。路堑挡土墙顶面应抹平与边坡相接,间隙应填实并封严。

(6)挡土墙与桥台、隧道洞门连接时,应协调施工,必要时加临时支撑,保证相接填方或地基的稳定及施工的安全。

四、路基防护安全施工技术要点

(1)路基防护应安排在适宜的时间施工,并及时完成。

(2)路基边坡防护设施应在稳定的基脚和坡体上施工,在设有挡土墙或排除地下水设施地段,应先做好挡土墙或排水设施再做防护设施。

(3)防护的坡体表面应先进行处理,并使防护设施与土石坡面密贴,排水畅通。

(4)喷射混凝土或沥青对岩面进行防护,应先清除松动的石块、浮土,对大裂缝、凹坑嵌补;作业人员必须穿戴防护用品,不得单人作业,并严格按操作顺序施工;非施工人员不得进入工作区域。

(5)对路堑边坡进行护砌时,松动的岩石要清除,墙基应埋置在可靠岩层上,必要时可以采取加固或加深措施,坡面有地下水露头时,要做引水设施。

(6)施工难度较大的挡护工程必须结合施工现场的实际情况,制定相应的安全措施。

(7)坡面锚杆挂网施工必须搭脚手架,严禁攀登锚杆露头。

(8)严禁上面砌筑、下面勾缝的重叠作业,施工时坡脚不得站人。

(9)支撑渗沟施工前必须准备好填料,施工后立即回填;开挖深度大于 1.5m 时必须加设临时支撑;渗沟开挖深入行车线路基坡脚时,线路应设吊轨梁,列车通过时要停止施工。

五、既有线路路基安全施工的技术要点

(1)施工对运营有严重干扰地段,可以考虑修建便线的过渡方案。

(2)封锁施工、临时性利用列车间隔施工、向封锁区间开行路用列车和列车在区间从事卸车作业，施工单位必须办理行车手续并设置防护。

(3)填筑路基或开挖路堑时，主要是要防止施工人员、施工机具、工程材料侵入限界。在开工前应与电务部门取得联系，详细了解电缆埋设情况，并向施工人员交待清楚、做好记录。当在采用自卸汽车运输填料时，应距既有线钢轨外侧至少 2.5m 处埋设限界桩加以防护，要指定会车及调头地段，调头场地要平整，并在填土边缘设立安全标杆。自卸汽车卸料后要及时落斗。禁止向既有线一侧翻斗卸料，当跨越既有线运料时，应设立临时道口，并派道口看守人员。

(4)开挖石质路堑时应采用控制爆破或膨胀剂无声爆破。在采用控制爆破时应根据实际考虑爆破时间，控制一次爆破的石方数量，控制抛掷方向、飞石、地震的破坏等条件。应制定切实可靠的保证人员和行车安全的防护措施，并按规定要点、封锁线路、进行施爆，对爆破落石可能损坏的轨枕、钢轨及其他建筑物和设备，应采取主动的或被动的防护。爆破施工封锁线路要点计划，除个别零星的要点外，施工单位应提前 1 个月提交路局(分局)，由运输部门核定，具体封锁要点手续，于当天办理，并按调度命令执行。一次爆破要点的时间不宜少于 20min，封锁命令下达后，立即设置防护，迅速施爆。爆破后，要认真检查线路轨距、方向、水平、线路限界和行车设备，确认技术状态良好，方可撤除防护、开通线路。若发现边坡危石或危及行车安全的情况，应立即派人监视和防护，同时进行处理。

(5)施工前应对既有线进行调查，施工地段内的既有线有无滑动、沉落、坍塌等失稳现象，如有失稳现象，应与建设、设计单位研究处理后方可开工，并应与工务部门取得联系，随时掌握既有线的道床、路基的稳定情况。在施工过程中如发现道床不稳定，路基变形、开裂等情况，应立即停止施工，并采取加固措施，以保证行车安全。

(6)加宽既有路堤施工，必须保证既有路堤边坡的稳定。挖台阶应分段，并且随挖随向上分层填筑夯实。若需拆除既有挡墙、护坡等建筑物，应分段拆除，拆一段加宽一段，防止引发边坡塌方。在电气化区段还应注意保护既有路基上的电杆、立柱和地锚的稳定。

(7)为了避免由于新旧路堤填料的不同，排水不畅而造成路基病害，施工前要调查既有线路堤的填料类型，新线路堤应选用相同或透水性较好的填料。

(8)在填筑前如原地面横向坡度在 1∶10～1∶5 时，应清除草皮和杂物；原地面的横向坡度在 1∶5～1∶2.5 时，基底地面必须挖成宽度不小于 1m、高度不小于 0.2m 的台阶；原地面横向坡度陡于 1∶2.5 时以及松软土层或池塘、河沟基底，应做特殊处理，填筑前还应采取措施将路堤基底范围内的地面水、地下水排除；如遇耕地或松土地段，如松土厚度不大于 0.3m，则应先夯实再填土，如松土厚度大于 0.3m 时，应将松土翻挖，分层回填夯实。其他情况应按照有关规范进行施工。路堤应自下而上分层填筑，泥沼、低洼地带还要进行沉降观测，控制填土速度，以防止坍塌。

(9)加宽既有路堑施工，必须确保开挖边坡的稳定，防止发生塌方而影响行车安全，对既有挡墙和支护等建筑物，应分段拆除、分段开挖。新建挡墙等建筑物要马口分段施工。

(10)在施工过程中，新旧路堤间常会积水，应设置排水通道，而当新筑路堤的施工标高超过既有线路堤标高时，为了防止地面水流向既有线，冲刷、污染道床，应做好纵向排水设施。

(11)如须拆除既有排水设施，应先做好新的排水系统或过渡性排水设备。当引排地下水的建筑物被第二线埋压时，应改建接长，引排出路基范围以外，保证既有路基排水通畅。

第二节　轨道安全施工

一、轨道材料的安全码放

轨道材料应按指定的场地分类堆码稳固、整齐，并不得侵入建筑限界。堆码场地要有排水设施，基底应平整坚实，必要时可以铺设枕木或用浆砌片石、混凝土等砌筑支承平台，如图4－1所示。

轨道材料码放安全要点

- 钢轨码放
  - (1)钢轨堆码可立放或扣放。底层与各层之间应支垫平稳，垫木的厚度不宜小于25mm，各层垫木应垂直同位，其间距不得大于5m。
  - (2)钢轨的堆码层数可以根据基底的坚实程度、钢轨不致于压伤变形和堆码方式而确定，扣放一般不超过6层，立放不得超过10层，并堆码成梯形，上层比下层每侧各减少一根。如因场地限制需要高层堆码时，应加强基底和支垫，并用机械装卸。
  - (3)钢轨要按照不同类型、规格堆码。在行车线两侧堆码时，应确保稳固，必要时，应有临时支挡和捆绑措施。
- 轨枕码放
  - (1)轨枕应分级堆码，码成梯形，自下而上每层每侧减码一根，枕垛与所装卸的轨道宜基本垂直，以利装卸。
  - (2)木枕的堆码层数可以根据吊装作业条件来确定，人工装卸不得超过10层，机械装卸不得超过30层，每隔5～7层应设置垂直方向的支垫木枕，以利机械装卸。岔枕应按长度或分组堆码。木枕的堆放区应与生活区分开，并有防火设施。
  - (3)混凝土枕和混凝土宽枕，堆码高度不宜超过14层，上下应保持同位，底层应支垫稳固，层间承轨槽处应用小方木或钢轨支垫，支垫物顶面应高出挡肩或螺旋道钉顶面20mm。
- 道岔及配件码放
  - 道岔应配套成组或按部件分类堆码，其中尖轨应与基本轨捆绑堆置。配件应按类型、品种分别堆码，其堆码高度不宜超过1.2m。

图4－1　轨道材料码放安全要点

二、轨道材料的安全运输

1.汽车运送

(1)汽车装运钢轨要捆绑牢固，一般在车厢前端安装铁制支撑架，架上安设方木，车厢后端安设横木支垫。钢轨等量分装于车厢两侧或集中于车厢中部。

(2)在正式公路上运送长钢轨，应事先向当地交通部门提出申请，并在超长、超宽部位悬挂小红旗等安全标志。

(3)装卸一般使用起重设备，起吊时，驾驶室内不得有人。装运轨料配件时要避免超重。

2.轨道车运送

(1)轨道车装运轨料、机具时，必须捆绑牢固，不得超限、超载或偏载。长轨跨装要有转向装置。在运行中发现装载不良时，应立即停车整理。区间卸料不得侵限。运送人员时，搭乘人员不得站、坐在连接处，车停稳后才可上下，轻型轨道车必须在装有稳固的、可拆卸的栏杆和扶手后才允许搭人。

(2)两组以上轨道车联挂运行时，应重车在前、轻车在后，并使用专用的连接杆和插销。轻、重型轨道车不得混挂运行。轨道车在站内停车过夜时，车上要有人看守，并使用双面红灯信号防护。

3.小平车、单轨车的使用

小平车、单轨车与列车撞挂是惯性事故，要引起重视。

三、轨道材料机械装卸的安全要点

起重吊车进场和作业前，指挥人员和驾驶员应检查作业范围内有无障碍物，吊车工作地面是否平整坚实，走行轨道和线路的坡度是否符合要求等，还要注意以下几点：

(1)要注意高压电线的净空。

(2)要防止翻车事故；两台吊车一般情况下不得同吊一重物，特殊情况要有安全措施。

(3)禁止吊重走行。

(4)要认真执行有关的起重规定。使用龙门吊装卸钢轨应两台抬吊，如使用一台，要配专用的扁担。

(5)使用电磁吊机装卸钢轨要在磁板接触钢轨后再启动磁铁电源，卸载时要在钢轨接触支承物后再消磁，停止作业磁板要落地并切断电源，作业人员不得携带任何铁器。

(6)不得斜吊或拖拉；起吊前要进行检查并试吊，下班后吊具和挂钩等应拴牢，切断电源、车辆制动。

四、轨道材料人工装卸的安全要点

1. 钢轨

(1)滑道法装卸 12.5m 的钢轨，滑行钢轨不少于 2 根，装卸 25m 钢轨，滑行轨不少于 4 根。滑道的坡度要适当。安放要稳固。拉轨人员走行的道路应平整无障碍，并由专人统一指挥，速度一致。每次装上或卸下一根钢轨后，应及时拨开，以免互相碰撞、弹跳伤人。

(2)翻边应使用翻边器，如用撬棍，应由熟练的施工人员操作。拨移一般使用撬棍，撬棍伸入轨下深度要适当。

(3)装卸钢轨必须使用轨钳、翻轨器等工具，严禁用手直接搬运或放在肩上扛运。抬运钢轨的杠索应牢固可靠，每人负担的重量不得超过 60kg，并有专人指挥，不得抛掷。

(4)抬运钢轨的跳板应坚固平稳，其厚度不得小于 65mm，宽度不宜小于 400mm。板跨度大于 4m 时，中间应加设支撑。跳板坡度不得陡于 1∶3，两端应放置稳妥，防止走动。跳板表面应有防滑措施，冬季施工要扫雪除冰，撒沙子或垫草袋。

2. 轨枕

(1)人工装运木枕，可用高边车或平板车。装高边车时，一般为立装，以倾角 80°左右斜靠于车帮两端，依次向中部延伸。装平板车时，应先把平板车两端端板关闭，各横放一根木枕，接着顺装一层，其余全部横装，并装成梯形。

(2)扛运普通木枕宜一人一根，抬运混凝土枕宜 4 人一根，抬运宽枕、桥枕等可以适当增加人员。

(3)混凝土枕、混凝土宽枕一般在车底板纵向中心线两侧 700mm 处各铺一道纵向垫木，然后轨枕横放，码成梯形。

(4)轨枕在卸车时，要防止塌落伤人，车未停稳前，不得打开车门或做其他影响安全的准备工作。开车门时，车上人员应离开车门附近，车下人员不得站在车门下面。卸车时车上车下人员禁止同时作业。车辆需移动时，应先与车上作业人员联系，车辆在走动过程中禁止装卸作业。

(5)装卸工应按规定使用防护用品，夏季装卸搬运防腐木枕时，宜在早晚气温低时进行，对沥青有过敏反应的人员可以擦护肤膏。

3. 道岔

火车卸砟的随乘人员不得坐、骑于车邦和两头端板上，更不允许站坐在两车之间。卸砟时左右应尽量对称卸，防止偏载，卸下的道砟不得侵限，具体的限界要求如图 4—2 所示。

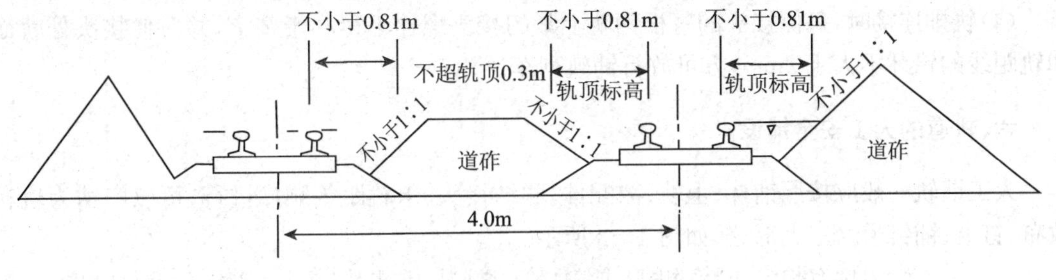

图 4—2 卸道砟等散粒料的限界要求

五、轨道机械铺设安全技术管理要点

1. 铺轨机走行

(1)铺轨机前端应有风制动装置，其前轮不得超过已铺轨排前端第 3 根轨枕，并应安放止轮器。

(2)铺轨机走行前要先发出音响信号清除障碍，拿掉铁鞋、松开制动，并按规定鸣笛后动车。

(3)铺轨机自行时，要把风闸打开，制动风压不得小于 0.5MPa，同时拆去零号柱支腿底板，随时摆动主梁，注意线路上的障碍。自行距离不宜超过一个区间，否则应用机车顶送。

(4)在走行穿过高压电线时，应清理机顶物品，机顶严禁站人，与高压线的安全距离应符合表 4—1 的要求。经过桥、隧建筑物时，应将超限部位收缩至最小位置，在监视下减速通过。

表 4—1 铺轨机与高压电线的安全距离

输电线路电压	1kV 以下	1～20kV	35～110kV	151kV	220kV
允许与输电线路的最近距离(m)	1.5	2	4	5	6

2. 轨排喂送的安全要求

喂送轨排时，运轨小车司机应准确操作，电钮盒应拉到托轨外操作，以保证安全。运轨小车走行时应设专人监视，检查小车过桥和轨排顶离托轨架的情况，遇有问题立即发出警报信号。专用平板滑接线的操作人员应穿绝缘胶鞋，滑接线要设防护板，板上要有明显的有电危险之类的标志。禁止非本机人员攀登上车。

3. 吊铺作业的安全要求

(1)吊轨龙门吊铺轨排，在起吊前应将挂钩挂稳系牢，待挂钩人员撤到安全地点后才可起吊；轨排安全脱离支垫后才可向前走行；当地面轨排的连接工作尚未完毕，工作人员未撤离到线路两侧之前，吊起的轨排不得伸出铺轨机；当轨排下落距路基面 1m 时，应配合人工严格掌握中线，缓慢下放就位。轨排下距地面 0.1m 左右时，吊轨龙门方可逐步对位，就位时必须用轨隙片按规定预留轨缝，就位后立即与前排轨排按规定扭矩上紧夹板连接，经检验中线无误后，才准继续铺设下排轨排。拨正轨排落地点就位的施工人员应站在轨枕头外，严禁站在轨枕盒内，以防压伤。

(2)吊轨龙门必须在铺轨机零号柱支好后，方可走上主梁。在主梁作业期间，禁止扳动支腿油缸操纵阀。

(3)铺轨机零号柱在路基上支好后，应将操作手柄停在中立位置，禁止放在浮动位置上。路基松软时，零号柱下应加垫枕木或木板，防止吊轨龙门上主梁后，因偏沉造成倾覆事故。

(4)轨排连接时，每侧接头的每根钢轨上紧的接头螺栓不得小于 2 个，并应使接头处轨面和轨距线的错牙不大于 2mm，方可放行铺轨列车。

六、轨道的人工安全铺设

人工铺轨一般应按照铺枕、上轨、散配件、联结接头、卡轨距等顺序进行，可以归纳为轨料散布、钉道、铺钉道岔三大部分，如图 4—3 所示。

轨道人工铺设安全技术

- 轨料散布
  - (1)散布木枕。小平车倒运时，每铺轨 50m，要上料一次，扛枕人员应走线路一侧，走行的间距应大于 5m，并从另一侧返回，避免互相碰撞。架子车倒运时，车与车之间的距离要保持在 5m 以上，空重车分别走线路两侧。用汽车预散轨枕，应由远而近散布，如与钉道同时进行，则由近而远依次散布在路基一侧。
  - (2)散布混凝土枕。散布混凝土枕，宜用吊车从火车上倒装到小平车上，再倒运到铺轨地点。从小平车上卸轨枕要采用滑道法。混凝土枕硫磺锚固工作，其容器加温器的设置地点要考虑风向，容器应防溅防漏，应有个体防护措施。
  - (3)散布钢轨和配件。人工散布钢轨宜用小平车倒运，配件的倒运随运轨小平车配套进行。配件散布应在布轨后进行，并散布在轨枕上，不得放在路肩上，以免影响施工人员行走，也不得在上轨前散布在钢轨上。为了运料小平车的安全行驶，在运料布轨前要初步钉道。
- 钉　道
  - (1)钉道一般三人组成一盘锤，一人压撬，二人负责栽钉、打钉。站在外侧的人锤打内侧道钉、内侧的人锤打外侧的道钉，压撬人员应与打锤人员呈直角方向。打钉时，应用抱锤，不得抡锤，不得锤打钢轨、垫板或木枕，也不得在轨顶敲打整直道钉，以免飞钉伤人。打钉时，每盘锤应前后错开两根木枕的距离，左右股错开不得小于 4m。压撬应使用专用垫块或撬棍，插入轨底的长度不宜过短，以免滑撬伤人，压撬人员应站在木枕头外，不得坐在撬棍上。钉桥面轨时，撬棍应斜插入轨底，人站在的位置应与木枕成 45°的方向。
  - (2)道钉锤应牢固，锤头应平整，不得有飞边，锤把不得有裂纹、倒刺，应有专人负责检修。
  - (3)使用撬棍起道钉时，要使用专用垫块垫撬棍，不得用道钉、道砟作垫块，更不得手扶垫块。
  - (4)混凝土枕上螺帽，应使用有保护措施的电动扳手，如无电源，应使用专用扳手。
- 铺钉道岔
  - 抬运岔枕、道岔部件时，抬运人员双脚应踏在轨枕盒内，道岔部件的就位要使用小型机具；安装滑板床、垫板时要使用撬棍等工具使其就位，严禁用手直接调试就位；安装尖轨时，严禁把手脚放在基本轨和尖轨之间；安装轨撑时，不得用手摸探轨撑与钢轨、滑床板、垫板的空隙。新铺道岔如需临时使用，宜安装带柄标志扳道器，不得用撬棍扳道和采用道钉顶尖轨的做法，新铺道岔如不使用时，其尖轨必须钉固加锁，防止扳动。

图 4—3　轨道人工铺设安全技术

七、道岔机械的安全铺设

(1)道岔成品装车应符合运输要求，宜在平板车上架设装车架。成品立装，斜靠于装车架的两侧，每侧 3 层，每车可以装 2 副道岔。道岔成品装车因成品不对称，重心不在轨排中心，要注意挂钩位置，保持平稳。其装车顺序是先装辙叉与护轨，再装连接部分，最后装转辙器，并将轨面朝上。成品道岔在装车的同时，应进行捆绑，防止在运输的过程中窜动。辙叉跟后未钉联的长岔枕可装在游车上，并加以捆绑。

(2)道岔拼装工作台应靠近轨排拼装车间，以便利用风、电设备。工作台的基础应夯实，每隔 2m 支垫一根木枕，木枕上铺旧轨 2 根，轨距为 2m。工作台一般为两副道岔的长度。道岔拼装一般用 15～18t 轨行吊车散料和成品装车。轨行吊车的走行线路应平整坚实,与工作台车中心线、与成品装车中心线间距都应不大于 5m,吊车扒杆旋转范围内应无障碍物。

(3)道岔成品拼装按转辙器、连接部分、辙叉与护轨三段拼装,每段的搭界部位暂不钉联,以方便吊铺和运输。

(4)当岔区有高压线、通讯线、跨线桥等障碍物时,不得使用吊机直接铺设道岔。轨行吊机吊铺成品道岔时,吊机所在的新铺线路应经过重点整道。成品道岔卸车时,必须待吊车挂钩挂稳受力后,方可剪除该片的捆绑铁丝,防止脱钩倒塌。成品道岔一般在岔位处卸车,分片卸在线路的一侧,为安全起见,轨行吊车应安好钢轨卡,并在吊离平板车后,即将轨排落低,然后旋转一个小角度再落地放平。

(5)吊车吊铺道岔,按转辙器、连接部分、辙叉与护轨的顺序,依次吊铺立位。每吊铺一节即连接接头夹板,拧紧 4 根螺栓,将搭接部位钉联后,吊车方可前进作业。轨行吊车不宜在一线吊铺另一线的道岔,必须吊铺时,两线的间距应在 5m 以内,且应安设钢轨卡或加配重,必要时安设支腿。道岔钢轨类型与线路类型不同时,道岔前后应各铺一节与道岔同类型的整根钢轨,相邻道岔间插入的短轨长度,应按标准轨距铁路车站及枢纽设计技术规范的规定办理。道岔铺完后应进行质量检查,特别是轨距支距、轮缘槽宽度、尖轨密贴等应符合规定,并进行重点整道后,方可放行工程列车。

八、站线机械的安全铺设

(1)站线铺设不得在道岔导曲线或道岔连接曲线上拖拉轨排。在站内轨道施工时,由于停留和运行的车辆较多,人员、机械与动力车辆相互干扰,容易造成事故,施工时要做好以下安全工作:禁止在车底下休息、乘凉、避雨、钻车和递送工具;禁止爬车、跳车;机车和各种自行机械的司机在动车前要鸣笛并注意瞭望;邻线来车或调车作业时,必须停止作业,人员、料具和设备不得侵入行车限界;从停止的列车两端或断开的列车间通过线路时,应至少离开车辆 5m。

(2)各种铺轨机械的工作台应有消防设施;冬季施工要作好防寒和防冻工作,驾驶室的玻璃要有消雾除雪设施。

九、新铺线路整道的安全要点

(1)拨正方向。一般开车前拨道和车后拨道。车前拨道应在铺轨列车的前端,轨道上齐接头螺栓之后,大致把线路直线拨直,以利铺轨列车的安全通过;车后拨道应在铺轨列车之后,按照线路中线拨正轨道,达到目视直线顺直、曲线圆顺。

用撬棍拨道时,施工人员应站在轨枕盒内成斜八字型,撬棍插入道床深度不得小于 20cm,与线路纵断面成 45°,并有专人喊号指挥,做到动作一致。

(2)顺平线路。应采用顺高就低的方法,着重顺平桥头、道口和坑洼不平的处所,使线路不致骤起骤落,并消除危及行车安全的三角坑。顺平线路时,不得在路基范围内挖坑取土或用石块堵塞。

(3)方正轨枕。应使用方枕器,按照轨枕间距把不符或偏斜的轨枕方正就位,不得用大锤打击。断裂和破损失效的轨枕要进行更换,更换时应使用轨钳。

(4)拧紧螺栓和补齐配件。轨道上缺少的配件应按设计补齐。松动的螺栓应按要求拧紧,歪扭失效的道钉应用撬棍拔出,重新补钉,浮钉应全部拧紧,使之与轨底密贴。

(5)经重点整道后的线路应及时上砟整道。上砟应分层进行,第一次按 10～15cm 的起道量上砟，第二次再按全部数量上足。火车运散道砟要指定一名组长，负责指挥开关车门、卸砟、检查和清道等工作。卸车过程中，要做到卸砟位置准确、安全。未到达卸车地点、未确认卸车信号、邻线来车时、列车转移走行途中，以及道口、明桥面或影响道岔信号和导板扳动的地段均不得卸砟，隧道内卸砟要有照明设备。

十、线路的安全维修

维修作业应加强对钢轨的探伤检查。伤损钢轨应标明符号，重伤钢轨应立即更换，桥梁上或隧道内的轻、重伤钢轨应立即更换。失效的钢轨应进行更换。单根抽换轨枕，允许每隔 6 根轨枕挖开一根轨枕的轨底道砟。更换或增铺铁垫板以及整治病害时，可连续取下 5 根轨枕头的道钉。如遇来车钉不齐道钉时，可以每隔两根轨枕有一个轨枕头不钉道钉。区间作业要防止影响轨道电路。在电气化线路上进行起道作业时，起高线路单股不得超过 30mm，隧道、桁架桥内不得超过限界尺寸线，拨道时，一侧拨道量年度累计不得大于 120mm。线路维修涉及搭茬联锁、轨道电路、通信信号等设施时，必须有电务人员配合。

十一、既有线路轨道的安全改建

(1)改建既有线或增建与既有线并行的第二线的轨道施工，当既有线来车时，必须停止作业，人员和料具必须事先撤出既有线限界以外。在电气化线路上施工还要遵守相应的规定。由于施工需要，临时拆除的各种标志，应及时移设，恢复正位。

(2)如采用封锁线路施工时，施工单位应按有关规定办理要点封锁线路手续，并且必须在接到行车调度命令后，方可施工。

(3)更换钢轨，清筛道床，成段更换轨枕，改造曲线半径等施工，必须要达到要求，方可拆除防护、放行列车。

(4)为了避免造成信号显示错误，在自动闭塞区段进行拨道、起道时，所使用的撬棍必须装有绝缘套，并不得将能导电的工具或物品同时接触轨道两侧的钢轨，或绝缘接头的前后两根钢轨。

十二、既有线路拆铺轨道安全施工

1. 拨接

(1)拨接施工前的准备作业不允许超前、超限，必须按施工放行列车条件的要求进行。

(2)对有可能影响轨道电路的准备作业，必须在电务人员的指导和配合下进行，不得随意拆除连接线及绝缘设施，必要时对工具加装绝缘保护，防止影响信号。

(3)为确保施工与行车安全，既有线无缝线路拨接地段应先放散应力，待拨接工作完成线路稳定后，再放散应力到锁定轨温。

(4)在电气化区段施工，施工前施工单位应与铁路供电部门签定安全协议，并指派专人负责与电调和接触网工区的联系。

(5)在高温季节施工，施工前应测量既有线轨缝，必要时应进行轨缝调整，避免影响钢轨合拢或道岔构件的就位。

(6)在低温季节施工，要注意气温变化，特别是在寒流到来时，要加强巡查，防止连接零件折损。

(7)施工中要加强安全防护工作，在工程结束后要进行检查，只有达到放行列车条件时才允许开通线路。

(8)拨接施工完成后，如未办理验交手续，则由施工单位负责线路的巡查和养护，施工单位应派专人日夜巡查并作好检查记录。

2. 无缝线路地段施工

(1)防胀准备工作。要查清所施工的无缝线路的锁定轨温；做好防爬锁定，整修扣件，矫直钢轨硬弯，打磨或焊补不平顺焊缝，处治翻浆，适当堆高砟肩、夯拍道床等；备齐料具，找好降温水源；应根据季节特点、锁定轨温和线路状态，合理安排作业计划，调整施工作业时间。

(2)防胀注意事项。进行无缝线路维修作业，必须掌握轨温，观测钢轨位移，分析锁定轨温变化，按实际锁定轨温和规定的作业轨温条件进行作业。

(3)胀轨、跑道的处理方法。当发现线路连续出现碎弯并有胀轨迹象时，必须加强巡查和监视；养护维修作业中，发现轨向不良等异常情况时，必须采取防胀措施；无论是作业过程中还是作业后，发现轨向不良，应进行测量，根据测量结果采取慢行或封锁，并采取相应的处治办法；发生胀轨跑道后，可以采取浇水或泼撒液态二氧化碳等办法降低轨温。如经多次降温仍然不能恢复的，可以从跑道两端向中间拨成大于 200m 的反向曲线并限速 5km/h 放行列车。

3. 在有轨道电路的线路上作业

在有轨道电路的线路上作业时要注意以下几个方面：任何作业不得破坏导电接头、绝缘接头和引入线的完好状态；不得使两股钢轨短路；为了提高轨道电路绝缘电阻，防止道床顶面道砟接触轨底，道床顶面应低于轨枕顶面 20～30mm；要保持绝缘接头的良好作用，防止钢轨爬行造成轨缝挤严，在绝缘接头前后各 75m 线路范围内加强线路防爬锁定。

4. 铺设临时道岔

(1)在区间铺设临时道岔，正线与区间岔线衔接处应铺设安全线，道岔施工完毕后，未经分局验收不得启用。

(2)在站内铺设临时道岔，岔线衔接处应设安全线或脱轨器；衔接正线到发线的道岔应设电锁器或电动转辙机，并与有关信号机连锁；安全线道岔或脱轨器也应与有关信号机连锁；施工单位应指派经培训考核合格的扳道员管理道岔。

(3)道岔铺设后应由施工单位钉固加锁，钥匙交车站值班员保管，并由施工单位安排人员日夜看守。在施工过渡或道岔无连锁期间，新铺道岔所连接的岔线(工程线)只能放行工程列车或单机。

第三节 桥涵安全施工

一、桥涵工程钢板桩围堰安全施工

围堰一般可以分为土、石围堰、木板桩围堰、钢板桩围堰和混凝土围堰。钢板桩围堰施工要注意以下安全问题：

(1)起吊运输前，要检查吊具和平车的状况，确保状态完好，平车前后要止动；钢板桩槽要清理干净，吊点要焊接牢固并拴好溜绳、挂好软梯。

(2)在桩顶作业应挂好吊篮，并拴好安全带；在未就位前，桩顶工作人员不得靠近插打位置。

(3)如用汽锤压插时，应注意桩突然下滑；采用吊机锤打时，应注意钢丝绳的松弛度。

(4)一般情况下应先插打上游，然后再对称、依次向下游插打两侧，最后在下游合龙；拔桩应从下游向上游依次进行。

(5)拔桩时应先把钢板桩拔松、顶松或打松，拔不动时，要采取相应的措施，严禁硬拔；要派专人检查吊船的吃水情况和起重设备的情况。

二、桥涵工程沉井安全施工

1.沉井制造

(1)在立模之前要按照设计把地面压实，也可以在刃脚处用方木或枕木作承垫，以扩大受力面积，防止因地面下沉而造成沉井倾斜。在钢筋绑扎、立模和混凝土灌注之前要搭设好作业脚手架或作业平台，临空的地方要搭设栏杆和登高设施，平台要满铺脚手板。

(2)起重作业要有专人指挥，用吊罐灌注混凝土时要拴溜绳。向模板内倾倒混凝土时，应先确认倾倒处无人作业。灌注时要尽量对称均匀布料，使沉井均匀下沉，要尽量缩短灌注时间，以免影响质量。

(3)夜间使用要有充足的照明，并使用安全电压。

2.沉井开挖下沉

(1)在下沉初期，由于周围土壤对沉井的约束力相对较小，沉井容易倾斜，应抽干水后进行人工开挖，当沉井下沉3～4m或第二节沉井灌注之后，可以使用机械在水下开挖。

(2)人工开挖时要经常注意起重、吊装设备的情况；井内作业人员不得把手脚伸向刃脚下方，铁锹等工具不得探出刃脚以外；在刃脚下爆破孤石时，要采用小药量多次爆破的方法，要顺刃脚坡打斜眼设法把孤石爆成两半；要在四周设梯子，供井内作业人员在紧急的情况下撤离。

(3)使用机械开挖时，要在离沉井一定的距离处设置吊车平台；指挥人员要站在井壁上进行指挥，并在站的地方设置栏杆防止坠落；要对称均匀开挖；要有潜水人员进行配合，及时检查、指导开挖情况。

3.沉井接高

当一节沉井不能达到设计标高时，在前一节的顶面距水面约1.5m时要进行沉井接高，在接高前要安装施工平台、护栏及扶梯。

4.沉井封底

在封底前要对基底进行处理，避免出现锅底状影响基础的稳定。

三、桥涵工程其他桩基础安全施工

(1)钻孔桩施工时要按照起重作业的有关规定进行卷扬机等设备的操作，要经常检查设备的状态，在拆钻杆时如为双层作业要防止落物伤人，要采取有效措施防止触电事故。

(2)挖孔桩施工时孔口设支撑，并高出地面15cm，以防止落物；孔四周要设排水沟，及时排除孔边的积水；开挖一段支护一段，必要时灌注混凝土护壁；孔内如有漏水、漏沙的情况要进行处理后才能继续作业；要加强对孔内有害气体的检测，超标时要进行通风，爆破作业后也要先通风。

四、桥梁安全架设施工准备

(1)做好施工组织设计，根据工程特点以及施工机具和工期等因素，确定安全可行的架桥方案。在桥高、跨度大、河上通航、水深和流急的桥位上架梁时，宜采用悬臂法拼装或拖拉法、浮运法等方法架设。桥跨较小的钢梁可采用由一端向另一端进行全悬臂拼装。

(2)桥梁架设前应按图核对梁片和钢梁杆件，必要时应予编号。架梁使用的材料、工具、脚手板、梯子、安全带、安全网等配足配齐。机械应试运转。所有起重、高处作业、水上作业均应遵守有关规定。

(3)根据架桥方案,对临时性辅助工程,应在施工前提出设计并据此施工;对影响限界的障碍物,应做出排除的设计,并应提前拆迁升高;架桥机架设特殊钢梁时,对增加的辅助架桥设施,加宽桥墩的临时承托结构,局部改造架桥机时应加强架桥机的薄弱杆件,都应按照规定进行设计和验算,并具备规定的安全系数。

(4)应组织有关人员进行施工调查,以便研究和提出初步的方案和措施。架梁作业区应杜绝非施工人员进入,并有防火设施。水中膺架如被流水或漂流物冲击时,应设置防护。架梁的吊机、张拉工作台及墩台顶等处均应安装防护栏杆、上下梯子、人行走道等安全设施。夜间作业应有照明设备。

五、桥梁架设安全施工

(1)架梁单位在编制施工组织设计、施工计划时,应同时编制安全技术措施计划,与生产计划一起实施。各项大型施工辅助生产设施竣工后,经检查验收签证,确认合格,方可使用。

(2)对架桥施工人员,在上岗前均应通过安全技术的培训和考核;其中特种作业人员应取得相应的操作合格证。所有参加施工和进入工地的人员,均应按规定配备安全防护用品。

(3)各型架桥机的安全规定,应按照《铁路架桥机架梁规则》的规定办理,并在各单项工程施工前,按照以上规则制定安全操作细则,同时向施工人员交底。

(4)在架桥过程中,应贯彻和落实"安全第一、预防为主"的方针,各级施工负责人应执行管生产必须管安全的原则。

(5)架桥作业中,上下同时施工时,向下递落和向上提升工具设备,均应加强瞭望,建立呼应制度。

(6)架设和安装使用的机械设备,均应进行进场验收,状态良好、具有规定的安全系数,并按规定进行试运转,合格后方可使用。电气设备应绝缘良好。

(7)架桥工地应有防洪、防火、防爆、防雷等设备和措施。在水上架桥时要有救生圈、救生衣和救生船只,派专人值守,以防不测。

(8)夜间架桥时,须设足够的照明装置,工作灯应采用工作电压。

(9)斜拉桥架设在塔身立模前,应搭好脚手架,并铺好人行走道与栏杆。脚手架可临时锚固在塔杆上,每层脚手架之间的空隙应挂设安全网,两层网间不超过8m,并设上下扶梯。塔身每次接高时,脚手架等安全设施必须先行设置。

(10)斜拉桥架设张拉作业的处所,应搭设作业棚和工作平台,临空面要安装栏杆,走行道应满铺脚手板、挂设扶梯。双层作业时,应在其间安装隔离设施。

六、双梁式架桥机的安全安装

1. 宽式架桥机组装要求

(1)顶起前后两端机臂安放滚移设备时,左右两臂梁之间必须安装可靠的临时联结,均匀地顶起机臂。当两端机臂顶起到规定高度后,即可拖动机臂对位,起顶和拖动时要求平稳均匀。当两端机臂进入活动铰后,必须使销孔轴线完全对正后方可插入中心销,严禁大锤猛烈敲打中心销对位。

(2)机臂与主梁连接插入中心销,应立即将机臂摆动定位销插好,随即应顶起前后机臂并脱开滚移设备。起顶要求起落均匀、动作一致，以防止两端机臂先后受力，影响机身的纵向稳定。

(3)主梁张开前，要求做好一切准备工作，并指定专人负责检查活动横梁、行车、前后龙门等处。张开时要有专人统一指挥。左右两侧应同时开合，严禁单侧张开合拢。张开到预定位置时，检查人员应立即通知指挥人员停止，不得超过，以防止发生事故。

(4)行车升高时要注意各部分情况是否正常，吊梁卷扬机支架不得与驱动架相碰，左右速度要求一致。

(5)主梁与平车横梁之间要安装联结支撑，保持主梁稳定。

2.窄式架桥机组装的安全要求

(1)机臂翘头及机身升降用的设备，使用前应检查注油，升降前应先松开枕梁侧的止动螺栓；前后机臂翘起时，机臂应先用绳索捆牢，再向机臂内插入转臂杆，以防止突然摆动；机臂张开后将其落放在转向架拖板上，不应直接支托在横梁上，以防止滑落；安装端龙门和前后支柱时，所有销子必须上好挡板；螺栓应全部上齐并拧紧，上螺栓时不得用大锤敲击；全部上好拉杆，并把定位挡板安装正确；顶起吊梁行车时，两部卷扬机要同时起动，上升速度平稳，前后支柱未支承稳固前，严禁行车走上前后机臂。

(2)双梁式架桥机经过组装、运行和各种有关检查、试运转，确认符合要求时，即可对位架梁。

七、双梁式架桥机在特殊条件下的安全作业

架桥机遇到特殊线路、特殊气象、特殊墩台结构和特殊桥梁等条件时，在确保安全的前提下，采取特别措施进行架梁的，称为特殊条件下架梁。所采取的特别措施均应符合以下原则：

(1)经过分析计算，必须留有一定的安全系数，确保构件的稳定，有足够的强度和刚度。

(2)情况复杂或通过分析计算不能完全肯定其安全可靠性时，必须经过试吊或试运转。

(3)制定的特别措施不得违反安全操作和工程质量等方面的规定。

(4)重大措施必须经上级审批。

八、单梁式架桥机械的安全作业

单梁式架桥机的架梁过程是：组装架桥机、组装龙门吊、编组架梁列车、一号车运行到桥头对位、二号车和梁车运行至龙门吊下换装梁片并与一号车联挂、喂梁、捆吊梁、对位、落梁、就位与安装支座、铺桥面、焊接连接板，具体要求有：

(1)一号车对位作业。架桥机正确对位后，应立即采取可靠的制动措施。架桥机0号柱支承在墩台顶面的泄水坡上，应首先使用硬质木板和木楔填平垫实，同时将木楔打紧，并将法兰螺栓再次拧紧。支垫宽度要大于0号支柱底宽，支垫高度可根据架梁时机臂倾斜度的需要做小量调整，但不得使机臂出现坡度，支垫0号柱时要前后左右垂直，不得偏斜。

(2)换装梁片作业应在换装前对梁上的防水盖板、料具等进行清理，其高度不得超过梁片的挡渣坪顶。换装轨排时，钢筋混凝土枕两端的超长钢丝应打弯，以防碰挂一、二号柱。梁片落在二号车上时，应加设支撑和制动，防止梁片窜动。梁片重心应落在二号车纵中心线上，偏差不得超过20mm。二号车装好梁片后，运梁速度要根据线路条件严加控制，不得超速。

(3)二号车与一号车连挂后，拖梁小车运行通过地段应清除前进中的一切障碍物，并应设专人引导。各台卷扬机应设专人看护，或采取防止跳槽措施。桥梁即将到位时，应防止其前端碰撞0号柱。在桥墩台上设专人监视，有紧急情况拉动限位器，以保证安全。

九、悬臂式架桥机械安全施工

悬臂式架桥机的架梁过程是：组装架桥机、编组架梁列车、运送架桥机、梁车等架梁列车到架梁桥头、选挂平衡重、喂梁、捆吊梁、运行到桥头对位、直接落梁或移梁就位、安装支座、重复架设第二片梁、焊接连接板。具体安全要求如下：

(1)悬臂式架桥机重心高、轴重大，其吊梁运行均须通过桥头线路，依次对桥头线路应认真做好压道和加固工作。

(2)悬臂式架桥机组装工作应是有经验的人员指挥，按规定程序进行。在全部组装过程中，均应采取安全措施，防止车辆后突然溜动、小扒杆或大臂突然坠落等。

(3)悬臂式架桥机组装好后，对制动系统、走行部分应进行检查和试运行。

(4)通过的新线路道床厚度应不小于 100mm。经过初步整道，方向、水平均应符合规定。桥头线路必须经过压道；架桥机通过的线路净空应经过拆迁、升高等措施，架桥机通过道岔、渡线或曲线时，前后端均不得侵入邻线行车限界以内。

(5)运送架梁列车的速度要求：直线地段为 10km/h，曲线地段为 5km/h，通过道岔为 5km/h，通过超高 10mm 以上曲线地段为 3km/h。

(6)当架梁列车安全运行到桥头后，应先选挂平衡重。采用拨道架桥时，架桥机前后机臂钢丝绳互不连通，吊梁前进时的前轮组轴重应与落梁后退时的后轮组轴重接近相等，架桥机前进或后退时，前后轮轴重均不应小于 50kN。

(7)架桥机吊梁时，必须先按需要重量吊起平衡重后吊梁片，落梁时先落梁片，后落平衡重。平衡重吊离平车顶面不宜超过 400mm，并设专人监视。

(8)当吊起梁片拆除转向架支撑后，应检查和确认平车上的料具、运梁转向架等部件均不致挂住螺栓或支座时，方可拉走平车。平车拉走后，应立即将梁片落低至距轨面 300～500mm 的高度。对满负荷架桥机的各部位进行检查和观察，尤其是架设第一片梁，检查工作更要认真细致。

(9)架桥机架梁时的指挥、机车司机、车长等人必须由富有经验的人员担任。架设工作开始前应召开有关人员参加桥头会议，研究施工方案，进行任务交底，并确定联系信号。

(10)架桥机吊梁运行速度，一般不宜超过 5km/h，半径在 60m 以下的曲线为 3km/h，接近桥位时应减速至 0.5km/h，并在距停车位置 10m、5m、3m、1m 处各发一次信号。架桥机前端派专人引导。架桥机前轮组第一位轮距前方轨头应有 1m 以上的安全距离，否则应在轨端安装和钢轨锁定在一起的止轮器。

(11)架桥机在下坡地段或轨面上有冰雪的地段走行时，应特别注意谨慎操作，不得超速。

(12)架桥机吊梁走行地段的线路，每次走行后，必须设专人进行检查，记录轨距和水平变化情况，及时整修，夜间施工对线路要从严检查。

十、龙门吊架设桥梁的安全使用

(1)龙门吊应按设计组装，当组装到规定高度后，应加挂揽风绳进行稳定。组装完成后，横梁上应满铺脚手板，并设栏杆和扶梯等设施，天车走行钢轨两端应安装止轮器，龙门吊顶应安装避雷和消防设施。横梁上的所有设备和物件都必须固定好，防止走行过程中坠落。走行轨道基础要稳固、线路的质量和标准符合规定。龙门吊上的所有设备和安全装置都要进行检查和试运转。

(2)在龙门吊架梁时，其捆吊梁片、落梁就位、安支座等要求，均与架桥机的规定相同。用两台龙门吊抬吊架梁时，要有专人统一指挥，两台吊机的升降速度要一致，梁片两端的高差不得大于 30cm。龙门吊应先将梁片吊高约 10～20cm，拆除支护设备，经检查良好，方可再次提升。在墩顶落梁就位的速度要均匀平稳，对位时先落支座固定端，后落活动端，梁片两端支护稳妥方可松钩。

十一、预应力钢筋混凝土梁悬臂架设安全施工

(1)连续梁“0”号段应在墩旁顺桥方向两侧设计组装托架，对托架进行压重试验，在托架顶面作业人员走行和站立处，应满铺脚手板，四周临空处应搭设栏杆，上下要有扶梯，要求托架基础和各部位承重后牢固稳妥。

(2)在安装模板的过程中，模板就位后应支撑牢固，然后再松钩。

(3)“0”号节梁体在灌注前，应在模板内外侧挂设梯子，根据需要搭设灌注平台。混凝土采用吊罐灌注时，模型内的作业人员要注意避让。

(4)连续梁悬臂段施工应在“0”号段两端梁体安装扶梯、设置栏杆，沿“0”号段两端同步安装吊篮。拼装吊篮时应严格按照设计图和工艺规定进行施工，吊篮及锚固结构均应考虑足够的安全系数。拼装的同时应设置安全设施，如吊篮前端安装安全保险装置，铺满平台脚手板、栏杆，必要时挂好安全网。预应力钢丝束在张拉及退楔加油时，钢丝束两端严禁站人，操作者应站在两侧，危险区不准站人或通过行人。张拉完成后，向孔道压浆压力不得超过规定，压浆人员应戴护目镜作业。悬臂段梁体混凝土灌注，钢筋张拉等施工荷载，应与箱梁中心对称施工，尽量减少偏载，施工时，吊篮的悬臂部分，除张拉用的脚手平台和必须的工具不得任意增加荷载，悬臂梁段严禁超载。

十二、钢梁悬臂拼装架设安全施工

(1)杆件的重量和重心应预先确定，并应根据拼装部位、杆件类别采用不同的吊具，挂上溜绳，杆件的棱角与吊具接触处要垫胶皮。

(2)膺架和基础要进行设计，并按设计施工，要进行试压。膺架上要有防护设施并经常进行检查。

(3)在钢梁的通航孔和即将拼装的悬臂孔下，应挂设安全网，其宽度每侧应超出下弦杆外缘 4m，如主桁两侧有公路托架，其宽度应超出托架外端不小于 2m。安全网的长度应与桥墩相接，安全网要与钢梁底部保持最小距离，距地面、水面等应有适当的距离。

(4)通航孔施工前要与航运部门取得联系，并设置标志和信号。应有救生设备和消防设施。

(5)如采用托架拼装，托架要进行设计，并有足够的强度和必要的防护设施。

(6)牵引车的行车速度要在 5km/h 以内，在轨道前方装止轮器，牵引车和平车均应有制动装置。杆件拼装对位时，应用冲钉探孔，严禁用手检查和大锤冲钉过孔，工具等要装在工具袋内，所有材料和工具严禁抛掷。

(7)桥上铺设的运输轨道中部，应密铺脚手板，轨道两侧各加铺 1.2m 宽的人行道，设置避车台。上弦平面沿梁的中线铺设 1.5m 宽的人行道，并架设一节铺设一节。

十三、常见桥梁架设安全施工技术方法

1. 拖拉法

(1)拖拉法架梁适用于钢板梁、钢桁架的架设，由于拖拉法架梁比较易行，适应性较大，使

用设备不多，当条件适合时，均可采用。

(2)安装和使用的拖拉设备，应先进行检查，确认良好，方可使用。

(3)在拖拉架梁中，对上下滑道的安全要求是：下滑道的基础强度应能承受钢梁通过的荷载并具有规定的安全系数，基础两侧宽度应满足作业要求；钢梁拖拉应先考虑钢梁悬臂的挠度和采取的引导措施，便于辊轴喂进滑道；上下滑道的短枕木、钢轨及其配件等的材质良好，枕木间距、滑道轨纵横向的水平和方向、钉联道钉数量、钢轨连接螺栓等均应按设计和要求上足上好；脱离钢丝绳、滑车组卷扬设备、辊轴等设施均应按规定设计，并严格按设计施工，钢梁后端应加防溜钢丝绳；拖拉时应认真做好指挥组织工作，做到分工明确，各负其责。

(4)在钢梁拖拉中，应在拖拉一定距离后，对拖拉有关的各部位停拉检查，确认无异常时，方可继续拖拉；拖拉中作业点出现问题应及时报告，拖拉停止；拖拉时，牵引钢丝绳两侧不得站人，在其附近工作或走行人员应提高警惕。

2.浮运法

(1)浮运法架梁是把岸上拼装好的钢梁，滑移到两组浮运船上，用拖轮将浮运船只拖拉到桥孔间利用浮运船加水，或其他方法使其下沉，把钢梁落在墩上的架梁方法。

(2)浮运船只的码头、组拼、加固及膺架安装，均应按规定进行设计，并严格按设计进行施工。浮船应按照浮运时抽灌水作业和浮船稳定性的要求，设置隔舱，隔舱要确保水密性能良好。浮鲸应进行详细的检测。

(3)浮船甲板及膺架顶上的工作平台，均要有防护设施和防火设备，两船之间要满铺脚手板或满挂安全网。在船舱内进行加固等作业要加强通风，防止通风不良造成人员昏倒。

(4)使用船舶浮运钢梁时，应指定浮运船的装梁、就位、落梁和抽灌水的施工细则并贯彻实施。

(5)钢梁在浮运船上要支垫牢固，浮船在承受全部荷载后，露出水面的船舷高度应大于50cm，浮船纵横向的倾斜度不得超过1%。浮运钢梁采用拖轮时，拖轮应能平衡风力和水流阻力。浮船拖至桥孔下游后，采用缆索和绞车牵引，使浮船平稳就位，拖轮应有备用。按设计要求布置和安装锚锭、地笼，主要的锚锭和地笼应经过拉力试验，合格后才能使用。要有专人负责检查在江中的锚锭和岸边的地垅，缆索应用埋入岸边或河身坚实的锚具固定，不得用普通的铁锚牵系。

(6)水上作业要有救生船只和设备，人员应穿着救生衣。

(7)浮运前还要与航运部门取得联系，要掌握水文和气象情况，要按规定设置标志和信号。

十四、桥面的安全铺设

1.道砟桥面铺设

(1)机械铺设桥面轨排时，轨排吊离平车后应立即落低、轨排下严禁站人，工作人员应在轨排外两侧操作。

(2)机械铺轨两组轨排安装夹板时，两组轨排的接头会出现高差，宜用起道机抬起一端，以利连接和安装夹板，但使用起道机人员严禁用力过猛，防止起道机滑脱而致人员摔伤。

(3)人工铺轨时，严禁打甩锤，起钉人员不准在梁上的线路外侧坐撬起钉。

(4)桥面轨铺好后，应进行整道作业，以消除硬弯、反超高、三角坑等缺陷，枕木头下应将道砟串满，不得悬空，以确保行车安全。

2. 明桥面铺设

在钢梁安装好后，应把钢梁上的料具运走，拆除施工用轨道，整修可以利用的人行道，在梁下加设安全网，方可铺设桥枕。人工抬运桥枕应互相配合，走行同步，防止踩空扭伤。安装压梁木时，在桥下安装钩螺栓的人员，应搭好脚手板，挂好安全带，戴好安全帽，应防止大锤松落伤人。如遇有抽换桥枕时，应先将桥枕拴好保险绳，两人一前一后，协同动作，将旧枕抽出，穿入新枕，防止桥枕跌落伤人。

十五、桥梁工程人行道、避车台及栏杆安装安全

(1)安装人行道和避车台的支架，应设置安全设备，如采用跨度不大于2m的挂钩脚手板，脚手板要固定在脚手架上。如使用轻便小型独脚扒杆起吊支架时，应将扒杆捆牢，拉好缆风绳。工作人员应戴好安全带和安全帽。支架安装后，即可在支架上铺设脚手板，脚手板不得有探头。随后可以进行栏杆和人行道板的安装，人行道板应安装正确，装好一块固定一块，以免坠落伤人。

(2)钢梁上下弦检查梯的安装，应先在地面上组装，再吊装。吊装时应先搭好脚手平台，并按起重安全技术要求吊装。

(3)道砟桥面人行道上的检查梯孔口盖板，应随即盖好，以确保行人安全。

(4)未通车或者步行板未钉好前，夜间不得行人。

十六、既有线路桥涵改建和接长安全施工

(1)在修建第二线时，由于各种原因，对原有的桥涵有的要改造、加固，有的要新建或接长。在桥涵改建和接长施工前，对原桥涵的技术状态要有足够的了解，并根据施工单位的技术水平、设备能力、原材料供应等具体情况制定施工组织方案。在施工过程中，要保证不中断行车最大限度地减少对行车的干扰。

(2)如设计为扩大或明挖基础，应保证邻近既有线一侧的基坑边坡的稳定或采用其他防护加固措施。以防止边坡坍塌而影响既有线路基或桥基的稳定。如采用钻孔桩、震动沉桩基础，应重视地质情况随时观察地面情况，一旦发现附近地面隆起或下沉时，应立即停止作业，采取措施进行加固。要特别注意防止钻架及其他机具设备侵入限界。

(3)墩台施工和架梁施工时除应遵守一般桥涵施工技术安全规程及防止机具、人员侵入限界外，应在施工的上方安设防护网，以防止列车或行人经过桥面振动落物伤人。

(4)涵洞的接长施工时在拆除原有的端墙、翼墙等挡土设施时，如影响既有线的边坡稳定，应分段拆除，如拆除后有坍塌的危险时，应及时支护，以确保路堤的稳定，施工前应根据现场情况，事先做好排水、防水措施。在新旧涵洞接头处的基础开挖后，应立即砌筑基础和边墙，如新接洞身伸入既有边坡内，施工后应抓紧回填，勿使积水，以防浸泡既有线路基。

十七、既有线路增设桥涵施工时便桥搭设或扣轨法安全施工

(1)当列车通过时，应把枕木垫实。

(2)当连续3根枕木被挖空，必须用扣轨法加固线路，然后才可以继续施工。

(3)枕木垛及扣梁的构件架设，各部分尺寸都不得超限。

(4)在自动闭塞区间施工时，应做好绝缘工作，工具、撬棍等导体不得同时接触两根钢轨，以免连电而干扰行车信号。

(5)在无缝线路区间施工时，线路要进行锁定或进行应力放散，或者把其换铺为普通线路再进行加固。

(6)便桥架设开始到拆除恢复线路前应设专人昼夜检修监视。在每次列车通过后，对便桥及施工地段各 20m 的范围内进行一次检查，发现问题及时整改。

(7)桥涵主体完工后，尽快拆除便桥，恢复线路，达到正常行车要求。

(8)桥涵墩台完工后，如需换架正式桥梁时，应在封锁线路条件下进行。

十八、既有线路桥涵顶进的安全施工

(1)线路加固。应根据线路、运输、土质、地下水情况及顶进桥涵的轮廓尺寸、刃脚构造、覆盖厚度、施工季节情况，采用扣轨、扣梁及其他方式对线路进行加固。

(2)挖工作坑。工作坑的顶进边缘距铁路外侧钢轨不得少于 2.5m，靠路基一侧的边坡不得小于 1∶1.5。如需挖去部分既有线路基边坡，应在工务部门的配合下，先做好架空线路工作后方可施工。如发现边坡不稳定，应立即进行加固。坑内不得有积水，如有地下水，可以采用井点法把水位降到基底以下 0.5～1m。

(3)开挖顶进。挖土的进尺应根据土质情况和顶铁行程而定，一般为 0.3～0.5m，并随挖随顶，不得使开挖面暴露时间过长，严禁超前挖土，开挖面底部不得超过桥涵主体底板的底面。挖土作业时，应设专人监护，发现异常，应立即通知施工人员及机械撤离工作面，并根据情况对列车发出必要的防护信号。严禁掏洞挖土或反坡挖土；列车通过时严禁挖土；雨天不得挖土；机械设备发生故障时不得挖土。

(4)所用的千斤顶、油泵等设备应进行压力试验，确认合格后，方可使用，在工作坑坡顶的一定距离内，不得堆放顶铁等料具和弃土。施顶时，非操作人员应撤离工作坑，并严禁施工人员接近或跨越顶铁。顶铁的长度不超过 4m，超过 4m 时应加设横梁。当列车通过时，必须停止顶进作业，工作人员必须撤离工作面。

(5)在顶进过程中，顶进一次或每趟列车通过后，应对线路进行检查。

(6)端翼墙施工。开挖顶进完成后，应该抓紧端翼墙的砌筑，以防止进出口路堤坍塌，并恢复线路，达到列车正常的运行速度。

十九、既有线路桥涵工程跨线桥和渡槽安全施工

凡跨越线路的公路桥、铁路桥、人行天桥等均称为跨线桥。渡槽是指跨越线路的水利通道，安全施工技术管理要点有：

(1)这类工程在施工过程中要维持列车在下面的正常运行，在设计模板、拱架及支架的制作、安装、拆除的过程中，均应在封锁线路的条件下施工，必须在混凝土强度达到规定值以后才能拆除模板、拱架和支架。

(2)所使用的起重吊装设备、机具必须坚固、灵活、可靠，并不得把起重设备包括揽风绳与铁路各建筑物相联接，更不得侵入限界。

(3)施工面上要设置牢固的作业平台和栏杆，以防止机具、材料及作业人员的坠落和损坏铁路设备。

(4)要派人定期对施工地段线路两端各 20m 范围内及模板、拱架、支架、各种施工脚手架等的稳定情况，各种工程材料的堆放情况等进行检查。

第四节 隧道安全施工

一、安全开挖

1. 隧道安全开挖

(1)施工人员到达工作地点后，要首先检查工作面的安全状态，并详细检查支护的牢固情况、围岩的稳定情况，发现松动的石块或裂缝应予以清除或支护。

(2)应根据设计位置、中线、水平、地质等情况，并依据可能产生的下沉量和施工误差来掌握施工部位的尺寸，保证开挖和衬砌断面符合设计要求，同时还应根据所选的施工方法和所配备的开挖方式和步骤，确定循环进尺，以便各工序互相配合。

(3)要安排专人负责找顶片帮，对开挖面和衬砌面要经常检查，要把爆破后的工作面及其附近作为检查的重点，发现险情立即采取措施。

(4)上下导坑间为出渣和进料而开挖的漏斗孔，一般在下导坑内向上钻眼爆破，漏斗孔严禁人员上下，在不使用的时候要加盖。

(5)采用先拱后墙法施工时，要在拱圈混凝土强度达到设计强度的70%以上后才允许进行下步开挖。

(6)两工作面接近贯通时，两端要加强联系，统一指挥，当两端的开挖距离为8倍循环进尺或接近15m时，要停止一端作业，并将人员和机具撤走，在安全距离以外设置警戒标志，防止人员误入危险区。

2. 隧道分部安全开挖的施工

隧道分部开挖安全管理要点如图4—4所示。

3. 爆破钻眼安全施工

(1)使用风钻和电钻钻眼

1)采用风钻钻眼时，应检查机身、螺栓、卡套、弹簧和支架是否正常，管子接头是否牢固、有无漏风情况，钻杆有无不直、损伤以及钎孔堵塞现象，要检查湿式凿岩机的供水情况、干式凿岩机的捕尘设施情况。

隧道分部开挖安全管理要点
- 导坑开挖
  - (1)根据地质情况、支护方法、动力、运输、通风、排水等情况，在确保施工安全的前提下选定导坑断面。
  - (2)导坑开挖是隧道分部开挖的领先工序，应采取多循环，选择最优的炮眼深度，提高爆破效果，加快掘进进度，增加后续工序的工作面，提高施工速度，但在地质不良地带施工时不宜超前过多，防止坍方。
  - (3)在下导坑开挖时要注意底板眼的角度，在下坡隧道的施工中更应注意掌握，防止抬高底板。
- 分部扩大开挖
  - 分部扩大开挖由于在临空条件下进行，最容易造成超、欠挖和坍塌。为了防止超、欠挖，可以采取加强施工测量和顺帮打眼、光面爆破等措施；拱脚以上1m范围内最容易造成欠挖而使衬砌厚度不够，要严格掌握开挖尺寸；当采用向上分层扩大施工时，断面不易控制，要加强施工测量，并在出渣前进行断面检查。扩大开挖施工，当围岩压力较大时，支护应密切配合防止坍塌，在洞口地段分部扩大开挖时，在地质较差或覆盖层较薄的情况下，宜在洞内10～20m处向洞口方向进行。

图 4—4

隧道分部开挖安全管理要点

马口开挖：

(1)马口开挖也应采取顺帮打眼的方法，避免超、欠挖，尤其是在边墙脚以上1m范围内不得欠挖。向上打斜眼时，要控制炮眼深度，防止炮眼插入拱背，放炮损坏拱圈。

(2)马口开挖如施工不当容易引起拱圈变形开裂或坍塌，马口的布置和长度应结合地质情况、拱圈环节长度、拱圈超挖情况、回填质量等因素进行设计，并严格掌握。马口开挖要采取跳槽法进行，首轮马口的中心位置通常要选在拱圈接缝处，正常情况下Ⅰ～Ⅱ级不得大于4m、Ⅲ～Ⅳ级不得大于2m，回头马口可以适当延长，但最长不得超过首轮马口长度的1倍，同时要进行支撑，防止坍塌。回头马口必须在相邻边墙封口24h后进行，有侧压力时应在封口3d进行较为妥当。洞口地段马口开挖，要特别注意拱圈悬臂的长度，一般2m为宜，并加强支撑。在没有坍塌可能时，可以采用对开马口，对开马口必须在拱圈接缝处，长度在2～3m左右。

仰拱开挖：

设有仰拱的隧道，当边墙施工完成后，仰拱应紧跟边墙施工，边墙墙脚拱座建筑后应支撑牢固，防止边墙受到过大侧压力内移而引起开裂。支撑横梁还可以在其上面铺设小钢轨，解决开挖与运输干扰的问题。仰拱开挖一般采用分段跳跃法进行，不允许长距离开挖和使用铲运机等大型机械敞开开挖，以免导致隧道坍塌。

避车洞开挖：

避车洞开挖，在正常情况下应与马口开挖同时进行，对于隧道浅埋且地质不良地段，最好先将两侧正洞边墙做好，必要时还应先将避车洞以上的边墙做完，再开挖避车洞，开挖中要加强支撑。

图4—4　隧道分部开挖安全管理要点

2)钻眼前要检查开挖断面的中线、水平，检查导坑位置是否正确，并用红铅油标出炮眼位置，以上均符合要求后方可进行钻眼。

3)使用带支架的风钻钻眼时，应把支架安放稳妥；站在渣堆上操作时应注意石渣是否稳定。在拱部扩大马口部位钻挑顶眼、爬眼、斜插眼及吊眼时，要检查有无松动石块。遗留的残眼不得套打加深。

4)使用电钻时，应检查绝缘和电缆的连接情况，司钻人员要戴绝缘手套、穿绝缘鞋，不得用手导引回转的钢钎，不得用电钻处理被卡住的钢钎。

5)应先开水后开风，以减少扬尘。

6)钻眼过程中应注意的问题：开门应用短钻杆，其长度在80cm以下；当钻杆没有找准炮眼位置时，风门不能太大，应在钻头进入炮眼后再完全打开风门；司钻人员不得把胸部、腹部紧贴风钻手柄，腿部不得抵住风钻卡套弹簧；钻眼过程中与钻杆应保持在一条直线上，防止钻杆弯曲、掉头或折断；卡钻时应用扳手拔出、不得敲打，未关风门不得拆除钻杆；风钻2h要加油一次；要加强风钻的保养和维修，不得在工作面进行拆卸和维修工作。

(2)使用钻孔台车

1)钻爆工应熟悉设计图纸，认真按照炮位设计标定位置精心操作，对钻孔应明确分工，两钻臂不得同时在一竖直面上作业，只能交叉进行，以防止危石砸坏钻臂，要随时注意钻杆的回转情况，掏槽眼定好位置，防止交叉或打穿。

2)液压凿岩机的拆卸和安装，必须由受过培训的人员担任，每班都应检查拉杆的情况，在固定链条上不得有泥渣或石子，防止链条和链轮的损坏。

3)在遇到断层和地质不良的情况时，必须指派安全员站在一定的位置上观察险情，台车司机必须坚守驾驶室，且发动机不熄火，遇有险情可以随时撤离。

4)轨行式台车的轨道铺设和轮胎式台车的道路要符合说明书的要求。

5)台车应在隧道中心线上走行或工作，其左右偏差不宜大于0.5m，台车就位后不得倾斜，并应刹住车轮、放下支柱，防止前后移动。

6)台车进出洞为保证安全应有专人指挥，不得载人或载物行驶，并认真检查道路，清除障碍物。

7)台车的走行速度不得超过 25m/min,当接近工作面时应减速慢行,并做好刹车准备,防止撞击工作面;台车走行或待避时,应把钻架和机具都收拢到放置位置。

4. 安全爆破技术

(1)爆破器材的加工应在洞外加工房内进行,加工房应设在僻静的地方,距洞口不得少于 50m;严禁在洞内设置爆破器材加工房;如隧道掘进较深,需用的爆破器材,由专人从库房内取出送到需用地点;装炮后剩余的雷管、炸药应及时回收到库房存放。

(2)爆破器材加工人员和爆破作业人员,严禁穿化纤衣服进行操作,防止摩擦产生静电火花,导致早爆事故的发生。

(3)爆破作业必须统一指挥,并由经过专业培训且持有爆破作业合格证的专职爆破工担任。进行爆破时,所有人员应撤到不受有害气体、震动和飞石损伤的地点,其安全距离为:独头巷道不小于 200m;相邻的上下导坑内不小于 100m;相邻的平行坑道、横通道及横洞间不少于 50m;双线上半断面开挖时不少于 400m;双线全断面开挖时不少于 500m;洞内施工每日放炮次数应有明确规定。如一座隧道分两个开挖口时,两头距离在 200m 内,爆破时必须提前一个小时通报,以便另一头作业人员撤离险区。

(4)装药前,应做到以下几点:应检查爆破工作面附近支护是否牢固,必要时应先进行加固;炮眼内泥浆、石粉应吹洗干净;刚打好的炮眼因热度很高,不得立即装入炸药;不得使用已经冻结或分解的炸药装炮;不使用梯恩梯、苦味酸、黑色火药等爆破后产生大量有害气体的炸药;如果遇有照明不足,发现流沙、流泥未经妥善处理,或可能大量溶洞水、高压水涌出的情况时,要严禁装药爆破。

(5)装药点炮,应由爆破组长统一指挥,要严格按爆破设计规定的装药量装药,并按要求堵塞炮泥。

(6)爆破后,必须经过通风排烟,15min 以后检查人员方可进入工作面检查。检查内容应为:有无瞎炮及可疑现象;有无残余炸药或雷管;顶板及两帮有无松动石块;支护有无松动与变形。如发现有瞎炮时,必须由原装炮人员按规定进行处理;当检查人员经过检查确认危险因素已经排除后,才可撤除警戒,允许施工人员进入工作面作业。

(7)钻眼与装药一般不得平行作业。若用钻孔台车,平行钻眼,而深孔爆破采取下列措施时,可以不受限制:制定出了操作细则,并经有关领导批准;由值班负责人统一指挥;装药和钻孔的顺序必须是自上而下地进行;钻孔与装药应隔开一排孔,其距离不得小于 2.5m;装药与钻孔人员必须分区负责且相对固定。

5. 隧道开挖木支撑安全施工

(1)木支撑的梁、柱等主要杆件,稍径不应小于 20cm(跨度大于 4m 时不应小于 25cm);其他连接杆件可采用 12~15cm;木板材质应坚硬、富有弹性。禁止使用脆性、破裂、多节及腐朽木材;通常采用的支撑材料为松、杉等优质木材。

(2)木支撑通常应用于导坑支撑、漏斗孔支撑、拱部扩大扇形支撑、下部支撑、洞口支撑等。

(3)导坑支撑。导坑支撑一般采用半框架式,这种支撑形式适应性很广;对Ⅱ~Ⅳ级围岩的双道断面及Ⅴ级围岩的单道断面均可采用。如地层松散,具有底压力或侧压力时,应增设底梁成为框架式支撑,两侧用填塞木封闭。如开挖的工作面随挖随塌不能自稳,可用支撑和木板将开挖面垂直封闭，然后自上而下分块挖除土石，边挖边分块进行第二次封闭。

(4)漏斗孔支撑。开挖漏斗孔时，对下导坑支撑要临时加固。松散地层中的漏斗孔宜采用框架支撑，并将框架外四周空隙填塞紧密。漏斗孔应加盖，防止掉石。供人员上下的孔道，应设置牢固的扶梯。

(5)拱部扩大扇形基础支撑。当拱部围岩较为松软时拱部扩大应采用扇形支撑。扇形支撑宜配合开挖分步架设，如围岩松散破碎且有较大地层压力时，则应采用横撑式扇形；若立柱、斜柱底部有较大沉陷时，则需加设底梁。扇形支撑的纵梁，应成组安排架立，长度必须一致，以免拆除困难。

(6)下部支撑。采用先拱后墙法施工时，为防止拱脚向内位移而发生裂缝，在洞口和较松散地层地段开挖中层或落底前，必须加设卡口梁，其架设方法是先在拱圈两侧起拱线以上约0.5m处钻眼，深入岩壁，插入短钢钎，安设卡口梁，卡口梁与钢钎要绑扎牢固。卡口梁两端还应用木楔楔紧，其间距离一般为1.0～1.2m。在马口开挖过程中，应设置斜撑、立柱等支顶拱脚，并架设水平横撑对岩壁撑稳背紧，防止岩壁坍塌。曲墙地段仰拱开挖前，应加设横撑顶紧两侧墙脚，防止墙脚内移使边墙开裂，横撑间距一般为1.0～1.2m，仰拱混凝土达到设计强度的70%才能拆除横梁。

(7)洞口支撑。洞口地段围岩一般不够稳定、容易坍塌，要特别注意加强支撑。洞口导坑支撑通常应向洞外架出4～8排明厢，在其顶部密铺背柴，并压以筐装弃砟或土袋，以稳定支撑，对防止仰坡落石起缓冲作用。明厢应加设斜撑，并延伸至洞内4～6m，防止洞内放炮时倾倒；上部扩大的明厢也需多设两排，并加固。

6. 隧道开挖时钢支撑的安全施工

(1)钢支撑的材料，一般选用工字钢、U型钢、钢轨、钢管等，按设计要求预先制成构件，使用时焊接或拴接，其架立位置应于衬砌断面之中，并留有足够的混凝土保护层。钢架支撑下端应加设底板，如基底松软，为防止支撑受荷载下沉，也可用混凝土加固基底。各排支撑间应用纵向拉杆联成整体，如可能产生纵向荷载，应加设纵向斜撑、钢架支撑的外围应用背板、堵塞木、钢板、预制板等塞紧背严。

(2)对半断面或全断面开挖所架设的钢架支撑已受力者不得拆除倒用，应作为混凝土衬砌的组成部分；对不受力的钢架支撑，应先经现场检查核实，并制定拆除措施才能拆除，以保证施工安全。

(3)用钢管作为不拆除的支撑时，应在架设后向管内灌注强度不小于C30的水泥砂浆，以增加其结构的稳定性和承载能力。

(4)花拱支撑是常用的一种钢架支撑，它是以钢制花拱代替扇形木支撑，同时，在衬砌中花拱可不拆除，作为拱圈混凝土骨架，起到加固衬砌的作用。因此，在不良地质、地压大、有明显偏压或施工中出现较大坍方的隧道中得到广泛使用。

7. 隧道开挖喷锚支护安全施工

(1)作业前应认真检查以下项目：喷锚地段的危石是否处理，用高压水冲洗岩面是否符合要求，能否使喷层与岩面密贴，脚手架平台是否牢固可靠，是否设置防护栏杆，照明是否符合要求，作业范围是否布置警戒人员等。

(2)采用干式喷射法喷射混凝土时，应坚持采用防尘措施：工作面应设置防尘水幕；加强施工通风，降低粉尘浓度；由于水泥和速凝剂对皮肤有腐蚀性，工作人员要加强个人防护，喷射手应佩戴防尘面罩、防水披肩、防护眼镜、防尘口罩、乳胶手套；其他工作人员也应配戴防尘口罩等防护用品。

(3)所需的喷射机械必须实行“三定”制度(定机、定人、定岗位)，认真执行安全操作、保养和交接班制度。

(4)喷射机械设备应布置在安全地段，喷射机注浆罐、水箱、风包等均应安装压力表、安全阀，并在使用前进行耐压试验，合格后方可使用。

(5)搅拌输送车卸料地点及喷射作业场地要做到机械布置合理，运输道路畅通，风、水、电位置合理，线路顺直，互不干扰，管线路应不漏风、不漏水、不漏电，场地整洁无积水。加强交通管理，防止人员与车辆互相干扰而发生事故。

(6)向锚杆孔压注砂浆，压力应保持在 0.2MPa 左右，并密切注视压力表，如发现压力过高，应立即停风，排除堵塞。注浆管喷嘴严禁对人放置，在未打开风阀前，不得搬动或关启密封盖，以防止高压喷射物喷出伤人。

(7)喷射机应先给风，再开机，后送料。结束时待料喷完，先停机，后关风。工作中应经常检查输料管、出料弯管有无磨薄击穿及连接不牢的现象，发现问题应及时处理。当喷嘴不出料时，检查输料管是否堵塞，但一定要避开有人的地方，防止高压水、高压风及其他喷射物突然喷出伤人。

(8)喷锚作业中的事故，多数时由于掌子面产生表层岩石坍落，或由于喷射混凝土硬化不充分，产生剥落掉块而造成的。另外，由于锚杆钻孔的操作比较复杂，容易产生接触性事故，在注浆和插锚杆时，常用不正确姿势作业，造成跌倒和坠落事故。因此，施工中应指定检查人员，随即进行检查，指挥操作人员操作。

(9)在进行钢支撑支护时，应按高处作业要求，制定作业计划。根据作业环境，选定起吊设备，按作业程序对构件倒塌、歪曲、落石掉块、人员坠落等不安全因素，制定相应的安全措施，并设专人指挥、检查。

(10)在平台上工作时，上下传递、运输物料必须确定联络信号，严禁抛掷。

(11)在喷锚支护施工中，应按设计参数要求，建立严密的检验制度，以确保锚杆深度、锚杆间距和注浆符合要求；确保喷射混凝土的设计厚度、强度和表面形状要求；确保钢筋网间距位置、接头尺寸、保护层厚度和黏结力要求。当发现已锚区段的围岩有较大变形或锚杆失效时，应立即在该段增设加强锚杆，其长度应大于原锚杆长度的 1.5 倍。在不良地质隧道中施工，应有钢架支撑备品，必要时应用钢架支撑加强支护。

(12)当发现量测数据有不正常变化或突变，洞内或地表位移值等于或大于允许位移值，洞内或地面出现裂缝以及喷层出现异常裂缝，均应视为危险警告信号，必须立即通知现场作业人员撤离现场，待制定处理措施后才能继续施工。

二、隧道衬砌安全施工

(1)衬砌所使用的脚手架、工作平台、跳板、梯子等应安装牢固，不得有露头的钉子和突出的尖角；其承受的重量不得超过设计要求，并应在现场标明；靠近轨道一侧应有足够的净空，以保证车辆、行人的安全通过；脚手架、工作平台上应搭设高度在 1m 以上的栏杆；底板要铺设严密，木板的端头要搭在支点上，严禁探头板的出现；不得用边墙架兼作脚手架。

(2)洞门衬砌时，施工前要检查仰坡、边坡坡顶有无裂缝，并及时清除坡面危石；施工中应经常检查，尤其是雨后，防止洞外坡面悬石坍塌造成事故。

(3)混凝土灌注前应全面检查模板及支架的结构状况；检查钢筋绑扎是否牢固；开挖面有无悬石坍落可能，经过验收并合格后才允许进行灌注。灌注混凝土使用的溜槽或窜筒要根据灌注的进展及时调整高度，防止堵塞；在捣固作业中，若使用插入式振动器，则应穿胶鞋，戴胶皮手套，软轴部分不得插入混凝土中，电源线接触要良好，湿手不得接触电源开关。

(4)吊装、拆除拱墙架、模板时，工作地段应有人监护；洞内作业地段卸材料时，人员和车辆不得穿行。

(5)使用混凝土搅拌机、输送泵；压浆机、灰浆泵等机械时，要建立岗位责任制，并制定安全操作细则，严禁违章作业。

(6)采用模板台车进行全断面衬砌时，台车距开挖面的安全距离应大于260m；台车下的净空应能保证运输车辆的安全通行，并悬挂明显的缓行标志，台车走行轨的中心线要与隧道的中心线重合，两侧轨面必须在同一水平面上；台车就位前应先灌注好边墙基础，就位后要检查中线水平，确认无误后才可以固定；台车前后轮的相反方向，应用铁鞋刹住车轮，防止溜滑；灌注混凝土前，应安装挡头板，并做到稳固可靠不漏浆；灌注时必须两侧对称进行，避免台车偏压；脱模后要把模板清洗干净，并涂上脱模剂。

(7)机械酌转动部分要有防护罩；移动、修理机械和管线路时，应先停机并切断电源或风源。

(8)台车上不得堆放料具；工作台要满铺底板，并设有防护栏杆；拆除混凝土输送软管或管道时，要停止输送泵的运转；台车工作结束后，要及时切断动力电源。

三、隧道运输安全管理

1. 隧道施工装渣安全管理

(1)人力装渣时，装车前应把车停稳并制动，解除制动要使用工具。起动前应鸣笛或吹哨。漏斗装渣时，应有联系信号；棚架上扒渣应保持渣堆稳定，防止零星石块坍塌伤人；装满时应发出信号，装渣后漏斗应及时加盖。接渣时，漏斗口下不得通过行人。

(2)机械装渣，坑道断面尺寸应能够满足装载机械安全运转。装渣机上的电缆或高压胶管，应有专人收放；装渣机操作中，其回转范围内不得有行人，以避免机械伤害。

(3)掌子面装渣，司机要注意未处理干净的危石，特别要注意断层变化发生坍塌，砸坏机械的事故发生。

2. 有轨安全运输管理

(1)有轨运输，洞外应设置吊车、编组、卸渣、进料及设备整修作业等线路；洞内运输轨道应尽可能铺设双道，如铺设单轨道时，要铺设错车线，错车线的有效长度应能满足最长列车运行的需要。运输线路应设专人负责养护维修，特别是两侧废渣和余料要及时清走。

(2)人力推车最大行车速度在洞内施工地段不得超过5km/h；洞外及成洞地段不得超过6km/h；车辆前后距离不得小于20m。翻转式斗车应有卡锁，运行及装车时，必须把卡锁锁住。车辆刹车装置经常处于良好状态。车辆运行中，严禁人走在两侧推车、用肩扛车或用车顶车等不安全操作方式，仅在上坡时允许在车前帮助拖拉，但绳索必须牢固。严禁下坡溜车，在视线不良或有障碍物的施工地段应及时鸣笛，在轨道上停车应加上轮楔，防止溜车。

(3)斗车卸车时应用铁钩钩住车架或以棍棒压住车座，严禁站在车架上掀车或用手、脚在斗车内扒卸石渣,几辆斗车同时卸车时,前后两车的距离不得小于 2m,并严禁卸车人员站立在车前车后或两车之间,防止车辆移动挤压伤人。

(4)在洞内施工地段,由机动车牵引列车,在视线不良的弯道上,或通过道岔和洞口平交道,运行速度不得超过 5km/h;列车在同一方向上行驶,两组列车的间距不得小于 60m,列车制动距离,运物料不得超过 40m,运送人员不得超过 20m。

(5)机动车必须由受过专门训练的专职人员驾驶。司机必须严格遵守操作规程,坚守岗位。

(6)专用运人车辆在发车前要检查各车的连接装置、轮轴和车闸是否正常;列车运行车速不得超过 10km/h;乘车人员要听从司机的指挥,所携带的工具不得伸出车外;机动车和车辆之间严禁站人;车辆不得超员。

轨道旁堆放材料,距钢轨外缘不得小于 50cm,高度不大于 100cm,并应堆码稳固。

3. 隧道施工无轨的安全运输

(1)双线隧道全断面开挖施工可以采用无轨运输,通常情况下使用的运输车辆应选用净化装置的柴油汽车。

(2)要经常对路面进行养护、保持路面平整。对于施工工期长的隧道,运输道路应铺设路面,以确保车辆安全运行。在洞内施工地段的正常行车速度不得超过 10km/h,有牵引或会车时不得超过 5km/h;在非作业地段有牵引时的速度不得超过 15km/h,会车不得超过 10km/h。

(3)车辆在行驶中不得超车。会车时,空车让重车,重车要减速;斜井车辆行驶中下坡车让上坡车,两车厢间至少保持 50cm 的安全距离。严禁超载。同向行驶的车辆,前后两车至少保持 20m 的距离,洞内能见度较差时要加大间距。洞内车辆会车或发现前方有行人时应关闭大灯,改用小灯或近光灯。车辆起动前应注意瞭望并鸣笛,进出洞口应鸣笛,但不得使用高音喇叭。洞内倒车与转向,必须开灯鸣笛或有专人指挥。进出洞人员应走人行道或靠边行走,不得与车辆或机械抢道,不准扒车、追车或强行搭车。

(4)洞口、平道狭窄的施工场地,应设置缓行标志,必要时设置防护人员指挥交通。停放在车辆行车眼界的施工设备和机械,应在外缘设置低压红色闪光灯,组成限界显示设施。

(5)洞外卸渣场地应保持 4%的上坡段,并应在渣堆边缘 80cm 处设置挡木,危险倒车卸渣场应派人指挥,以防止在倒车时陷车或翻车。

四、隧道竖井安全施工

(1)井口周围应有完善的排水设施,防止地表水流入井内。井架上及井口附近应设防雨设施,并安装避雷设备。井口还应设安全栅栏和安全门,通向井口的轨道应设阻车器。竖井口的锁口圈要在井身掘进前完成,并有井盖,井盖平时应关闭。

(2)提升设备与运输。吊桶运送人员的速度不得超过 5m/s,无稳绳地段不得超过 1m/s;运送材料及石渣时速度不得超过 8m/s,无稳绳地段不得超过 2m/s。采用吊桶运输必须设置钢丝绳罐道,沿罐道升降,保证吊桶不碰撞岩壁;提升钢丝绳应用钩头与吊桶连接牢固,防止脱钩发生事故;吊桶运送人员时,乘坐人员的身体不得超出桶沿,不准在桶沿坐立;自动翻转的吊桶还要有防止吊桶非正常翻转的安全装置;吊桶通过喇叭口或接近井口、井底时要减速;吊桶的载重量要有规定,并在井口公布,不得超载。使用吊笼时,速度不得超过 3m/s,载重量要在井口公布、罐笼内标明;用罐笼升降超限设备构件要有安全措施;罐笼升降作业时,井下不得停留人员,罐笼应设安全可靠的防坠装置,临时罐笼如果没有防坠装置,应有相应的安全措施。

检修和处理故障人员，需站在罐笼或箕斗顶进行作业时，要有保护伞和栏杆等安全设施；工作人员应佩戴安全带。要定期对提升设备进行检查。施工中竖井口、井底、绞车房和吊盘间要有统一的联络信号；提升主绳上要有明显的标志，防止过卷扬；井口和绞车司机之间要有良好的通视条件；主要提升装置要配备正副司机，正司机开车、副司机监护；在运送人员前要开一趟空车进行试运转。

(3)钢丝绳与提升装置。钢丝绳要有足够的强度，不同部位的钢丝绳要满足相应的安全系数要求。提升装置要安装防过卷扬装置、防超速装置、超负荷和失压保护装置信号装置等安全装置和信号。

五、隧道斜井安全施工

隧道斜井施工安全要点如图 4－5 所示。

隧道斜井施工安全技术要点

- 支护
  - 为了防止井口仰坡坍塌及井口地段井身变形，井口一段的支撑应特别加强。斜井底与隧道连接处支撑应加密加强，这一段也应及时衬砌，其余地段可以采用锚喷支护。
- 装渣
  - (1)当斜井断面较小或井身较浅时，可采用人力装渣。人力装渣时，井下应设置人员待避所；斜井运输时，井下人员要进入待避所；装渣时，装渣人员要等空车到达井底停稳后，才能走出待避所装渣；装满后，应等人员进入待避所才能发出提升信号；非信号员不得指挥车辆。
  - (2)斜井采用耙斗装渣机装渣时，一般每 20～30min 移动一次，距作业面的安全距离应大于斜长 6m；每次装渣前或移动扒渣后，均应对扒渣机和固定装置进行检查；装渣时只允许斗车进入槽下接渣，并只允许扒渣机司机在栏杆旁操作，其余人员均应退至安全地点；每次装渣后，司机应对机械进行检查、保养，并用挡板防护；装渣机械工作时，应注意保护电气线路；耙斗装渣机的钢丝绳每次使用后都应进行检查，达到报废标准及时进行更换。
- 运输
  - (1)为了保证斜井运输安全，牵引提升速度不得大于 3.5m/s；斜井长度超过 300m 时，井内运输不得大于 5m/s；接近洞口或井底时速度不得超过 2m/s。
  - (2)斜井口与井下 20m，接近井底 60m 左右及岔前 35m 范围内，均应设置挡车器或挡车栏，并设专人管理。挡车器或挡车栏必须常关闭，放行车辆时打开，车辆在井下行驶或停留过程中，井内严禁人员通行或作业。
  - (3)井口井下与卷扬机房应有联系信号，车辆提升、下放与停留均应有明确的色灯和音响等信号规定，并设专职信号员负责接发车工作；卷扬机司机未得到信号员的信号不得开动卷扬机，运送人员的车辆必须装设车长或乘务人员在运行途中任何地点都能向卷扬机司机发出紧急信号的装置。
  - (4)当采用斗车升降物料时，斗车之间、斗车与钢丝绳之间应有可靠的连接装置，开应装有保险绳。
  - (5)斜井运输车辆应有可靠的连接装置和断绳保险器，挂钩均应加设保险栓，车之间应增加连接保险钢丝绳。提升绞车的钢丝绳下应安装地滚承托，并有防止车辆"蹬钩"与"蹬绳"的措施。
  - (6)井口提升绞车应设置深度指示器并能自动报警，还要设有防止过卷扬装置。

图 4－5　隧道斜井施工安全技术要点

六、隧道新奥法安全施工

新奥法是应用岩体力学的理论，以维护和利用围岩的自承能力为基点，采用锚杆和喷射混凝土为主要支护手段，及时地进行支护，控制围岩的变形和松弛，使围岩成为支护体系的组成部分，并通过对围岩和支护的量测、监控来指导隧道和地下工程设计、施工的方法和原则，他的要点可以归纳为"少扰动、早喷锚、勤量测、紧封闭"。

(1)开挖作业多采用光面爆破和预裂爆破，并尽量采用大断面或较大的断面开挖，以减少对围岩的扰动。

(2)隧道开挖后，应尽量利用围岩的自承能力，充分发挥围岩自身的支护作用。

(3)根据围岩特征采用不同支护类型和参数及时施作密贴于围岩的柔性喷射混凝土和锚

杆的初期支护，以控制围岩的变形或松弛。

(4)在软弱破碎围岩地段，使断面及时闭合，以有效地发挥支护体系的作用，保证隧道的稳定。

(5)二次衬砌原则上是在围岩与初期支护变形基本稳定的条件下修筑的，围岩的支护结构形成整体，因而提高了支护体系的安全度，并不增加衬砌的厚度。

(6)尽量使隧道周边轮廓圆顺，避免棱角突变处应力集中。

(7)通过施工中对围岩和支护的观察、量测，合理安排施工程序，进行设计变更及安排正常的施工安全管理。

这种施工方法改善了围岩抗剪支护承载能力，大大减少了施工的不安全因素，在经济和安全性方面都优于传统的施工方法。

七、隧道施工防瓦斯安全管理

(1)当洞内瓦斯浓度按体积计算，总回风流中超过 0.75%、从其他工作面吹来的风流中超过 0.5%、掘进工作面超过 2%、工作面装药爆破前超过 1%时，所有人员要撤到安全地点。

(2)当掘进工作面风流中瓦斯浓度超过 1.5%时，必须停止工作，切断电源，进行处理；电动机附近 20m 以内风流中瓦斯浓度达到 1.5%时，必须停止运转，切断电源，进行处理；掘进工作面内，局部积聚的瓦斯浓度达到 2%时，附近 20m 内，必须停止工作，切断电源，进行处理；切断电源的设备在启动前必须进行瓦斯浓度的检查，使用自动检测报警断电装置的掘进工作面，只允许人工复电。

(3)临时停工地段不宜停风，否则必须切断电源，设置栅栏和警告牌，严禁人员进入。

(4)瓦斯隧道的每一个洞口，必须设置经过专门培训的考试合格的瓦斯检测员。一般情况下每小时检测一次，并记录检测结果，同时告知现场人员，瓦斯检测设备必须定期校对。

瓦斯隧道应组织救护组，进行专门的抢救训练，并备有急救和抢救设备，指定专人保管，使其始终处于良好的状态。

八、隧道施工通风与防尘的安全措施

(1)洞内的空气成分、风速、含尘量应每月至少测定一次，坑道中氧气的含量按体积计不得小于 20%；每立方米空气中含有 10%游离的二氧化硅粉尘不得超过 2mg；风量每人每分钟应供给新鲜空气 $3m^3$，采用内燃机械开挖时，1kW 动力风量不得小于 $3m^3/min$；风速在全断面开挖时不应小于 0.15m/s，坑道内不应小于 0.25m/s，但均不大于 6m/s；一氧化碳浓度不得超过 $30mg/m^3$，二氧化碳按体积计不得大于 0.5%；氮氧化物应在 $5mg/m^3$ 以下；隧道内的气温不得超过 28℃。

(2)洞内通风设备的安装、拆除、使用、检查、维修等工作应有专职人员负责，发现漏风应及时进行维修。管道要做到平顺、接头严密，压入式和吸出式的管口均应设在洞外。

(3)人员不得在封管的进出风口停留，不得把工具和硬物放在通风管上。

(4)通风巷道内不得停放闲置的斗车，不得堆放料具和废渣，以减少阻力。

(5)隧道施工防尘应采取湿式凿岩、水封爆破、喷雾洒水、机械通风和个人防护等综合措施。

九、隧道高处安全作业

(1)从事高处作业的人员要定期进行体检，凡是患有高血压病、心脏病、贫血病、癫痫、弱视

以及其他不适合高处作业的疾病者，不得从事高处作业。饮酒后不得从事高处作业。

(2)进入施工区域的所有工作人员、施工人员必须按规定戴安全帽。

(3)在 2m 以上的独立悬空、悬岩、陡坡和桥侧以及从事无法采取可靠防护设施的高处作业人员必须使用安全带或安全绳，安全带和安全绳要拴在牢固的物体上。

(4)在地震区，当有震前预报时，应停止高处作业。

(5)高处作业不宜夜间进行，必须在夜间施工时，应有足够的照明和其他夜间安全措施。

(6)在恶劣的气候条件下(大雨、大雪、大雾、6 级以上的强风)应停止露天高处作业。

(7)高处作业人员衣着要灵便，禁止赤脚、穿硬底鞋、拖鞋、高跟鞋以及带钉易滑的鞋从事高处作业。

(8)高处作业人员所使用的工具应随手装入工具袋，上下传递料具时，禁止抛掷，大型的工具要放在稳妥的地方，所用的材料要堆放平整、稳固，防止掉落伤人。

(9)高处作业搭设云梯、工作台、脚手架、防护栏杆、安全网等，必须牢固可靠，并经验收合格后使用。

(10)作业人员上下通行必须经由人行斜道或乘人电梯，不得攀登模板、脚手架、绳索上下，禁止跟随起重物件或井架等运送材料的设备上下。

(11)高处作业遇有架空电线路时，必须保证规定的安全距离，当安全距离不能保证时，应采取停电或防护措施。

(12)特级或技术复杂的高处作业，应编制专门的施工方案和安全措施。

(13)高处与地面联络、指挥，应有统一的信号、旗语、手势、口笛或有线、无线通讯设备，不得以喊话取代指挥。

十、既有线路隧道改建安全施工

(1)改建隧道施工一般应在封锁区间的条件下进行，施工前施工单位应提出初步的施工组织方案、提出施工封锁要求，经分局审查后，按批准的方案组织实施。

(2)开工前要按照机车车辆限界每边各增加 150mm 确定施工限界，所设计的脚手架要满足施工限界的要求，必要时还要考虑超限货物装载要求。为了检查列车的限界情况，应在隧道两端的车站设置限界门。

(3)隧道至两端车站、隧道口至作业点之间要有可靠的通讯联络，以及时掌握行车和施工情况。

(4)挑顶改建隧道应由洞内向洞外进行、由围岩稳定性好的向稳定性差的地段进行、从干燥无水向有水的地段进行，可以有效地防止涌水、坍方；扩宽既有线隧道、抽换边墙、落底改建隧道增设或加深侧沟均应采用跳槽开挖，并根据不同情况采用不同的跨度，跳槽开挖可以控制围岩压力，预防坍方。

(5)一般采用控制爆破先拆除部分衬砌，再开挖围岩，在爆破的过程中要预防飞石冲击损坏轨道等行车设备，爆破后大量坍方、涌水涌泥，破坏临时衬砌、早爆或盲炮。

(6)爆破开挖前要检查既有隧道的完整性和稳定性，必要时采用钢拱支撑加固，爆破后要针对具体情况对围岩进行喷锚支护或钢拱支撑防护。

(7)出渣量比较大时，采用机车或重型轨道车运输；出渣量不大时，可以利用既有轨道用小车运输；出渣量小，可以利用单轨车运输。应设专人指挥装渣、运输和卸渣，专人检查运输道路、清理散落下来的石渣石块，养护维修运输道路，定期检查、维护运输车辆。

(8)隧道改建施工爆破或者发生坍方、涌泥后，在开通线路前，要进行必要的检查，要检查是否符合放行列车条件，围岩有无松动，有无瞎炮和残余炸药，机具、材料和石渣是否侵限，爆破器材是否撤出洞外等。

第五节 既有线路安全施工管理

一、既有线路施工安全防护管理

(1)在区间施工时，应设防护员、工地电话员，在邻近车站设驻站联络员，工地电话员与车站联络员采用有线或无线的通信方法，及时掌握施工和列车运行情况。

(2)驻站联络员和工地防护员(电话员)应由责任心强、经公司组织的安全技术考试合格的正式职工担任，并不得随意调换。联络员和防护员要坚守岗位，因故暂时离开应有人代替。所使用的通信设备和防护工具要妥善保管，保持其性能良好。在通话时，必须严格执行复诵制度，并及时把通话内容(列车运行时刻等)进行详细记录。如实行倒班，还要严格执行交接班制度。

(3)在不需要以停车信号或移动减速信号防护的区间线路上作业，应在施工地点两端500～1000m处列车运行方向的左侧(双线在线路外侧)的路肩上设置作业标。

(4)在行车线上施工，如工作量不大、临时性的施工，如个别更换钢轨夹板、使用弯轨器调直钢轨、单根抽换枕木、转移笨重施工机械跨越线路等可以利用列车间隔时间施工。施工前，施工负责人应将施工项目、地点及所需的时间等情况，经由车站值班员向行调申请，行调以命令的形式把准许施工的起止时间通知两端车站值班员及施工负责人，施工负责人确认施工起止时刻后，设好防护(使用停车手信号)。必须在准许施工时刻终了前完成所有的施工，并将线路恢复到正常行车条件，撤除防护信号，通知车站值班员。

(5)在行车线上进行拨道、拨道量不超过100mm，进行扣(吊)轨，修建或拆除路肩挡墙，挖基、砌筑基础工程，桥涵顶进等施工，施工前应按照批准的施工方案向行调提出申请，得到命令后按照批准的限速进行防护。使用移动减速信号牌在单线区间施工、双线区间一条线路上施工、双线区间两条线路上施工的限速防护办法如图4－6、图4－7、图4－8所示。

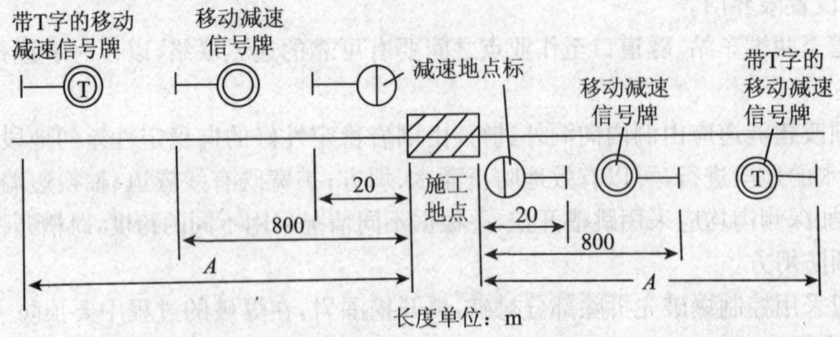

注：1. 图中“A”为不同线路速度等级的防护距离，当$v\leqslant120$km/h时为800m；当120km/h$<v\leqslant140$km/h时为100m；当140km/h$<v\leqslant160$km/h时为1400m；当160km/h$<v\leqslant200$km/h时为2000m。对有快运货物列车运行的线路，A不得小于1100m，下同。

2. 速度大于120km/h且小于200km/h的线路，按不同线路速度等级的制动距离在移动减速信号牌外方增设带T字的移动减速信号牌，下同。

图4－6 单线区间施工减速防护图

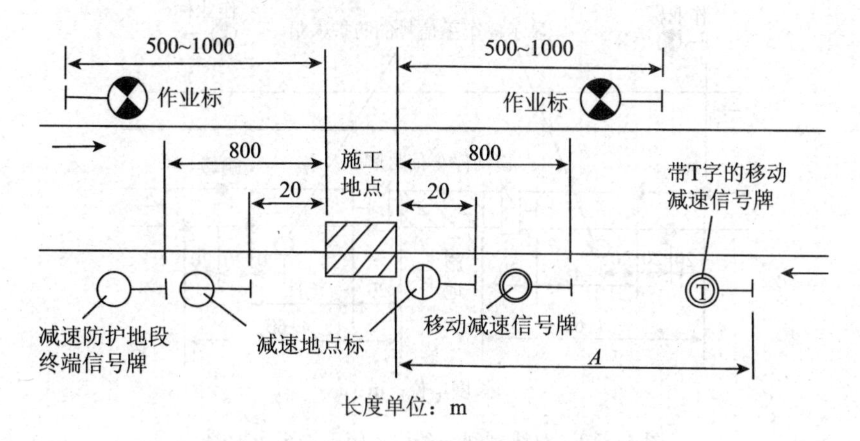

图 4－7　双线区间在一条线上施工减速防护图

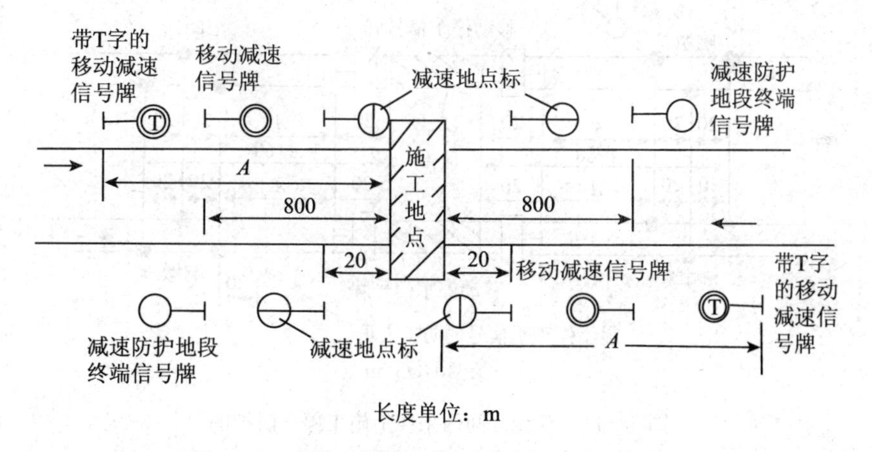

图 4－8　双线区间两条线上同时施工减速防护图

(6)在行车线上进行新老线路拨接合龙、更换或拨正钢梁、路堑开挖、工程列车进入区间卸料等复杂、费时工程的施工，必须封锁线路。使用移动停车信号牌在单线区间施工、双线区间一条线路上施工、双线区间两条线路上施工的停车防护办法如图 4－9、图 4－10、图 4－11 所示。

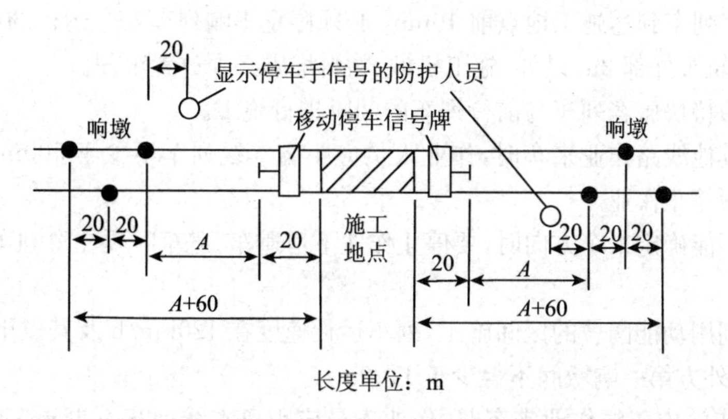

图 4－9　单线区间施工停车防护图

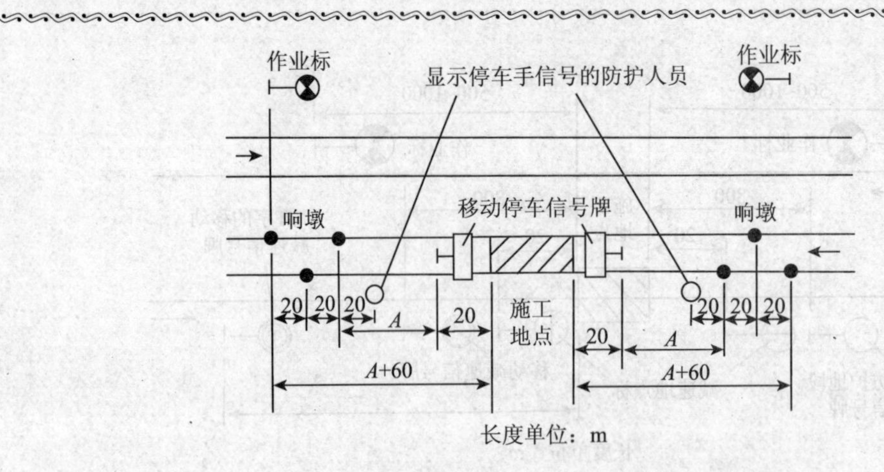

图 4－10　双线区间一条线上施工停车防护图

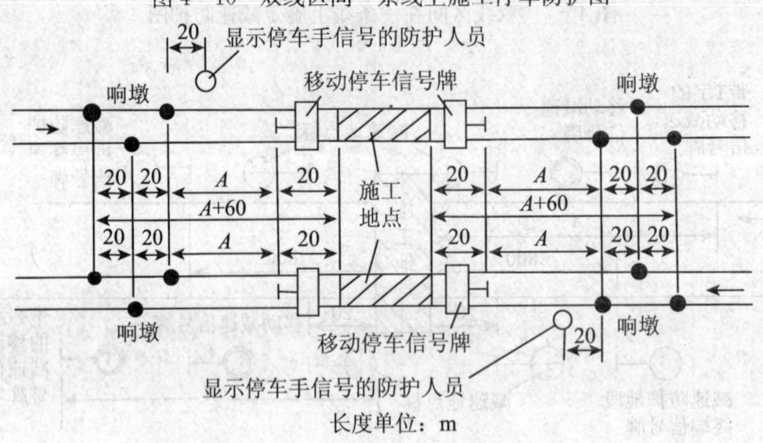

图 4－11　双线区间两条线上施工停车防护图

二、既有线路施工行走安全管理

(1)在行车线上施工的人员在走行的时候，应走路肩和人行道；不得几人并行、打闹；不得穿戴红、绿色衣服和围巾；不得用衣帽等物裹严双耳；携带工具时要保持一定的距离；在通过道口或跨越线路的时候，必须执行“一站、二看、三通过”的制度；严禁钻车、扒车、跳车。

(2)特快旅客列车到达施工地点前 10min，必须停止影响列车安全运行的施工，且人员、设备等应撤至距钢轨头外部 2m 以外，施工机械、物料堆码必须放置牢固。

(3)不得利用特快旅客列车与前行列车的间隔进行施工。

(4)在站内其他线路作业来车时，作业人员应距离本线列车不少于 500m 下道避车；邻线可不下道，但必须停止作业。

(5)在站内不能确定来车方向时，要停止作业下道避车，避车时要注意列车掉物或篷布、绳索伤人。

(6)在规定利用动能闯坡的区间施工，列车运行速度在 120km/h 及其以下线路，其防护距离自施工地点最外方第一响墩间不得少于 1100m。

(7)在区间或站内正线作业来车时，作业人员应距离本线列车不少于 800m、邻线不少于 500m 下道避车。在区间或站内正线作业来车时，慢行条件下可距离本线列车 500m 下道避车，邻线可不下道，但必须停止作业注意本线来车。

(8)严禁作业人员跳车、钻车、扒车和由车底下、车钩上传递工具材料。休息时应到安全地点,不得坐钢轨上、枕木头、道心内、两线中间等危险地带或停留的车底下,在桥遂作业应到指定的地点。绕行停留车辆时其距离不少于5m,并注意车辆动态和邻线开来的列车。

(9)雷雨天气应注意防止雷击。

三、既有线路临时道口安全施工管理

(1)施工临时道口应为有人不间断看守道口,施工单位必须向所在工务部门办理申请手续,经分局批准后,与工务部门签定安全协议后设置。设置的要求是:应有人看守,并配置道口基本设备和防护信号设备;应组织有关部门检查道口的设置情况,经检查合格后,由批准单位通知施工单位正式启用;一般不宜采用加宽既有人行过道的方式。

(2)道口设备分为基本设备和防护信号设备,基本设备包括:平台、坡度、铺面、看守房、栏杆、室外照明、电话等,防护设备包括信号旗、信号灯等,

(3)各种道口标志及栏木、护柱等,应经常保持齐全、鲜明,信号备品要齐全完好。

(4)道口看守人员必须专职专用、坚守岗位、认真瞭望,按时开关栏木和显示信号,保证铁路和施工车辆的安全。

(5)不论使用时间长短,均应有严格的岗位责任制,交接班制和工作细则。

(6)施工临时道口为施工专用道口,栏木以关闭为定位,在施工车辆通过时由看守人员开放栏木。道口关闭时应关闭和锁定栏木。

(7)道口启用后,施工单位要加强维修养护,且确保道口设备处于良好状态。

(8)临时道口的使用期限一般为1年,如确因需要而延长时,应提前补办手续,用毕后拆除,恢复线路原状,办理移交手续。

(9)机动车通过道口的速度不得超过20km/h,不准在道口处转弯调头。

(10)特别笨重、巨大的车辆及可能干扰铁路运输的物体通过道口时,应采取相应的措施。履带车通过时,必须垫枕木或胶皮,以免影响轨道电路。

四、既有线路施工防洪安全管理要点

(1)施工单位应在汛期到来之前制定防洪措施,建立防洪组织,明确人员分工,准备充足的草袋、土、枕木等防洪材料。

(2)施工单位应在汛前对影响路基稳定和侵占河道阻碍防洪的工程进行检查,必要时会同工务部门共同确定汛前必须处理的项目并限期完成。

(3)按规定完成防洪工程,凡是确定为防洪工程或按防洪工程抢险的工程,一般要在汛期到来之前完成。

(4)清理既有线的排水设施,消除沿线的危石,对影响河床排洪的基础围堰等要在雨季之前清除,施工中破坏的既有线排水设施要在汛期前恢复。

(5)合理安排汛期施工。对影响既有线路基稳定的工程尽可能避开雨季施工,对临近既有线的山坡、路堑已经开挖的地段,要加快施工进度,赶在汛期前完成。

(6)桥涵工程雨季施工,必须制定周密的安全措施,保证基坑、工作坑抽排水设备正常工作。暴雨时应加强对既有线变化的监测,并派专人日夜监护,随时准备抢修。

第五章　建筑工程安全施工技术管理

本章的建筑工程安全施工技术管理主要介绍了各项工程技术交底、土方工程安全施工技术管理要点、桩基工程安全施工技术管理要点、砌筑工程安全施工技术管理要点、脚手架安全施工技术管理要点、模板工程安全施工技术管理要点、钢筋工程安全施工技术管理要点、混凝土工程安全施工技术管理要点以及抹灰安全施工技术管理要点等内容。

第一节　施工安全施工基本要求

一、建筑工程施工现场的分项安全管理要求

1. 一般工程施工现场基本要求

(1)平面布置。开工前,在施工组织设计或施工方案中,必须有详细的施工平面布置图。其中运输道路(便道)、车间、施工用电、管道、仓库,以及主要机械设备的位置、生活办公等临时设施的布局都要符合相应的安全要求。

工地四周要尽量采取围护等措施与外界隔离,入口处应有包含工程名称、施工单位名称、平面布置图、施工概况、安全纪律等内容的简介牌。

工地排水设施应全面规划,与整体布局和周围环境协调,并经常疏通。城市施工还要有沉淀设备。

(2)道路运输。工地的人行道、车道应坚实平坦,保持畅通,并适应工程的需要。便道要尽量减少弯道和交叉,必要时要设立警告标志和防护墩、桩等,如运输繁忙,还应安排专人指挥交通。

(3)材料堆放。一切建筑施工器材都应定点分类存放,堆码整齐稳固。严禁靠近场地围栏及其他建筑物墙壁堆置,且其间距要保证堆垛倾倒等意外情况不影响墙、栏安全,两头的空间应予封闭,防止有人非工作原因进入而发生意外。

作业中使用剩余的器材及拆除下来的模板、脚手架和废料等都应及时回收,并且将钉子拔掉或者打弯后再集中存放。

要采取必要的防火措施,如大量的油漆等材料应该放置在专用仓库内。

(4)施工现场的安全设施。安全网、洞口盖板、护栏、登高设施、防护罩等安全设施和装置必须齐全有效,不得擅自拆除或移动,如确实因为施工的需要而移动,必须经工地负责人同意,并在采取了替代措施后进行,完工后应立即恢复。

(5)安全标牌。施工现场除应设置安全宣传标语外,重点部位还必须悬挂相应的警示或禁止标志,必要时在夜间还要设置红灯或夜光材料示警。

2. 特殊工程施工

对于施工工艺、方法有特殊要求的特殊工程,除遵守一般工程的基本要求外,还要根据工程的特点要求等制定有针对性的安全管理和安全技术措施。其基本要求是:

(1)编制特殊工程现场安全管理制度并向参加施工的全体人员进行安全教育和交底。

(2)强化安全监督检查制度,并认真做好记录。

(3)对于从事危险作业的人员要采取必要的检测和监护措施,如在容器内作业、潜水作业等。

(4)施工现场要设医务室或派医务人员。

(5)必要时要备有灭火、防爆炸、防毒等器材或物资。

3.防火

在编制施工组织设计或方案时,应有消防安全要求。施工现场要明确划分用火作业区;各区域的间距要符合防火规定;配备足够的灭火器材。

4.防爆

对于爆破器材的储存、保管、领用要严格按照规定执行;各种气瓶的运输、存放、使用必须按照有关规定执行;对于易燃、易爆物品要根据其特点采取相应的防爆措施。

二、建筑工程分部(分项)工程安全施工技术交底内容

(1)分项工程及施工工序开工前,必须进行书面安全技术交底,并讲解安全技术操作方法、预防事故措施和劳动保护要求。

(2)交底内容除包括各项安全技术措施外,还应有施工场所、环境(如高压线、地下管线)、用电防火和季节性特点的安全生产事项。

(3)多工种交叉作业应向各工种进行"安全防护措施"交底。

(4)分部(分项)安全技术交底要有针对性,双方实行签字手续,各执一份。

(5)分部(分项)工程与特种作业安全技术交底如表 5－1～表 5－16 所示。

表 5－1　人工挖孔桩工程安全技术交底

单位工程名称		施工单位		天气	
施工部位		施工内容			
安全技术交底内容	(1)按照施工方案的要求作业 (2)挖孔、起吊、护壁、余渣运输等所使用的一切设备、设施、安全装置、防毒面具工具、配件、材料和个人劳动防护用品,使用前应检查,确保使用的安全 (3)每天必须有专人进行有毒气体检测并做好记录,符合要求才可下孔作业 (4)开挖过程必须有专人监视桩孔的施工情况 (5)孔桩开挖按规定的距离进行跳挖,每挖深 500～800mm 就护壁一次 (6)第一次护壁要高于孔口 250mm,按规定做好孔口的防护设施 (7)孔内作业照明应采用安全矿灯或 12V 以下的安全电压 (8)下孔人员必须戴安全帽、系安全带、由刚性爬梯上进人,成孔或作业下班后,必须在孔周围设1.2m高的护栏和盖孔口板 (9)挖孔抽水时,作业人员必须上地面后才可进行,抽水后电源必须断开 (10)验收合格方可进行作业,未经验收或验收不合格,不准进行下一道工序作业				
施工现场针对性安全交底					
交底人签名		接受交底负责人签名		交底时间	年　月　日
作业人员签名					

注:本表一式两份,班组自存一份,资料室归档一份。

表 5—2　土方工程安全技术交底

<table>
<tr><td>单位工程名称</td><td colspan="2"></td><td>施工单位</td><td colspan="2"></td><td>天气</td><td></td></tr>
<tr><td>施工部位</td><td colspan="2"></td><td>施工内容</td><td colspan="4"></td></tr>
<tr><td>安全技术交底内容</td><td colspan="7">(1)按照施工方案的要求作业
(2)人工挖土时应由上而下，逐层挖掘，严禁偷岩或在大石下挖土，夜间应有充足的照明
(3)在深基坑操作时，应随时注意土壁的变动情况，如发现有大面积裂缝现象，必须暂停施工，报告项目经理进行处理
(4)在基坑或深井下作业时，必须戴安全帽，严防上面土块及其物体下落砸伤头部，遇有地下水渗出时，应把水引到集水井加以排除
(5)挖土方时，如发现有不能辨认的物品或事先没有预见到的电缆等，应及时停止操作，报告上级处理，严禁敲击或玩弄
(6)人工吊运泥土，应检查工具、绳索、钩子是否牢靠，起吊时重线下不得有人，用车子运土，应平整走道，清除障碍
(7)在水下作业，必须严格检查电器的接地或接零和漏电保护开关，电缆应完好，并穿戴防护用品
(8)修坡时，按照要求进行，人员不能过于集中，如土质比较差时，应指定专人看管
(9)验收合格方可进行作业，未经验收或验收不合格，不准进行下一道工序作业</td></tr>
<tr><td>施工现场针对性安全交底</td><td colspan="7"></td></tr>
<tr><td>交底人签名</td><td></td><td>接受交底负责人签名</td><td colspan="2"></td><td>交底时间</td><td colspan="2">年　月　日</td></tr>
<tr><td>作业人员签名</td><td colspan="7"></td></tr>
</table>

注：本表一式两份，班组自存一份，资料室归档一份。

表 5—3　脚手架搭设、拆除工程安全技术交底

<table>
<tr><td>单位工程名称</td><td></td><td>施工单位</td><td colspan="3"></td><td>天气</td><td></td></tr>
<tr><td>施工部位</td><td></td><td>施工内容</td><td colspan="5"></td></tr>
<tr><td>安全技术交底内容</td><td colspan="7">(1)按照施工方案的要求作业
(2)安装、拆除人员必须按高处作业要求系好安全带
(3)按规定处理好基层,内排柱离建筑物不得大于 200mm
(4)剪刀撑控制在 45°～60°的范围之内,按规定连接
(5)立网拉挂平整顺直,网连接材料要符合要求
(6)平桥满铺,不得留空头板,保证有 3 个支撑点绑扎固定
(7)拉顶点按规范设置,拉顶材料要符合规范要求
(8)主要通道必须按规范搭设双层平挡板,斜桥角度按规定搭设
(9)拆除时材料应垂直放下,设警戒线,不得随意抛落
(10)验收合格方可进行作业,未经验收或验收不合格,不准进行下一道工序作业</td></tr>
<tr><td>施工现场针对性安全交底</td><td colspan="7"></td></tr>
<tr><td>交底人签名</td><td></td><td>接受交底负责人签名</td><td></td><td>交底时间</td><td colspan="3">年　月　日</td></tr>
<tr><td>作业人员签名</td><td colspan="7"></td></tr>
</table>

注:本表一式两份,班组自存一份,资料室归档一份。

表 5—4 附着式升降脚手架工程安全技术交底

<table>
<tr><td>单位工程名称</td><td colspan="2"></td><td>施工单位</td><td colspan="2"></td><td>天气</td><td></td></tr>
<tr><td>施工部位</td><td colspan="2"></td><td>施工内容</td><td colspan="4"></td></tr>
<tr><td>安全技术交底内容</td><td colspan="7">(1)按照施工方案的要求作业
(2)架体按规范搭设剪刀撑，每层满铺脚手板，设高度不少于 180mm 的踢脚板
(3)落实架体安全防护设施，离建筑物的间隙控制在 200mm 之内，间隙设活动盖板遮盖
(4)保证架体高出工作面的规范高度，以满足施工安全防护要求
(5)提升、降落统一指挥，各岗位人员必须坚守岗位，不得擅离岗位
(6)总控制开关人员必须服从总指挥外，任何人不得指挥控制台的工作
(7)提升前全面检查并清除一切障碍物，提升后全面检查各部件连接是否符合要求
(8)验收合格方可进行作业，未经验收或验收不合格，不准进行下一道工序作业</td></tr>
<tr><td>施工现场针对性安全交底</td><td colspan="7"></td></tr>
<tr><td>交底人签名</td><td></td><td>接受交底负责人签名</td><td></td><td>交底时间</td><td colspan="3">年 月 日</td></tr>
<tr><td>作业人员签名</td><td colspan="7"></td></tr>
</table>

注：本表一式两份，班组自存一份，资料室归档一份。

表 5—5　龙门架安装、拆卸工程安全技术交底

单位工程名称		施工单位		天气	
施工部位		施工内容			
安全技术交底内容	(1)按照施工方案的要求作业 (2)安装、拆卸人员必须按高处作业要求系好安全带 (3)组装后必须全面进行空载、动载和有效超载试验,设防护装置 (4)安装拆卸过程中,严禁人员乘吊篮升降及攀登架体和从架体下面穿越 (5)缆风绳选用钢丝绳,直径不少于 9.3mm,按规定设置,与面夹角在 45°～60°之间 (6)缆风绳不得拴在树上、电杆或物料堆等物体上 (7)拆除应按规定从上至下,物件放下应有措施,不得随意抛落 (8)验收合格方可进行作业,未经验收或验收不合格,不准进行下一道工序作业				
施工现场针对性安全交底					
交底人签名		接受交底负责人签名		交底时间	年　月　日
作业人员签名					

注:本表一式两份,班组自存一份,资料室归档一份。

表 5—6 塔吊安装、拆卸工程安全技术交底

<table>
<tr><td>单位工程名称</td><td></td><td>施工单位</td><td></td><td>天气</td><td></td></tr>
<tr><td>施工部位</td><td></td><td>施工内容</td><td colspan="3"></td></tr>
<tr><td>安全技术交底内容</td><td colspan="5">(1)专人指挥,相互配合,确保安全生产
(2)高处作业人员严格遵守安全技术规范
(3)安装及拆卸作业区内禁止闲人逗留
(4)认真检查吊装用的钢丝套、卡环,严格按更新标准及时更新
(5)认真检查各连接螺栓、锁轴,发现损坏、疲劳、开裂的应及时更新
(6)要紧固严密液压顶升系统各部分管接头
(7)拆除影响安全作业的电线,检查电缆电线的绝缘是否良好,电机接线是否正确,各行程开关动作是否灵敏可靠
(8)必须有完好的接地设施,接地电阻值不得大于 4Ω
(9)确保安全装置良好有效,如起重限制器、力矩限制器、度限制器、行程限制器和吊钩保险,卷筒保险装置
(10)验收合格方可进行作业,未经验收或验收不合格,不准进行下一道工序作业</td></tr>
<tr><td>施工现场针对性安全交底</td><td colspan="5"></td></tr>
<tr><td>交底人签名</td><td></td><td>接受交底负责人签名</td><td></td><td>交底时间</td><td>年 月 日</td></tr>
<tr><td>作业人员签名</td><td colspan="5"></td></tr>
</table>

注:本表一式两份,班组自存一份,资料室归档一份。

表 5—7 外用电梯安装、拆卸工程安全技术交底

<table>
<tr><td>单位工程名称</td><td colspan="2"></td><td>施工单位</td><td colspan="2"></td><td>天气</td><td></td></tr>
<tr><td>施工部位</td><td colspan="2"></td><td>施工内容</td><td colspan="4"></td></tr>
<tr><td>安全技术交底内容</td><td colspan="7">(1)安装、拆卸过程有专人统一指挥,并熟悉图纸
(2)装上两节立柱后,在其两个方向调整垂直度,把平衡重梯就位
(3)安装后调试梯笼,调试导滚轮与导轨间隙,并在离地面 10m 高度内上下运动试验
(4)按规定安装附壁连接系统,安装完毕后进行整机运行调试
(5)拆卸时,先把平衡铁拆下放平,拆下钢丝绳及天轮组
(6)安装拆卸附壁杆及各层通道架铺板时,梯笼应随之停置在作业层高度,不得在拆除过程中同时上下运行
(7)安装和拆卸人员必须按高处作业要求挂好安全带
(8)验收合格方可进行作业,未经验收或验收不合格,不准进行下一道工序作业</td></tr>
<tr><td>施工现场针对性安全交底</td><td colspan="7"></td></tr>
<tr><td>交底人签名</td><td></td><td colspan="2">接受交底负责人签名</td><td></td><td>交底时间</td><td colspan="2">年 月 日</td></tr>
<tr><td>作业人员签名</td><td colspan="7"></td></tr>
</table>

注:本表一式两份,班组自存一份,资料室归档一份。

表5—8 模板工程安全技术交底

<table>
<tr><td>单位工程名称</td><td colspan="2"></td><td>施工单位</td><td colspan="2"></td><td>天气</td><td></td></tr>
<tr><td>施工部位</td><td colspan="2"></td><td>施工内容</td><td colspan="4"></td></tr>
<tr><td>安全技术交底内容</td><td colspan="7">(1)按照施工方案的要求作业
(2)模板安装按施工设计进行，严禁随意变动，支顶必须有垫块
(3)上层和下层支柱在同一垂直线上，模板及其支撑系统在安装过程中，必须设置临时固定设施
(4)支柱全部安装完毕后，应及时沿横向和纵向加设水平撑和垂剪刀撑
(5)支柱高度小于4m时，水平撑应设上下两道，两道水平撑之间，在纵、横向加设剪刀撑
(6)拆除时严格遵守安全规定，高处、复杂结构模板拆除应有专人指挥，严禁非操作人员进入作业区
(7)拆除的模板、柱杆、支撑要及时运走，妥善堆放
(8)拆除板、梁、柱墙板时，在4m以上作业时应搭设脚手架或操作台，并设防护栏杆，严禁在同一垂直面上操作
(9)安装及拆除柱、墙、板的操作层，从首层以上各层应安装安全平网。进行拆除作业时，应设置警示标牌
(10)验收合格方可进行作业，未经验收或验收不合格，不准进行下一道工序作业</td></tr>
<tr><td>施工现场针对性安全交底</td><td colspan="7"></td></tr>
<tr><td>交底人签名</td><td></td><td colspan="2">接受交底负责人签名</td><td></td><td>交底时间</td><td colspan="2">年 月 日</td></tr>
<tr><td>作业人员签名</td><td colspan="7"></td></tr>
</table>

注：本表一式两份，班组自存一份，资料室归档一份。

表 5—9　钢筋工程安全技术交底

<table>
<tr><td>单位工程名称</td><td colspan="2"></td><td>施工单位</td><td colspan="2"></td><td>天气</td><td></td></tr>
<tr><td>施工部位</td><td colspan="2"></td><td>施工内容</td><td colspan="4"></td></tr>
<tr><td>安全技术交底内容</td><td colspan="7">(1)切断机固定的活动刀之间水平间隙控制在 0.5～1mm 之间，断料时活动刀向后退，才可送料入刀口。严禁切烧红的钢筋及超过刀刃硬度的材料。使用前空载试运行正常后才能使用
(2)弯曲机使用前全面检查一次，并空载运转，运转过程不能加油或抹车床。屈曲的钢筋不准用弯曲机调直。弯曲钢筋时按规定的钢筋直径、根数进行操作
(3)冷拉机的作业区警示标志、防护栏杆、两端地锚是否有效，防护罩是否牢固，钢丝绳不能有损，符合使用安全才能运作
(4)绑扎基础钢筋时按规定摆放支架或马凳架起钢筋，不得任意减少，操作前应检查基坑土壁和支撑是否牢固
(5)绑扎主柱、墙体钢筋，不得站在钢筋前架上操作和攀登骨架上下，柱筋在 4m 以上时，应搭设工作台，柱、墙梁、骨架应用临时支撑拉牢，以防倾倒
(6)高处绑扎和安装钢筋，不得将钢筋集中堆放在模板或脚手架上，尽量避免在高处修整、板弯钢筋。在操作前，应系安全带
(7)安装绑扎钢筋时，不得碰撞电线，在深基础或夜间施工需要使用移动式行灯照明时，电压不得超过 36V
(8)验收合格方可进行作业，未经验收或验收不合格，不准进行下一道工序作业</td></tr>
<tr><td>施工现场针对性安全交底</td><td colspan="7"></td></tr>
<tr><td>交底人签名</td><td></td><td colspan="2">接受交底负责人签名</td><td></td><td>交底时间</td><td colspan="2">年　月　日</td></tr>
<tr><td>作业人员签名</td><td colspan="7"></td></tr>
</table>

注：本表一式两份，班组自存一份，资料室归档一份。

表5－10 混凝土工程安全技术交底

<table>
<tr><td>单位工程名称</td><td colspan="2"></td><td>施工单位</td><td></td><td>天气</td><td></td></tr>
<tr><td>施工部位</td><td colspan="2"></td><td>施工内容</td><td colspan="3"></td></tr>
<tr><td>安全技术交底内容</td><td colspan="6">(1)车子向料斗倒料,应有挡车措施,不得用力过猛和撒把,脚不得踏在料斗上,料升起时斗的下方不得站人。清理料斗下砂石时,必须将两条斗链扣牢
(2)在搅拌机运转过程中,不得将工具伸入滚筒内
(3)用井架运输时,小车车把不得伸出笼外,车轮前后要楔牢
(4)浇灌框架梁柱混凝土,要注意观察模板、顶架情况,发现异常及时报告,不准直接站在模板或支撑上操作
(5)在浇灌结构边沿的柱、梁混凝土时,外部应有平桥或安全网等必要的安全措施
(6)在浇灌深基坑混凝土前的施工过程中,应检查基坑边质有无崩、倾、塌的危险,如发现情况,应立即报告并采取措施
(7)使用振动棒时应穿戴防护用品,用装有漏电保护开关的控制箱,控制箱应架空放置
(8)验收合格方可进行作业,未经验收或验收不合格,不准进行下一道工序作业</td></tr>
<tr><td>施工现场针对性安全交底</td><td colspan="6"></td></tr>
<tr><td>交底人签名</td><td></td><td>接受交底负责人签名</td><td></td><td>交底时间</td><td colspan="2">年　月　日</td></tr>
<tr><td>作业人员签名</td><td colspan="6"></td></tr>
</table>

注:本表一式两份,班组自存一份,资料室归档一份。

表 5－11　砌砖、抹灰工程安全技术交底

<table>
<tr><td>单位工程名称</td><td colspan="2"></td><td colspan="2">施工单位</td><td></td><td>天气</td><td></td></tr>
<tr><td>施工部位</td><td colspan="2"></td><td colspan="2">施工内容</td><td colspan="3"></td></tr>
<tr><td>安全技术交底内容</td><td colspan="7">(1)用小车运送红砖、砂浆时应注意稳定，进入吊笼应停平放稳，禁止整车倾卸
(2)上落脚手架应走斜道，不准站在砖墙上进行砌砖抹灰、划线称角、清扫墙壁面等工作
(3)严格检查作业面附近的预留洞口、临边的封蔽、防护设施，严禁在封蔽不符合要求的预留洞口上作业
(4)砌砖、抹灰使用工具应放置稳妥，斩砖时应向墙内斩砖，严禁随意向下扔砖头杂物等
(5)脚手架上堆砖，只允许单行侧摆三层，工作完毕后应清理干净
(6)山墙砌完后应立即安放檩条或加临时支撑固定
(7)验收合格方可进行作业，未经验收或验收不合格，不准进行下一道工序作业</td></tr>
<tr><td>施工现场针对性安全交底</td><td colspan="7"></td></tr>
<tr><td>交底人签名</td><td></td><td colspan="2">接受交底负责人签名</td><td></td><td>交底时间</td><td colspan="2">年　月　日</td></tr>
<tr><td>作业人员签名</td><td colspan="7"></td></tr>
</table>

注：本表一式两份，班组自存一份，资料室归档一份。

表 5-12 搅拌机操作安全技术交底

<table>
<tr><td>单位工程名称</td><td colspan="2"></td><td>施工单位</td><td colspan="2"></td><td>天气</td><td></td></tr>
<tr><td>施工部位</td><td colspan="2"></td><td>施工内容</td><td colspan="4"></td></tr>
<tr><td>安全技术交底内容</td><td colspan="7">(1)操作要持证上岗,专人专机
(2)必须按照配合比要求下料,严格控制水灰比
(3)开机前必须检查机械是否正常运转,发现问题及时报告
(4)机器未停稳,禁止进行装料及排除故障的作业。排除设备故障须断电源
(5)每天完工后,要及时清理干净,断开电源。电箱加锁后才能下班</td></tr>
<tr><td>施工现场针对性安全交底</td><td colspan="7"></td></tr>
<tr><td>交底人签名</td><td></td><td>接受交底负责人签名</td><td></td><td>交底时间</td><td colspan="3">年 月 日</td></tr>
<tr><td>作业人员签名</td><td colspan="7"></td></tr>
</table>

注:本表一式两份,班组自存一份,资料室归档一份。

表 5—13　卷扬机操作安全技术交底

<table>
<tr><td>单位工程名称</td><td colspan="2"></td><td>施工单位</td><td colspan="2"></td><td>天气</td><td></td></tr>
<tr><td>施工部位</td><td colspan="2"></td><td>施工内容</td><td colspan="4"></td></tr>
<tr><td>安全技术交底内容</td><td colspan="7">(1)必须持证上岗,专人专机,禁止把设备交给无证人员操作
(2)作业前,应检查钢丝绳、离合器、制动器、保险棘轮、动轮等,确认安全可靠,方准操作
(3)钢丝绳在卷筒上必须排列整齐,作业中最少保留三圈
(4)不得擅离岗位,工作中必须集中精神,注意指挥信号,信号不明或可能引起事故时,应暂停操作,待弄清情况后方可继续作业
(5)发现层间闸门未关闭时,提示装运人员关好闸门方可开机运行,井架吊篮禁止载人
(6)作业中突然停电,应采取应急措施,防止吊篮下滑及来电后卷扬机突然启动
(7)做好设备保养工作,并做好保养和操作记录,发现异常情况随时报告
(8)当班工作完毕后,吊篮必须返回首层,断开电源,电箱加锁才能下班</td></tr>
<tr><td>施工现场针对性安全交底</td><td colspan="7"></td></tr>
<tr><td>交底人签名</td><td></td><td colspan="2">接受交底负责人签名</td><td></td><td>交底时间</td><td colspan="2">年　　月　　日</td></tr>
<tr><td>作业人员签名</td><td colspan="7"></td></tr>
</table>

注:本表一式两份,班组自存一份,资料室归档一份。

表 5—14 电焊工操作安全技术交底

<table>
<tr><td>单位工程名称</td><td></td><td>施工单位</td><td colspan="2"></td><td>天气</td><td></td></tr>
<tr><td>施工部位</td><td></td><td>施工内容</td><td colspan="4"></td></tr>
<tr><td>安全技术交底内容</td><td colspan="6">(1)电焊工须持特种作业证上岗,作业证过期或未年审的不准施焊作业
(2)施焊作业必须办理动火审批手续
(3)电焊机外壳,必须接地良好,要有触电保护器,电源的拆装应由电工完成
(4)电焊机要设单独的开关,开关应在防雨的开关箱内
(5)焊钳与把线必须绝缘良好,连接牢固,更换焊条要戴手套。在潮湿地点工作,应站在绝缘胶板或木板上
(6)严禁在带压力的容器或管道上施焊,焊接带电的设备必须先切断电源
(7)焊接储存过易燃、易爆、有毒物品的容器或管道,必须清除干净,并将所有气孔打开
(8)在密闭金属容器内施焊,容器必须可靠接地,通风良好,并应有监护。严禁向容器内输氧气
(9)雷雨时,应停止露天施焊作业
(10)施焊场地周围应清除易燃易爆物品,或进行覆盖、隔离,并在施焊部位配备灭火器
(11)焊点下方未设接火斗时不准施焊作业
(12)4 级大风及以上不准施焊作业
(13)必须在易燃易爆气体或液体扩散区施焊时,应经有关部门检试许可后方可施焊
(14)作业结束后,应切断焊机电源,并检查作业地点,确认无起火危险后,方可离开</td></tr>
<tr><td>施工现场针对性安全交底</td><td colspan="6"></td></tr>
<tr><td>交底人签名</td><td></td><td>接受交底负责人签名</td><td></td><td>交底时间</td><td colspan="2">年 月 日</td></tr>
<tr><td>作业人员签名</td><td colspan="6"></td></tr>
</table>

注:本表一式两份,班组自存一份,资料室归档一份。

表5—15　气焊工操作安全技术交底

<table>
<tr><td>单位工程名称</td><td colspan="2"></td><td>施工单位</td><td colspan="2"></td><td>天气</td><td></td></tr>
<tr><td>施工部位</td><td colspan="2"></td><td>施工内容</td><td colspan="4"></td></tr>
<tr><td>安全技术交底内容</td><td colspan="7">(1)电焊工需持特种作业证上岗,作业证过期未年审的不准施焊作业
(2)施焊作业必须办理动火审批手续
(3)电焊机外壳,必须接地良好,要有触电保护器,电源的拆装应由电工完成
(4)电焊机要设单独的开关,开关应在防雨的开关箱内
(5)乙炔气瓶必须装减压阀和防回火装置,乙炔瓶与氧气瓶之间距离不得少于5m,严禁平放,严禁暴晒,距易燃易爆物品和明火的距离不得少于10m。检验是否漏气,要用肥皂水,严禁用明火
(6)氧气瓶、氧气表及焊割工具上,严禁沾染油脂
(7)气瓶的购、运、储存和领用必须严格执行公安部门的有关规定
(8)点火时,焊枪口不准对人,正在燃烧的焊枪不得放在工件或地面上。带有乙炔和氧气时,不准放在金属容器内,以防气体逸出引发燃烧事故
(9)严禁在带压力的容器或管道上施焊,焊接带电的设备必须先切断电源
(10)焊接储存过易燃、易爆、有毒物品的容器或管道,必须清除干净,并将所有气孔打开
(11)作业结束,应净气瓶气阀关好,拧上安全罩,检查作业地点,确认无起火危险后,方可离开</td></tr>
<tr><td>施工现场针对性安全交底</td><td colspan="7"></td></tr>
<tr><td>交底人签名</td><td></td><td colspan="2">接受交底负责人签名</td><td></td><td>交底时间</td><td colspan="2">年　　月　　日</td></tr>
<tr><td>作业人员签名</td><td colspan="7"></td></tr>
</table>

注:本表一式两份,班组自存一份,资料室归档一份。

表 5－16 防水操作安全技术交底

<table>
<tr><td>单位工程名称</td><td></td><td>施工单位</td><td></td><td>天气</td><td></td></tr>
<tr><td>施工部位</td><td></td><td>施工内容</td><td colspan="3"></td></tr>
<tr><td>安全技术交底内容</td><td colspan="5">(1)进入现场戴好安全帽、防毒口罩及其他安全防毒用具，扎紧袖口、裤，手不得直接与沥青、油性材料接触
(2)作业前，应检查所用工具是否牢固可靠。脚手架搭设牢固，不摆动。暂停作业时，应将工具放置稳妥，严禁抛掷工具及废料
(3)使用需调配材料，应先在地面调好后，再送至使用地区，用后要及时封存好剩余材料
(4)材料堆放必须运离火源，有毒性物品必须封存，并且配置消防器材
(5)运送材料时，当心坠落伤人，施工过程中严禁靠近烟火，同时，必须随身携带灭火器材
(6)操作人员操作时，如有头痛、恶心现象，应停止作业。患有材料刺激过敏人员，不得参加相应的工作
(7)屋面临边作业，高处作业，应有 1.2m 高的护栏，且挂扣安全带</td></tr>
<tr><td>施工现场针对性安全交底</td><td colspan="5"></td></tr>
<tr><td>交底人签名</td><td></td><td>接受交底负责人签名</td><td></td><td>交底时间</td><td>年 月 日</td></tr>
<tr><td>作业人员签名</td><td colspan="5"></td></tr>
</table>

注：本表一式两份，班组自存一份，资料室归档一份。

第二节　建筑主要工程安全施工技术

一、土方工程安全施工

(1)进入坑井前应当检查坑井内是否有沼气等有毒气体,确认无有毒气体后方可作业,还应保持坑井内通风良好,发现异常现象应马上停止作业,并报告施工员或班组长处理。

(2)挖掘土方应该从上而下施工,两人操作间距保持2～3m,禁止采用挖空地脚或掏洞挖掘的操作方法。

(3)挖土时要随时注意土壁的变异情况,如发现有裂纹或部分塌落现象,要立即撤离现场,报告施工负责人。

(4)吊运土方或其他物料时,其绳索、滑轮、吊钩、吊篮等应完好牢固,起吊时垂直下方不得站人。

(5)在挖土机挖铲回转半径范围内,不得同时进行其他工作。

(6)坑边1m内不得堆土堆料,高度不得超过1.5m。

(7)拆除固壁支撑应自下而上进行,填好一层,再拆一层;不可一次拆完。

(8)蛙式打夯机操作电源开关必须使用定向开关;严禁使用倒顺开关。

(9)操作蛙式打夯机必须穿胶底鞋(靴),戴绝缘手套,搬运打夯机必须拉闸断电;停电时,须拉闸断电,锁好开关箱。

二、基坑支护安全施工

(1)支护结构的选型应考虑结构的空间效应和基坑特点,选择有利支护的结构形式或采用几种形式相结合。

(2)当采用悬臂式结构支护时,基坑深度不宜大于6m。基坑深度超过6m时,可选用单支点和多支点的支护结构。地下水位低的地区和能保证降水施工时,也可采用土钉支护。

(3)寒冷地区基坑设计应考虑土体冻胀力的影响。

(4)支撑安装必须按设计位置进行,施工过程严禁随意变更,并应切实使围檩与挡土桩墙结合紧密。挡土板或板桩与坑壁间的回填土应分层回填夯实。

(5)支撑的安装和拆除顺序必须与设计工况相符合,并与土方开挖和主体工程的施工顺序相配合。分层开挖时,应先支撑后开挖;同层开挖时,应边开挖边支撑。支撑拆除前,应采取换撑措施,防止边坡卸载过快。

(6)钢筋混凝土支撑,其强度必须达设计要求(或达75%)后,方可开挖支撑面以下土方;钢结构支撑必须严格材料检验和保证节点的施工质量,严禁在负荷状态下进行焊接。

(7)应合理布置锚杆的间距与倾角,锚杆上下间距不宜小于2.0m,水平间距不宜小于1.5m;锚杆倾角宜为15°～25°,且不应大于45°。最上一道锚杆覆土厚不得小于4m。

(8)锚杆的实际抗拔力除经计算外,还应按规定方法进行现场试验后确定。可采取提高锚杆抗力的二次压力灌浆工艺。

(9)采用逆做法施工时,要求其外围结构必须有自防水功能。基坑上部机械挖土的深度,应按地下墙悬臂结构的应力值确定;基坑下部封闭施工,应采取通风措施;当采用电梯间作为垂直运输的井道时,对洞口楼板的加固方法应由工程设计确定。

(10)逆做法施工时，应合理地解决支撑上部结构的单柱单桩与工程结构的梁柱交叉及节点构造并在方案中预先设计，当采用坑内排水时必须保证封井质量。

三、桩基工程的安全施工

1. 一般安全要求

(1)桩基施工应按施工方案要求进行。打桩作业区应有明显标志或围栏，作业区上方应无架空线路。

(2)预制桩施工桩机作业时，严禁吊装、吊锤、回转、行走动作同时进行；桩机移动时，必须将桩锤落至最低位置；施打过程中，操作人员必须距桩锤 5m 以外监视。

(3)沉管灌注桩施工，在未灌注混凝土和未沉管以前，应将预钻的孔口盖严。

2. 人工挖孔桩施工

(1)各种大直径桩的成孔，应首先采用机械成孔。当采用人工挖孔或人工扩孔时，必须经上级主管部门批准后方可施工。

(2)应由熟悉人工挖孔桩施工工艺、遵守操作规定和具有应急监测自防护能力的专业施工队伍施工。

(3)开挖桩孔应从上自下逐层进行，挖一层土及时浇筑一节混凝土护壁。第一节护壁应高出地面 300mm。

(4)距孔口顶周边 1m 搭设围栏。孔口应设安全盖板，当盛土吊桶自孔内提出地面时，必须将盖板关闭孔口后，再进行卸土。孔口周边 1m 范围内不得有堆土和其他堆积物。

(5)提升吊桶的机构其传动部分及地面扒杆必须牢靠，制作、安装应符合施工设计要求。人员不得乘盛上吊桶上下，必须另配钢丝绳及滑轮并有断绳保护装置，或使用安全爬梯上下。

(6)应避免落物伤人，孔内应设半圆形防护板，随挖掘深度逐层下移。吊运物料时，作业人员应在防护板下面工作。

(7)每次下井作业前应检查井壁和抽样检测井内空气，当有害气体超过规定时，应进行处理和用鼓风机送风。严禁用纯氧进行通风换气。

(8)井内照明应采用安全矿灯或 12V 防爆灯具。桩孔较深时，上下联系可通过对讲机等方式，地面不得少于 2 名监护人员。井下人员应轮换作业，连续工作时间不应超过 2h。

(9)挖孔完成后，应当天验收，并及时将桩身钢筋笼就位和浇筑混凝土。正在浇筑混凝土的桩孔周围 10m 半径内，其他桩不得有人作业。

四、砌筑工程安全施工

(1)作业前应首先搭设好作业面，在作业面上操作的瓦工不能过于集中。为防止荷载过重及倒塌，堆放材料要分散且不能超高。

(2)砌砖使用的工具应放在稳妥的地方，斩砖应面向墙面，工作完毕应将脚手板和墙上的碎砖、灰浆清扫干净，防止掉落伤人。

(3)山墙砌完后应立即安装桁条或加临时支撑，防止倒塌。

(4)砌体高度超过 1.2m 时，应搭设脚手架作业。

(5)2m 以上(含 2m)作业必须有可靠的立足点及防护措施；搭设的脚手架必须牢固、稳定。

(6)砍砖应面向墙面，工作完毕应将脚手板和砖墙上的碎砖、灰浆清理干净，防止掉落伤人。

(7)用手推车装运物料时，应注意平衡，掌握重心；推车时不得猛跑和撒把溜放，前后车距在平地时不得少于 2m，下坡不得小于 10m；倒料处应有挡车措施。

(8)在深度超过 1.5m 砌基础时，应检查槽帮有无裂缝、水浸或坍塌的危险隐患。送料、砂浆要设有溜槽，严禁向下猛倒和抛掷物料工具等。

(9)采用里脚手架砌墙时，不准站在墙上清扫墙面和检查大角垂直等作业。不准在刚砌好的墙上行走。

(10)在同一垂直面上上下交叉作业时，必须设置安全隔离层。

(11)用起重机吊运砖时应用砖笼，并不得直接放于跳板上。吊砖、砂浆等不能装得过满。起吊砌块的夹具要牢固，就位放稳后，方能松开夹具。

(12)在地坑、地沟作业时，要严防塌方和注意地下管线、电缆等。

(13)在进行高处作业时，要防止碰触裸露电线，对高压电线应注意保持安全距离。

(14)砌筑时要避免双重作业，墙脚、坡脚不允许人员进入或工作。砌筑石料的重量不宜超过 50kg。砌块应用撬棍拨移，不应将手脚伸入拼砌面，不得在刚砌好的砌体上行走或作业。

(15)砌筑桥梁的锥体护坡时，可以用小车或者滑板将石料控制到砌筑位置，禁止从上往下滚。对于重大的后仰砌体，应随砌体的升高夯填墙后、台后土石方。

(16)施工人员在加工石料或者砌筑修凿时，要戴防护眼镜、手套、安全帽。大锤等工具要牢固放在稳定的地方，要采取隔离措施防止飞石伤人。工作完成后要及时地清理脚手架和砌体上碎石块、砂浆等，防止坠落伤人。

(17)在屋面坡度大于 25°时，挂瓦必须使用移动板梯，板梯必须有牢固的挂钩。没有外架子时檐口应搭防护栏杆和防护立网。

(18)屋面上瓦应两坡同时进行，保持屋面受力均衡，瓦要放稳。屋面无望板时，应铺设通道，不准在桁条、瓦条上行走。

(19)在石棉瓦等不能承重的轻型屋面上作业时，必须搭设临时走道板，并应在屋架下弦搭设水平安全网，严禁在石棉瓦上作业和行走。

(20)冬季施工有霜、雪时，必须将脚手架等作业环境的霜、雪清除后方可作业。

五、脚手架上安全作业要点

(1)患有高血压、心脏病、癫痫病、恐高症等疾病的人，不准上架操作；严禁酒后上架作业。

(2)搭设脚手架必须系安全带、戴安全帽、穿软底鞋、扎好裤脚及袖口。

(3)搭设时垫木应铺设平稳，不能有悬空，避免脚手架发生整体或局部沉降。

(4)对于锈蚀严重、压扁、弯曲、有裂纹的钢管一律不准用于脚手架搭设，凡有裂缝、变形的扣件及滑丝的扣件螺栓均不得使用。

(5)严禁将外径 48mm 与 51mm 的钢管混合使用。

(6)在高处作业时应备有工具袋，工具必须随时放入工具袋内。

(7)脚手架必须配合施工进度搭设，一次搭设高度不应超过相邻连墙件以上 2 步。

(8)脚手架在搭设过程中，操作人员必须保证扣件的紧固强度。

(9)作业人员上下应走专用通道，禁止攀爬脚手架杆件上下。

(10)脚手板应绑扎牢固。

(11)脚手架用密目网割闭。作业层脚手板应满铺，外侧要设置高 1.2m 的防护栏杆，底部外侧设置 18cm 高的挡脚板。

(12)剪刀撑钢管搭接长度不应小于 1m,应采用不少于两个旋转扣件固定,端部扣件盖板的边缘至杆端距离不应小于 100mm,如图 5—1 所示。

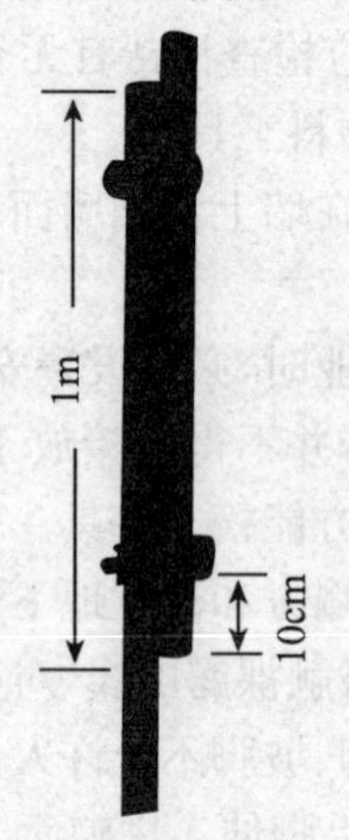

图 5—1　剪刀撑钢管搭接长度不应小于 1m,
盖板边缘至杆端不小于 100mm

(13)一字形、开口形脚手架的两端必须设置连墙件,连墙件的垂直间距不应大于建筑物的层高,并不大于 4m(2 步)。

(14)交叉作业人员在进行上下立体交叉作业时,不得在上下同一垂直线上作业。下层作业位置必须处于上层作业物体可能坠落范围之外;当不能满足时,上下层之间应设隔离防护层。

(15)脚手架使用期间,严禁拆除主节点处的纵、横向水平杆及纵、横向扫地杆和连墙件。

(16)翻脚手板应两人由外往里按顺序进行,在铺第一块或翻到最外一块脚手板时,必须挂牢安全带方可操作。

(17)遇 6 级以上大风、大雨雪、强霜冻、浓雾等恶劣天气应停止高空作业,雨雪后应清扫周围环境且采取防滑措施后方可开始作业。

(18)拆除脚手架大横杆、剪刀撑,应先拆中间扣,再拆两头扣,由中间操作人往下传杆子。

(19)拆除应按顺序由上而下,一步一清,严禁上下同时作业;严禁将架子的连墙件一次性拆除;分段拆除高差不应大于 2 步。

(20)拆下的脚手杆、脚手板、钢管,扣件、钢丝绳等材料,应用桶或用绳向下传递,严禁向地面抛掷。

(21)拆除脚手架,周围应设围栏及警戒标志,并设专人监护,禁止非拆除人员进入施工现场。

六、模板工程安全施工

(1)支模时应按作业程序进行,模板未固定前不得离开或进行其他工作。

(2)模板支撑的顶撑要垂直、底端平整、坚实,并加垫木。

(3)使用的钉子、锤子等工具应放在工具包内,不准随处乱扔。

(4)支设临空构筑物模板时,应搭设支架或脚手架;模板上有预留洞时,应在安装后将洞盖好;拆模后形成的临边或洞口,应进行防护。

(5)支设独立梁模应设临时工作台，不得站在柱模上操作和在梁底模上行走。

(6)支设高度在 3m 以上的柱模板，四周应设斜撑，并应设立操作平台；低于 3m 的可使用马凳操作；支设悬挑形式的模板，应设稳固的立足点。

(7)支设、拆除外墙、边柱、挑檐、圈梁的模板时，应有可靠的立足点，并设置防护栏杆和挂设安全网；临边作业人员应挂好安全带，严禁探身操作。

(8)使用门架支撑模板，门架的内外侧均应设置交叉支撑并与门架立杆上的锁销锁牢；上、下榀门架的组装必须设置连接棒及锁臂，不配套的门架与配件不得混合安装使用。

(9)模板支撑不得与门窗等不牢靠和临时的物件相连接；柱头、搭头、立柱顶撑、拉杆等必须安装牢固成整体后，作业人员才允许离开。

(10)严禁在连接件和支撑件上攀登上下，严禁在上下同一垂直面上装、拆模板。

(11)拆模时不能留有悬空模板，防止突然落下伤人。

(12)拆除模板应在混凝土强度达到要求后，经项目技术负责人同意方可拆除；操作时应按顺序分段进行。

(13)拆除模板时不准采用猛撬、硬砸或大面积撬落和拉倒的方法，防止伤人和损坏物料。

(14)工作完毕后应及时清理现场模板，所拆模板应将钉子尖头打出，以免扎脚伤人。

七、钢筋工程安全施工

(1)作业前必须检查机械设备、作业环境、照明设施等，并试运行符合安全要求。作业人员必须经安全培训考试合格，上岗作业。

(2)脚手架上不得集中码放钢筋，应随使用随运送。

(3)机械运行中停电时，就立即切断电源。收工时应按顺序停机，拉闸，锁好闸箱门，清理作业场所。电路故障必须由专业电工排除，严禁非电工接、拆、修电气设备。

(4)作业人员作业时必须扎紧袖口，理好衣角，扣好衣扣，严禁戴手套。女工应戴工作帽，将头发挽入帽内，不得外露。

(5)机械外露齿轮、带轮等高速运转部分，必须安装防护罩或防护板。

(6)电动机械的电闸箱必须按规定安装漏电保护器，并应灵敏有效。

(7)拉直钢筋时，卡头要卡牢，地锚要结实牢固，拉筋沿线 2m 区域内禁止行人，人工绞磨拉直，缓慢松懈，不得一次松开。

(8)展开盘圆钢筋时，要卡牢一头，防止回弹。

(9)人工断料和打锤要站成斜角，注意甩锤区域内的人和物体。切断小于 30cm 的短钢筋，应用钳子夹牢，禁止用手把扶。

(10)在高空、深坑绑扎钢筋或安装骨架，或绑扎高层建筑的圈梁：挑檐、外墙、边柱钢筋，除应设置安全设施外，绑扎时还要挂好安全带。

(11)绑扎立柱、墙体钢筋时，不得站在钢筋骨架上或攀登骨架上下。

(12)多人合运钢筋，起、落、转、停动作要协调一致；钢筋堆放要均匀、整齐、稳当，不得过分集中，防止倾斜和塌落。

(13)作业人员在高压线防护设施旁搬运钢筋时，应注意不得穿出防护设施，以免碰触高压线路造成事故。

(14)对焊机工作场地应硬实，并保证干燥，安装平稳牢固，有可靠的接地装置，导线绝缘良好；操作时应戴防护眼镜和绝缘手套，并站在绝缘板上；工作棚要用防火材料搭设，棚内严禁堆放易燃、易爆物品，并备有灭火器材。

(15)冷拉卷扬机端头处应设置防护挡板，冷拉区应设置防护栏杆、挡板及警告标识，操作人员在作业时必须离开钢筋2m以外，无关人员不得在此停留。

(16)切断短钢筋，如手握端小于40cm时必须用套管或钳子夹料，不得用手直接送料。

(17)机械在运转过程中严禁用手直接清除刀口附近的短钢筋和杂物，在钢筋摆动范围内和切口附近，非操作人员不得停留。

(18)使用调直机时严禁戴手套操作，钢筋调直到末端时，操作人员必须躲开，以防甩动伤人。

(19)起吊钢筋骨架，应捆扎牢固，吊点设在钢筋束两端；起吊时下方禁止站人；落吊时待钢筋骨架降落至楼地面1m以内人员方可靠近，就位支撑好后方可摘钩。

(20)不得站在钢筋骨架上或上下攀登骨架；禁止插板悬空操作；柱梁骨架应用临时支撑拉牢，以防倾倒。

(21)在高处(2m或2m以上)，深坑绑扎钢筋和安装钢筋骨架，必须搭设脚手架或操作平台，临边应搭设防护栏杆。

(22)要做好"落手清"，禁止将钢筋存放在脚手架上。

(23)作业中，如发生故障不能继续运转时，应立即切断电源、将筒内的混凝土清除干净，然后进行检修。

(24)机械操作和喷射操作人员应密切联系，送风、加料、停机以及发生堵塞等应相互协调配合。

(25)泵送工作应连续作业，暂停时必须每隔5～10min(冬季3～5min)泵送一次。若停止较长时间后泵送时，应逆向运转1～2个行程，然后顺向泵送。泵送时料斗内应保持一定量的混凝土，不得吸空。

(26)泵送系统受压力时，不得开启任何输送管道和液压管道。液压系统的安全阀不得任意调整，蓄能器只能充入氮气。

(27)振捣器不得放在初凝的混凝土、地板、脚手架、道路和干硬的地面上进行试振。二维修或作业间断时，应切断电源。

(28)振捣器电缆长度不应超过30m，不得在钢筋上拖来拖去，以防破损漏电，操作人员应穿胶底鞋(靴)。戴绝缘手套，如图5－31所示。

(29)插入式振捣器软轴的弯曲半径不得小于50cm，并不多于两个弯，操作时振动棒应自然垂直地沉入混凝土，不得用力硬插、斜推或使钢筋夹住棒头，也不得全部插入混凝土中。

(30)振捣器应保持清洁，不得有混凝土黏接在电动机外壳上妨碍散热。

(31)作业后，必须做好清洗、保养工作。振捣器要放在干燥处。

八、混凝土工程安全施工

(1)混凝土搅拌机停放的地方，地面要坚实平整，周围要有排水设施。搅拌机一般要用旧枕木支垫稳固。向搅拌机倾倒材料时，不得用脚蹬料斗，在起斗前要检查料斗旁边有无人员和障碍物。

(2)人工拌和向拌盘上料、拌和时，操作人员要保持一定的距离，防止互相碰撞。在基坑、沟槽旁人工拌和时，要防止水流入坑、槽或者浸泡边坡造成坍塌。在平台上拌和时，平台要经过验算，拌和前要认真检查、加固。

(3)用吊灌运输混凝土时，应先通知灌注地点操作人员，并不得依靠栏杆推动吊罐，同时要防止吊罐碰撞栏杆。用手推车向料斗内倒混凝土时，应有挡车装置，不得用力过猛或撒把，在架子上运送混凝土，推车应稳步前进，不得过于急猛，防止翻车坠落。

(4)在混凝土灌注前要检查灌注平台上的栏杆、安全网等安全设施以及支架等的安全可靠情况。灌注梁、柱、墙时应搭设脚手架和防护栏杆，不得站在模板和支架上操作。灌注圈梁、阳台等悬臂结构时，外缘要设置防护栏，必要时设安全网，操作人员要避免集中站在外缘作业。灌注烟囱、水塔等高耸结构物混凝土时，要制定安全措施并认真执行，同时遵守高处作业有关规定。灌注整体楼层混凝土时，要设斜道。墩台较高时，要在墩台身下游端安装固定铁梯，与墩身预埋件牢固连接。溜槽必须牢固，若使用窜筒节间要连接可靠，操作部位要设栏杆，严禁直接站在溜槽帮上操作。

(5)混凝土搅拌机操作工必须经过培训，考核合格后持证上岗。

(6)进料时，严禁将头或手伸入料斗与机架之间察看或探摸进料情况，运转中不得用手或工具等物伸入搅拌筒内扒料出料。

(7)搅拌机当料斗升起时，严禁任何人在料斗下停留或经过；当需要在料斗下检修或清理斗坑时，应将料斗提升后用双保险钩或保险插销锁住后方可进行。

九、抹灰工安全施工

(1)脚手架使用前应检查脚手板是否有空隙、探头板、护身栏、挡脚板，确认合格，方可使用。吊篮架子升降由架子工负责，非架子工不得擅自拆改或升降。

(2)勾缝抹灰使用的木凳或金属支架应搭设平稳牢固，脚手板跨度不得大于 2m；脚手板两端有紧固措施，不得出现探头板；架上堆放材料不得过于集中。

(3)同一块脚手板上操作人员不得超过 2 人，料具必须放妥，防止坠落伤人；在脚手架上不得奔跑、嬉戏或多人拥挤操作；不得倚靠防护栏杆休息或在坑洞处滞留。

(4)水泥砂浆拌料，严禁踩踏在砂浆机的护栅上进行上料操作，以免发生事故。

(5)作业过程中遇有脚手架与建筑物之间拉接，未经领导同意，严禁拆除。必要时由架子工负责采取加固措施后，方可拆除。

(6)脚手架上的工具、材料要分散放稳，不得超过允许荷载。

(7)采用井字架、龙门架、外用电梯垂直运送材料时，预先检查卸料平台通道的两侧边安全防护是否齐全、牢固，吊盘(笼)内小推车必须加挡车掩，不得向井内探头张望。

(8)不准在门窗、暖气片、洗脸池等器物上搭设脚手板。阳台部位粉刷外侧必须挂设安全网。严禁踩踏脚手架的护身栏杆和阳台挡板上进行操作。

(9)机械喷灰喷涂应戴防护用品，压力表、安全阀应灵敏可靠，输浆管各部接口应拧紧卡牢。管路摆放顺直，避免折弯。

(10)外装饰为多工种立体交叉作业，必须设置可靠的安全防护隔离层。贴面使用的预制件、大理石、瓷砖等，应堆放整齐、平稳，边用边运。安装时要稳拿稳放，待灌浆凝固稳定后，方可拆除临时支撑。废料、边角料严禁随意抛掷。

(11)室内抹灰采用高凳上铺脚手板时，宽度不得少于两块(50cm)脚手板，间距不得大于 2m，移动高凳时上面不得站人，作业人员最多不得超过 2 人。高度超过 2m 时，应由架子工搭设脚手架。

(12)室内推小车要稳,拐弯时不得猛拐。

(13)进行耐酸防腐工作时,除应遵守建筑安装工程中的安全注意事项外,还应遵守防火、防毒、防尘和防腐蚀工程操作的有关规定。

(14)贴面使用预制件、大理石、瓷砖等,应堆放整齐平稳,边用边运,安装要稳拿稳放,待灌浆凝固稳定后,方可拆除临时支撑。

(15)使用电钻、砂轮等手持电动机具,必须装有漏电保护器。作业前应试机检查,作业时应戴绝缘手套。使用磨石机,应戴绝缘手套,穿胶靴,电源线不得破皮漏电,金刚砂块安装必须牢固,经试运正常,方可操作。

(16)在高大的门、窗旁作业时,必须将门窗扇关好,并插上插销。

(17)夜间或阴暗处作业,应用 36V 以下安全电压照明。

(18)瓷砖墙面作业时,瓷砖碎片不得向窗外抛扔。剔凿瓷砖应戴防护镜。

(19)遇有 6 级以上强风、大雨、大雾,应停止室外高处作业。

十、油漆、玻璃工程安全施工

(1)各类油漆和其他易燃、有毒材料,应存放在专用库房内,挥发性油料应装入密闭容器内,妥善保管。

(2)库房应通风良好,不准住人,库房与其他建筑物应保持一定的安全距离。

(3)使用喷浆机,手上沾有浆水时,不准开关电闸,以防触电。

(4)用喷砂除锈时,喷嘴接头要牢固,喷嘴堵塞,应停机消除压力后,方可进行修理或更换。

(5)使用煤油、汽油、松香水、丙酮等溶剂调配油料,应戴好防护用具;沾染油漆的棉纱、破布、油纸等废物,应存放在有盖的金属容器内并及时处理,防止其自燃;在室内或容器内喷涂,要保持良好通风,喷涂作业周围不准有火种;使用喷浆,加油不得过满,打气不应过足,使用的时间不宜过长。

(6)刷外开窗扇,必须将安全带挂在牢固的地方,做到高挂低用;刷封檐板、水落管等应搭设脚手架或吊架。

(7)截割玻璃,应在指定场所进行。截下的边角余料集中堆放及时处理。搬运玻璃应戴手套。

(8)在高处安装玻璃,应将玻璃放置平稳,垂直下方禁止通行。

十一、防水工程安全施工

(1)装卸、搬运、熬制、铺涂沥青,必须使用规定的防护用品,皮肤不得外露。装卸、搬运碎沥青,必须洒水。防止粉末飞扬。

(2)熔化桶装沥青,先将桶盖和气眼全部打开,用铁条串通后,方准烘烤,并经常疏通放油孔和气眼。严禁火焰与油直接接触。

(3)熬制沥青地点不得设在电线的垂直下方,一般应距建筑物 25m;锅与烟囱距离应大于 80cm,锅与锅炉之距离应大于 2m;火口与锅边应有高 70cm 的隔离设施。临时堆放沥青、燃料的场地,离锅炉不小于 5m。

(4)熬油必须由有经验的工人看守,要随时测量油温,熬油量不得超过油锅容量的 3/4,下料应慢慢溜放,严禁大块投放。下班熄火,关闭炉门,盖好锅盖。

(5)锅内沥青着火,应立即用铁锅盖盖住,停止鼓风,封闭炉门,熄灭炉火,并严禁在燃烧的沥青中浇水，应用干砂或湿麻袋灭火。

(6)配制冷底子油，下料应分批、少量、缓慢，不停搅拌，下料量不得超过锅容量的1/2，温度不得超过80℃，并严禁烟火。

(7)在地下室、基础、池壁、管道、容器内等处进行有毒、有害的涂料防水作业，应配戴防毒面具，定时轮换，通风换气。

(8)装运油的桶壶，应用铁皮咬口制成，严禁用锡焊桶壶，并应设桶壶盖。

(9)运输设备及工具，必须牢固可靠，竖直提升，平台的周边应有防护栏杆，提升时应拉牵引绳，防止油桶摇晃，吊运时油桶下方10m半径范围内严禁站人。

(10)不允许两人抬送沥青，桶内装油不得超过桶高的2/3。

(11)在坡度较大的屋面运油，应穿防滑鞋，设置防滑梯，清扫屋面上的砂粒等。油桶下设桶垫，必须放置平稳。

十二、拆除安全管理

1. 拆除安全管理一般规定

(1)建筑拆除施工应经有关部门审批，必须由有拆除资质的施工队伍进行。

(2)建设单位应提供被拆除建筑的详细图纸和相关资料，包括原施工过程中的设计变更及使用过程中的改建等全部资料。

(3)施工单位应对作业区进行勘测调查，评估拆除过程中对相邻环境可能造成的影响，并选择最安全的拆除方法。

(4)建筑拆除施工必须编制专项施工组织设计，其内容应包括下列各项：

1)对作业区环境包括周围建筑、道路、管线、架空线路等，准备采取的措施说明；

2)被拆除建筑的高度、结构类型以及结构受力简图；

3)拆除方法设计及其安全措施；

4)垃圾、废弃物的处理；

5)采取减少对环境影响的措施，包括噪声、粉尘、水污染等；

6)人员、设备、材料计划；

7)施工总平面布置图。

(5)建筑拆除作业必须有统一指挥人员，施工前应向全体作业人员按施工组织设计规定，进行岗位分工和岗位交底，使全体人员都清楚作业要求。

(6)建筑拆除施工前，必须将通入该建筑的各种管道及电气线路切断。

(7)建筑拆除作业区应设置围栏、警告标志，并设专人监护。

(8)建筑拆除过程中，需用照明和电动机械时，必须另设专用配电线路，严禁使用被拆除建筑中的电气线路。

2. 爆破拆除法安全管理要点

(1)爆破法拆除施工企业应按批准的允许经营范围施工，参加爆破作业人员应由专门培训考核并取得相应资格证书的人员进行。

(2)爆破法拆除作业前，应清理现场，完成预拆除工作，并准备现场药包临时存放与制作场所。

(3)施工方案中应预估计拆除物塌落的震动及对附近建筑物的影响，必要时采取防震措施。可采取在建筑物内部洒水，起爆前用消防车喷水等减少粉尘污染措施。

(4)拆除爆破作业应有设计人员在场;并对炮孔逐个验收以及设专人检查装药作业,并按爆破设计进行防护和覆盖。

(5)爆破法拆除时,除对爆破体表面进行覆盖外,还应对保护物做重点覆盖或设防护屏障。

(6)爆破法拆除时,可采用对爆破区周围道路的防护、避开道路方向或规定断绝交通时间等方法。

(7)爆破法拆除时,拆除爆破应采用电力起爆网路或导爆管起爆网路。手持式或其他移动式电信通信设备进入爆区前应先关闭。

(8)爆破法拆除时,必须待建筑物爆破倒塌稳定后,方可进入现场检查,发现问题应立即研究处理,经检查确认爆破作业安全后,方可下达警戒解除信号。

3. 使用推倒拆除法进行安全拆除的安全要点

(1)砍切墙根的深度不得超过墙厚的1/3。墙厚小于两块半砖时,不得进行掏掘。

(2)在掏掘前应用支撑撑牢,应防止墙壁向掏掘方向倾倒。

(3)建筑物推倒前,应发出信号,待所有人员退至建筑物高度两倍以外时,方可推倒。

(4)钢筋混凝土柱的拆除,必须先用吊车将柱吊牢,再将柱根部一侧剔凿混凝土,用气焊切断柱一侧钢筋。然后方可用拖拉机将柱拉倒,拖拉机与柱子之间应有足够避开柱子拉倒的危险距离。

4. 高处拆除作业的安全要点

(1)高处拆除施工的原则应是按建筑物建设时相反的顺序进行。应先拆高处,后拆低处;先拆非承重构件,后拆承重构件;屋架上的屋面板拆除,应由跨中向两端对称进行。

(2)高处拆除顺序应按施工组织设计要求由上至下逐层进行,不得数层同时进行交叉拆除。当拆除某一部分时,应保持未拆除部分的稳定,必要时应先加固后再拆除,其加固措施应在方案中预先设计。

(3)高处拆除作业人员必须站在稳固的结构部位上,当不能满足时,应搭设工作平台。

(4)高处拆除中每班作业休息前,应拆除至结构的稳定部位。

(5)高处拆除时楼板上不得有多人聚集,也不得在楼板上堆放材料和被拆除的构件。

(6)高处拆除石棉瓦等轻型屋面工程时,严禁踩在石棉瓦上操作;应使用移动式挂梯,挂牢后操作。

(7)高处拆除时拆除的散料应从设置的溜槽中滑落,较大或较重的构件应使用吊绳或起重机吊下。严禁向下抛掷。

第六章　工程焊接安全技术管理

工程焊接作业是施工现场作业的特殊工种，常常由于场地不整洁或接地线接头不良或场地潮湿等多种原因而发生火灾或触电事故，本章主要针对气焊和电弧焊作业时应该注意的安全管理要点做了阐述。

第一节　工程焊接方法

工程焊接方法如图 6－1 所示。

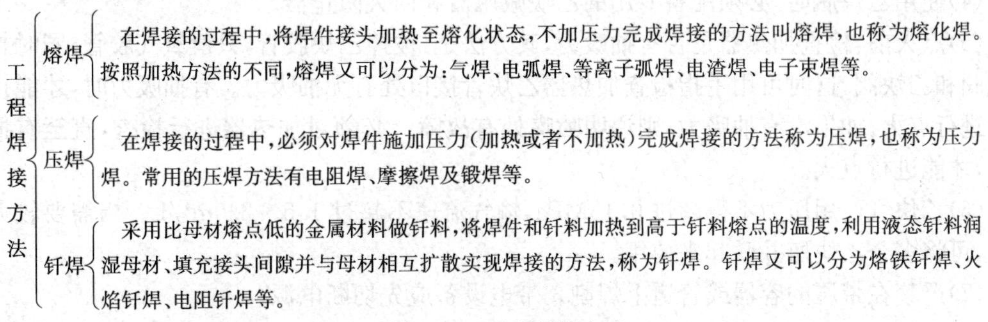

图 6－1　工程焊接方法

第二节　气焊安全施工

一、气焊常用的气瓶

1. 液化石油气瓶

目前使用的液化石油气瓶主要有 YSP-10、YSP-15 和 YSP-50 三种，是焊接钢瓶，外表涂银灰色，并标明“液化石油气”红色字样。

2. 溶解气瓶

(1)焊接用溶解气瓶是指乙炔气瓶，它是贮存和运输乙炔用的压力容器。乙炔瓶属于焊接气瓶。瓶体内装有浸满丙酮的多孔性填料，使用时打开瓶阀，溶解于丙酮内的乙炔就会释放出来，通过瓶阀流出，瓶口中心长孔内放置过滤用的不锈钢丝网和毛毡。

(2)乙炔瓶的肩部至少有一个易熔塞，易熔塞是乙炔瓶的安全装置，当瓶壁的温度超过规定值时，易熔塞内的合金熔化，乙炔泄出，避免瓶体爆炸。乙炔瓶的外表面应漆成白色，并标注“乙炔”和“不可近火”的红色字样。乙炔瓶应有两个防振圈。

3. 压缩气瓶

(1)压缩气瓶是用于储存和运输压缩气体的高压容器，气体在充装、贮运和使用过程中均为气态。焊接和切割中使用的压缩气瓶主要有氧气瓶、氢气瓶、氮气瓶等。这里主要介绍氧气瓶。

(2)氧气瓶是一种储存和运输氧气用的高压容器。通常将空气中制取的氧气压入氧气瓶内,其瓶内的氧气压力一般为 15MPa。

(3)氧气瓶外表面涂天蓝色并有黑漆写成的“氧气”字样。氧气瓶是用低合金钢锭加工而成的无缝钢瓶,底部呈凹面形状,使气瓶直立时保持稳定,瓶口攻有螺纹,用以旋上阀门。瓶头外面套有螺纹瓶箍,用以旋装螺帽,以保护瓶阀不受意外的碰撞而损坏。气瓶筒体两端部还套有两个减振橡胶圈,以防在搬运时撞击筒体。

二、气焊割安全作业要点

(1)施焊场地周围应清除易燃、易爆物品,或对其进行覆盖、隔离。

(2)氧气瓶、乙炔瓶所在的位置距火源不得少于 10m 使用时两瓶距离不得少于 5m,且严禁倒放。

(3)乙炔瓶要放在空气流通好的地方,严禁放在高压线下面,要立放固定使用,严禁卧放使用。

(4)使用乙炔瓶时,必须配备专用的乙炔减压器和回火防止器。

(5)点火前,检查加热器是否有抽吸力,其方法是:拔掉乙炔胶管,只留氧气胶管,同时打开氧气阀和乙炔阀,这时可用手指检查加热器乙炔管接口处有无抽吸力。有抽吸力时,才能接乙炔管进行点火;如果没有抽吸力,则说明喷嘴处有故障。必须对加热器进行检查,直至有抽吸力时,才能进行点火。

(6)乙炔气使用压力不得超过 0.15MPa,输气流速不超过 1.5～2.0m^3/L。当需要较大气量时,可将多个乙炔瓶并联起来使用。

(7)严禁在带压的容器或管道上焊割。带电设备应先切断电源。

(8)瓶阀开启要缓慢平稳,以防气体损坏减压器。在点火或工作过程中发生回火时,要立即关闭氧气阀门,随后关闭乙炔阀门。重新点燃前,要用氧气将管内的混合残余气体吹净后再点燃。

(9)装置要经常检查和维修,防止漏气。同时要严禁气路沾油,以防止引起火灾。

(10)氧气瓶、乙炔瓶(或乙炔发生器)在寒冷地区工作时,易被冻结。此时只能用温水解冻(水温为 40℃),严禁用火烤。

(11)停止工作时,必须检查加热器的混合管内是否有窝火现象,待没有窝火时,方可收起加热器。

(12)工作完毕,应将氧气、乙炔瓶气阀关紧,拧上安全罩,检查操作场地,确认无着火和其他危险后,方可离开操作地点。

三、气焊用的气瓶安全存放

(1)各种气瓶应分别贮存在符合规范要求的库房内,库房应采用敞开式或半敞开式建筑,有利于泄露气体的逸散和发生爆炸时泄压。

(2)贮存气瓶的库房应有专人管理,并建立必要的管理制度,在明显处所设禁止烟火标志。

(3)在工作现场单独存放气瓶要按照规定与热源和明火保持一定的安全距离。

(4)空瓶与重瓶应分别放置,并有防倾倒设施和良好的通风降温设施。

(5)可燃气体气瓶库房要有防静电装置和避雷装置。

四、气焊用的气瓶安全运输

(1)气瓶的运输应轻装轻卸,严禁抛扔、碰装。

(2)车船装运时应妥善固定,不得超高,横放卧置装运时,头部应朝向一方,液化石油气瓶应直立排放。

(3)各种气瓶应分车装运，特别是助燃气体氧气瓶与可燃气体乙炔瓶和液化石油气瓶严禁同车运输。

(4)运输气瓶的汽车应有灭火器和除静电的装置。

(5)装运气瓶的汽车不得在居民稠密区、易燃品仓库、热加工房附近和高压电气线路下方停放。

(6)在灌装站装运液化石油气时，应穿上防静电工作服和无钉鞋。

(7)焊割工人在现场需搬运气瓶时，应采用专用小车，绝对禁止用各种起重机械吊运各种气瓶。

(8)夏季运输气瓶时，应有防止阳光曝晒的措施。

五、气焊时回火防止器的安全使用

(1)回灭防止器应垂直安装；水封式回火防止器内的水位要合适；每班至少须用水位控制阀检查水位两次。

(2)禁止将小型回火防止器用于大型乙炔发生器上。

(3)不得将两个或两个以上的焊矩或割矩接到一个回火防止器上。

(4)使用中压粉末冶金片干式回火防止器时，乙炔中杂质和水的含量要低。

(5)干式回火防止器使用过程中，应经常做密封性检查，发现异常应立即进行检修。

(6)封闭型回火防止器的逆止阀及安全膜须完整适用；检修回火防止器时，应重点检修逆止阀，使其始终保持正常状态。

(7)回火防止器每月应至少拆卸、检查、清洗一次；接缝应严密，漏气的回火防止器严禁使用。

(8)在寒冷季节要采取措施避免回火防止器内的水冻结，在停止工作时要把水全部倒出。

(9)发生回火时，对回火防止器应认真查明回火原因，加以排除。

六、气焊时减压器的安全使用

1. 氧气表

(1)氧气表阀盘中所用的橡胶或其他衬垫材料的耐高温、抗氧化性能好，在修理时不得随便换用一般的材料。

(2)修理氧气表时，应将表体充分洗净，如使用溶剂清洗，应使残留的溶剂彻底干燥。修理好的氧气表或新表要用塑料袋包装，以免外部尘屑进入。整表安装时，表内勿留尘屑或异物。

(3)使用高压钢瓶时，操作者应站在侧面，尽可能的慢慢开气，避免产生绝热压缩和冲击波，造成局部金属燃烧。操作者不得随便拆卸氧气表。

2. 减压器

(1)安装减压器时，要稍微打开氧气瓶阀门，放氧气吹净瓶口杂质，随后关闭。操作时瓶口不得朝人体方向。

(2)检查接头是否拧紧、有无滑丝现象，调节螺钉应处于松开状态。

(3)每个减压器按照其外壳涂漆颜色的标志只许用于一种气体，用于不同气体的减压器不得混用，特别是用于氧气和可燃气体的减压器。

(4)装好减压器后再开启氧气阀，检查压力表是否正常、各部分有无漏气现象，确认正常后再接氧气橡胶管。

(5)调节压力前应将焊矩上的氧气开关打开少许,然后再调节到所需的压力。

(6)减压器上不得有油脂,也不得用沾有油脂的手或工具接触减压器。

(7)停止工作时,应松开减压器的调节螺钉,再关闭氧气瓶阀,这样可以保护副弹簧。

(8)压力表要定期检定,以保证其准确性。

七、气焊和气割安全作业管理措施

(1)焊矩和割矩在乙炔管接通并点火之前,必须检查焊矩和割矩的吸附能力,同时检查乙炔管口有无乙炔气正常流出,然后再把乙炔管插到焊矩和割矩上。

(2)焊矩和割矩点火前,应检查其连接处和各种气阀的严密性,漏气的必须进行检修。检查焊矩、割矩有无堵塞现象。

(3)一般应采用先少量打开乙炔阀,然后点火,点火后因火焰燃烧不完全会产生碳质烟灰,此时应尽快打开氧气阀们调节火焰。这种方法发现回火时可以立即关闭氧气阀门把火熄灭。

(4)严禁在氧气阀门和乙炔阀门同时处于开启状态时,用手或其他物体堵住焊嘴或割嘴的出口,以防止氧气倒流入乙炔瓶。更不允许将燃着火焰的焊嘴或割嘴在钢板或其他器物上摩擦,这样容易造成回火。

(5)在使用的过程中发现焊矩或割矩的气体通路或气阀漏气,应立即停工检修。

(6)当工作中发生回火时,应立即关闭氧气阀门,断绝氧气倒流,然后再关上乙炔气阀门。重新点火前,先将焊嘴用水冷却,然后开启氧气阀门把焊矩内的烟灰吹出,,再关闭氧气阀门。

(7)正常工作中的熄火,应先关闭乙炔气体阀门,后关氧气阀门。对于割矩应先关闭切割氧,再关闭乙炔阀门和氧气阀门。

(8)为了防止焊矩或割矩过热,应选择与工件的材料、大小、厚度相适应的焊矩和焊嘴。

(9)要合理维护和放置焊矩和割矩并保持清洁,不得沾有油脂,以免遇氧燃烧。不得把正在燃烧的焊矩和割矩随便卧放在工件或地面上,以免火焰灼伤人或引燃其他物品。焊矩或割矩燃着时,操作者不得离开作业场所。作业完成后,应将各阀门关严,并挂在安全可靠的地方,最好将乙炔、氧气橡皮管拔下盘好,将焊矩、割矩放在工具箱内。

第三节　电焊安全施工

一、手工电弧焊作业的危害

手工电弧焊作业危害如图6－2所示。

手工电弧焊作业危害 — 弧光和电热伤害:

- (1)造成电光性眼炎和皮肤炎。电弧不仅产生高温还会产生弧光,弧光中含有强烈的可见光和紫外线、红外线,其中可见光会造成目眩,紫外线辐射会伤害眼睛,轻者造成电光性眼炎,重者会使视力下降甚至失明,红外线长期刺激眼球,能引起眼睛水晶体发暗和白内障等病变。裸露的皮肤长时间被电弧光照射会引起变红、脱皮和体温升高。
- (2)电弧灼伤。电弧高温对人体的灼伤主要是:焊接和切割工作时电弧灼伤;带负荷操作电焊机开关,被电弧灼伤。
- (3)电弧焊金属熔液以及红热的焊件还会造成人体灼伤。

图　6－2

手工电弧焊作业危害	焊接烟尘伤害	焊接过程中产生大量的有害气体和烟尘，如不采取措施，可能会造成中毒、尘肺、电弧焊烟热等伤害。
	火灾和爆炸伤害	电弧焊飞溅的火星可能引起火灾和爆炸；电焊机本身绝缘不良或者导线通过电流过大、乱拉电线特别是二次侧的焊接线不正确搭接会引起火灾；焊接或切割盛装油罐、油桶等处理不当可能引起爆炸；因此在焊接和切割的过程中要注意防止火灾和爆炸事故。

图 6—2　手工电弧焊作业危害

二、电弧焊安全作业

(1)焊接工作业开始前，应首先检查焊机和工具是否完好和安全可靠。焊接用的电焊机外壳，必须接地良好。其电源的装拆由电工进行。

(2)焊工作业前必须穿绝缘鞋，戴好绝缘手套，使用护目面罩。

(3)电焊机电源的装拆应由电工进行。

(4)电焊机要设立单独的开关箱；一二次侧应有防护罩；二次侧应装防触电保护器。

(5)焊接作业开始前，应首先检查焊机和工具是否完好和安全可靠。发现漏电，应更换后方可使用。

(6)电焊机与开关箱应做好防雨措施，开关拉、合闸时应戴手套侧向操作。

(7)在焊接储有易燃、易爆、有毒物品的容器或管道时，必须将其清除干净，并将所有孔口打开。

(8)焊接用的把线、地线，禁止与钢丝绳接触，更不得用钢丝绳或机电设备代替零线，所有地线接头，必须连接牢固。

(9)焊钳与把线必须绝缘良好，连接牢固，更换焊条应戴手套；在潮湿地点工作，应站在绝缘胶板或木板上。

(10)焊机接线应压接牢固，一二次线应使用接线鼻子。

(11)氧气、乙炔瓶应避免碰撞和剧烈震动，并防止暴晒。冻结时应用热水加热，不准用火烤。氧气瓶体、氧气表及焊割工具上严禁沾染油脂。

(12)施焊场地周围应清除易燃易爆物品，或进行覆盖、隔离。

(13)在狭小空间、船舱、容器和管道内工作时，为防止触电，必须穿绝缘鞋，脚下垫有橡胶板或其他绝缘衬垫；最好两人轮换工作，以便互相照看。否则须有一名监护人员，随时注意操作人员的安全，一遇有危险情况，可立即切断电源进行抢救。

(14)身体出汗后而使衣服潮湿时，切勿靠在带电的钢板或工件上，以防触电。

(15)更换焊条一定要戴皮手套，不要赤手操作。

(16)在带电情况下，为了安全，焊钳不得夹在腋下去搬被焊工件和将焊接电缆挂在脖颈上。

(17)推拉闸刀开关时，脸部不允许直对电闸，以防止短路造成的火花烧伤面部。

(18)多台焊机在一起集中施焊时，焊接平台或焊件必须接地，并应有隔光板。

(19)工作棚内明火作业必须备有灭火器材，并应有专人监护。

(20)雷雨天时，应停止露天焊接作业。

(21)焊接结束后应切断电焊机电源，并检查操作地点，确认无火灾危险后方可离开。

三、电弧焊防火防爆措施

(1)必须配戴耐火的安全带,并将绳钩牢固地固定在坚固的构件上。

(2)要正确选择和使用梯子。在容器内、铁板或水泥面上作业时,应尽量使用木梯,使用铁梯要有相应的安全措施。

(3)登高进行焊切之前,应先清除火星飞溅范围内的一切易燃易爆物品,同时应做接火盘,在接火盘上铺一层湿沙子,并在地面的10m左右范围内设置栏杆挡护,在风天焊接应设风挡,防止火花飞溅。

(4)手把线应绑紧在固定的地点,不应缠绕在身上或搭在背上。

(5)要有防止接触高压触电的措施。

四、电焊施工触电情况及防触电安全措施

(1)严格执行焊接用火审批制度,在禁火区和危险区进行焊接作业,必须持有动火证和出入证。在油库、液化气和氧气站、乙炔站内严禁电焊作业。不得在储存易燃易爆物品的容器上进行焊接。不得在木板和木板地上焊接,必须焊接时,应采取垫铁板、备防火水桶等措施。

(2)工作地点的通道应大于1m。

(3)焊接管子时,要把管子两端打开不得堵塞,管子两端不得接近易燃物或有人作业。

(4)电弧焊结束后要立即断电,并认真检查确认无火灾危险后方可离开。

(5)在坑、管、洞、隧道内进行焊接时,应先检查其内部有无可燃气体及其他易爆物质,必要时应先采取置换措施。

(6)修补化工设备的保温层,如保温层含有泡沫等易燃物,应把焊接点附近1.5m范围内的保温层拆除,并用遮挡板隔离后才能进行焊割。

(7)对于任何容器不得在其内部的压力大于大气压力的情况下焊修。

(8)应经常检查焊接工具,防止短路、接触不良等引起火灾。焊接回路线要按规定搭接。

(9)新制造的产品,油漆未干,不得进行焊割。

(10)在焊割盛装过易燃液体的容器前要进行浓度检查,如浓度超标,应采取清洗等措施才能进行。所采取的措施主要有,灌满清水法、蒸气吹洗法、惰性气体置换法、碱洗法等。

五、电阻焊安全作业

1.触电情况

(1)导线外露,夹钳手柄与钳口之间未设置护手挡板,焊钳的弹簧失效都可引起触电。

(2)利用厂房的金属机构、管道等或其他金属物体作为焊接回路,而人触及到此类金属物体而触电。

(3)电焊机外壳漏电而外壳又缺乏良好的保护措施,人接触到外壳而漏电。

(4)操作过程中触及破损的电缆、开关等。

(5)登高进行焊接作业时触及或靠近高压线而引起触电。

2.防触电措施

(1)电焊设备应有良好的隔离防护装置,以避免人与带电体接触。伸出箱外的接线端应在防护罩内。电焊机的电源线应设置在靠墙壁、不易接触的地方,其长度一般不应超过2～3m。

各设备与墙壁之间至少要有 1m 宽的通道。

(2)电焊设备和线路带电导体,对地与对外壳之间,或相与相、线与线之间,都要有良好的绝缘,绝缘电阻不得小于 1MΩ。

(3)自动断电装置使电焊机在引弧时电源开关自动合闸,停止焊接时电源开关自动掉闸,不仅能保证安全,还能减少电能的损耗。

(4)安装漏电保护装置,当发生触电事故时,自动切断电源。

(5)采取接地或接零措施,但需要强调的是电焊机的二次端与焊接工件不得同时接地或接零。

六、高处电焊安全作业

由于电阻焊接机二次侧的电压仅 12～24V,只有在一次线圈绝缘破坏时,会导致机壳和几个绝缘的金属部分带电,如防护不好,就会造成触电事故。

(1)要防止接触焊发生触电事故,就必须保持二次线路中的一点始终连接在机架上,其机架、外壳均应进行可靠的接地。

(2)在安装焊机时,焊机与电力网的连接应通过独立的开关。

(3)一次线圈和经常处于电力线路电压下的机器各部分的绝缘必须可靠。

(4)另外,设备的状况要良好,按正确的程序操作,操作人员要穿戴绝缘鞋和绝缘手套等。

第七章　工程机械使用安全管理

机械事故占工程事故总数的10%左右，是建筑施工中第四大类伤害事故，因此施工现场中机械的安全使用至关重要。本章主要针对手动、电动、中小型机械以及起重机械安全操作管理进行了较为详细的介绍。

第一节　施工机械安全使用一般要求

施工机械安全使用一般要求主要有：

(1)建筑施工企业应按照机械的技术性能正确使用；不得使用缺少安全装置或安全装置已失效的机械设备。

(2)机械设备的操作人员必须身体健康，并经过专业培训考试合格。

(3)机械操作人员和配合人员，都必须按规定配戴劳动保护用品。

(4)操作人员有权拒绝违章指挥。

(5)严禁拆除机械设备上的自动控制机构、指示装置和安全装置。其调试和故障的排除应由专业人员负责进行。

(6)机械进入作业地点后，施工技术人员应向机械操作人员进行施工任务及安全技术措施交底。操作人员应熟悉作业环境和施工条件，听从正确的指挥，遵守现场安全规则。

(7)进行日作业两班及以上的机械设备均须实行交接班制度，操作人员要认真填写交接班记录。

(8)机械设备应按时进行保养，严禁对运行或运转中的机械进行维修、保养或调试。

(9)机械作业时，操作人员不得离开工作岗位或将机械交给非本机操作人员。严禁无关人员进入作业区和操作室。工作时，思想要集中，严禁酒后操作。

(10)施工现场负责人应为机械作业提供道路、水电、临时机棚或停机场地等必须的条件，并消除对机械作业有妨碍的因素。夜间作业必须设置充足的照明。

第二节　小型施工机械的安全使用

一、木工机械的安全使用

(1)操作木工机械时不准戴手套，不准在机械运转中进行加油清理和维修保养。

(2)木工机械必须设专人管理，并按“清洁、紧固、润滑、调整、防腐”的十字作业法，对机械进行认真的维护保养。使用木工机械必须经过管理人员允许，对不了解木工机械安全操作知识者，不允许上机操作。

(3)工作前必须检查电源接线是否正确，各电器部件的绝缘是否良好，机身是否有可靠的保护接零或保护接地。

(4)使用前必须检查刨刀、锯片安装是否正确，紧固是否良好，各安全罩、防护器等是否齐全有效。

(5)使用前必须空车试运转,转速正常后,再经 2～3min 空运转,确认确实无异常后,再送料开始工作。

(6)机械运转过程中,禁止进行调整、检修和清扫等工作,操作人员要扎紧衣袖,并不准戴手套。

(7)加工旧料前,必须将铁钉、灰垢、冰雪等清除后再上机加工。

(8)操作时要注意木材情况,遇到硬木、节疤、残茬要适当减慢推料进料,严禁手指按在节疤上操作,以防木料跳动或弹起伤人。

(9)加工 2m 以上较长的木料时应由两人操作:一人在上手送料,一人在下手接料。下手接料者必须在木头越过危险区后方准接料,接料后不准猛拉。

(10)为防止发生火灾,木工机械操作间(棚)内严禁抽烟,或烧火取暖,并须设置必要的防火器材。

二、带锯机的安全使用

(1)作业前应检查锯条,如锯条齿侧的裂纹长度超过 10mm,锯条接头处裂纹长度超过 10mm,以及连续缺齿两个和接头超过三个的锯条均不得使用。裂纹在以上规定内必须在裂纹终端冲一止裂孔。锯条松紧度调整适当后应当先空载运转,声音正常、无串齿现象时方可作业。

(2)作业中,操作人员应站在带锯机的两侧,跑车开动后,行程范围内的轨道周围不准站人,严禁在运行中上下跑车。

(3)原木进锯后,应调好尺寸,进锯后不得再调整。进锯的速度要均匀。

(4)当木材的尾端超过锯条 0.5m 后,方可进行倒车。倒车的速度不宜过快,要注意节疤等碰卡锯条。

(5)平台式带锯作业时,送接料要配合一致。送接料时不得把手伸进台面。锯短料时,应用推棍送料。回送木料时,要离开锯条 50mm 以上,并注意防止卡条。

(6)装设有气力吸尘罩的带锯机,当木屑堵塞吸尘管口时,严禁在运转中用木棍在锯条背侧清理管口。

(7)锯机张紧装置的压砣(重锤),应根据锯条的宽度与厚度调节档位或增减副砣,不得用增加重锤重量的办法克服锯条口松或串条现象。

三、圆锯的安全使用

(1)使用木工圆锯,操作人员必须戴防护眼镜,电锯上方必须装设保险挡和滴水设备。操作中任何人都不得站在锯片旋转的切线方向。木料锯至末端时,要用木棒推送木料。截断木料要用推板推进,锯短料一律使用推棍,不准用手推进。进料速度不得过快,用力不得过猛,接料必须使用刨钩,长度不足 50cm 的短料禁止上圆锯机。

(2)锯片上方必须安装保险挡板和滴水装置,在锯片后面,离齿 10～15mm 处,必须安装弧形楔刀,锯片的安装应保持与轴同心。

(3)锯片必须锯齿尖锐,不得连续缺齿两个,裂纹长度不得超过 20m,裂纹末端应冲止裂孔。

(4)被锯木料的厚度以锯片能够露出木料 10～20mm 为限,夹持锯片的法兰盘的直径应为锯片直径的1/4。

(5)启动后,待转速正常后方可锯料。送料时不得将木料左右晃动或高抬,遇木节要缓缓送料。锯料长度应不小于500mm。接近端头时应用推棍送料。

(6)如锯线走偏,应逐渐纠正,不得猛扳,以免损坏锯片。

(7)操作人员不得站在锯片旋转离心力面上操作,手不得跨越锯片。

(8)锯片温度过高时,应用水冷却。直径600mm以上的锯片,在操作中应喷水冷却。

四、平刨的安全使用

(1)使用木工平刨,不准将手伸进安全挡板里侧搬移挡板,禁止摘掉安全挡板操作。刨料时,每次刨削量不得超过1.5mm。操作时必须双手持料,刮大面时,手只许按在料的上面;刮小面时,可以按在上面和侧面,但手指必须按在材料侧面的上半部,而且必须离开刨口至少3cm以上。禁止一只手放在材料后头的操作法。送料要均匀推进,按在料上的手经过刨口时,用力要轻。对薄、短和窄的木料在刨光时必须一律使用板或推棍,长度不足15cm的木料不准上平刨。

(2)作业前,检查安全防护装置必须齐全有效。

(3)刨料时,手应按在料的上面,手指必须离开刨口50mm以上。严禁用手在木料后端送料跨越刨口进行刨削。

(4)被刨木料的厚度小于30mm、长度小于400mm时,应用压板或压棍推进。厚度在15mm、长度在250mm以下的木料,不得在平刨上加工。

(5)被刨木料如有破裂或硬节等缺陷时,必须先处理。刨旧料前,必须将钉子、杂物清理干净。遇节疤要缓慢送料,严禁把手按在木料上送料。

(6)刀片和刀片螺丝的厚度、重量必须一致,刀架夹板必须平整贴紧,合金刀片焊缝的高度不得超出刀头,刀片紧固螺丝应嵌入刀片槽内,槽端离刀背不得小于10m。紧固刀片螺丝,用力应均匀一致,不得过松或过紧。

(7)机械运转时,不得将手伸进安全挡板里侧去移动或拆除安全挡板进行刨削。严禁戴手套操作。

五、压刨的安全使用

(1)使用木工压刨时,压料、取料人员站位小得正对刨口,以免大料刨削击伤面部。同规格的木料可以根据台面宽度几根同时并进。不同厚度的木料不许同时刨削,否则容易使较薄的木料打出伤人。刨料时,吃刀量不得超过3mm。操作时应按顺序连续送料,续料须持平直,如发现材料走横,应速将台面降下,经拨正后再继续工作。刨料长度不准短于前后压滚的中心距离,厚度在1cm以下的薄板,必须垫托板,方可推入压刨。

(2)压刨床必须用单向开关,不得安装倒顺开关,三、四面刨应按顺序开动。

(3)作业时,严禁一次刨削两块不同材质、规格的木料,被刨削的木料的厚度不得超过50mm。操作者应站在机床的一侧,接、送料时不得戴手套,送料时必须先进大头。

(4)刨刀与刨床台面的水平间隙应在10~30mm之间,刨刀螺丝必须重量相等,紧固时用力应均匀一致,不得过紧或过松,严禁使用带开口槽的刨刀。

(5)每次进刀应在2~5mm,如遇硬木或节疤,应减小进刀量,降低进料速度。

(6)刨料长度不得短于前后压滚的中心距离,厚度小于10mm的薄板,必须垫托板。

(7)压刨必须安装有回弹灵敏的逆止爪装置,进料齿辊及托料光辊应调整水平和上下距离一致，齿辊应低于工件表面 1～2mm，光辊应高出台面 0.3～0.8mm，工作台面不得歪斜和高低不平。

六、小型电动工具安全使用

电动工具按照触电保护分为Ⅰ、Ⅱ、Ⅲ类。Ⅰ类工具在防止触电保护方面不仅依靠基本绝缘，而且还包含一个附加安全预防措施，其方法是将可触及的可导电的零件与已安装的固定线路中的保护(接地)导线连接起来。这类工具在使用时要进行接地或接零，并安装漏电保护器。Ⅱ类工具在防止触电的保护方面不仅依靠基本绝缘，而且它还提供双重绝缘或加强绝缘的附加安全预防措施和设有保护接地或依赖安装条件的措施。Ⅲ类工具在防止触电保护方面依靠由安全特低电压和工具内部不产生比安全特低电压高的电压。其额定电压不超过 50V，一般为 36V，因此工作更加安全可靠。电动工具安全使用管理要点如下：

(1)为了保证安全，应尽量使用Ⅱ类或Ⅲ类电动工具，当使用Ⅰ类电动工具时，必须同时采用其他安全措施，如加装漏电保护器、安全隔离变压器等。条件不具备时，应有牢固可靠的保护接地装置，同时使用者必须戴绝缘手套、穿绝缘鞋或站在绝缘垫上。

(2)使用前应先检查电源电压是否和电动工具铭牌上所规定的额定电压相符。长期未使用的电动工具，使用前还必须用 500V 兆欧表测定绕组与机壳之间的绝缘电阻值，应不得小于 7MΩ，否则必须进行干燥处理。

(3)操作人员应了解所用电动工具的性能和主要结构，操作时要思想集中，站稳，使身体保持平衡，并不得穿宽大的衣服、不戴纱手套，以免卷入工具的旋转部分。

(4)使用电动工具时，操作者施加在工具上的压力不得超过工具所允许的值。电动工具连续使用的时间不宜过长，否则微型电机容易过热损坏，甚至烧坏。一般电动工具在使用 2h 左右即需停止操作，待其自然冷却后再使用。

(5)电动工具在使用中不得任意调换插头，更不能不用插头，而把导线直接插入插座内。当电动工具不用或需变更工作地点时，应及时拔下插头。在插插头时，工具的开关应处在关闭位置，防止突然启动。

(6)手持电动工具使用前，应检查外壳、手柄不出现裂缝、破损；电缆软线及插头等完好无损，开关动作正常保护接零连接正确牢固可靠。

(7)使用振动器必须穿绝缘鞋，使用磨石机、Ⅰ类手持电动工具等设备时应戴绝缘手套，湿手不得接触开关；电源线架设时应有绝缘措施，不得有破皮漏电，禁止缠绕在钢筋上或随意拖放在地上。

(8)手持电动工具自备的橡套软线不得接长，当电源与作业场所距离较远时，应采用移动开关箱进行作业。

(9)使用过程中要经常检查，如发现绝缘损坏，电源线或电缆护套破裂，接地线脱落，插头插座排列，接触不良，以及断续运转等故障时，应立即修理。移动电动工具时，必须握持工具的手柄，不得拖拉导线来移动工具，并随时注意防止损坏导线。

(10)电动工具不适宜在有易燃易爆或腐蚀性气体及潮湿等特殊环境中使用，并应存放于干燥、清洁和没有腐蚀性气体的环境中。对于非金属外壳的电机、电器，在存放和使用时要防止与汽油等溶剂接触。

第三节 中小型机械的安全使用

一、中小型机械安全作业管理一般要求

(1)所有中小型机具与开关箱之间距离不得大于 3m;每台机具应实行“一机一闸一漏一箱”制。

(2)操作工必须按“清洁、紧固、润滑、调整、防腐”的十字作业要求,定期对机具进行维护保养。

(3)机具运转时,操作工不得擅离岗位,须随时注意机具的运转情况,发现异常观象,应马上停机,不可擅自维修。应通知专业维修人员进行检查维修。

二、挖掘机安全使用

(1)在挖掘多石土壤或冻土时,应先爆破,然后进行挖掘。

(2)在工作时,挖掘机应停放在平坦坚实的地面上,以保证回转机构的正常工作。

(3)挖掘机上坡时,驱动轮应在后面;下坡时,驱动轮应在前面,且动臂在后面。挖掘机在通过铁道或软土、黏土路面时,应铺设垫板。

(4)禁止在危险的作业面下边工作或停放。在高的工作面上挖掘散粒土壤时,应将工作面的较大石块租其他物品除掉,以免其坍下造成事故。

(5)当铲斗尚处于工作状况时,禁止挖掘机转动。在挖掘机转动时,不得用铲斗对工作面等物进行侧面冲击,或用铲斗的侧面刮平土壤。

(6)履带式挖掘机不应自行移动较大距离(5km 以上),以免行走机构遭到过度损伤。

(7)没有经过允许,不可在埋有地下电缆的地区进行任何挖掘工作。

(8)在挖掘机工作时铲斗及斗杆下方不得有人穿越或停留。在铲斗下落时,注意不要冲击车架和履带。不要放松提升钢丝绳。当铲斗接触地面时,禁止挖掘机转动。

(9)做拉铲、抓铲工作时,禁止高速回转,禁止在风压大于 250Pa 条件下工作。

(10)挖掘机移动时,动臂应放在行走方向,铲斗距地面高度不得超过 1m。铲斗满载时,禁止移动。

(11)挖掘前要了解地下有无埋设物和埋没物的埋没位置,要注意不要挖坏地下埋设物。

三、推土机安全使用

(1)托运装卸车时,跳板必须搭设牢固稳妥,推土机开上、开下拖板时必须低挡运行。装车就位停稳后要将发动机熄火,并将主离合器变速杆、制动器都放在操纵位置上,同时用三角木把履带塞牢,如长途运输还要用铁丝绑扎固定,以防在运输时移动。

(2)在陡坡上纵向行驶时,不能拐死弯,否则会引起履带脱轨,甚至造成侧向倾翻。

(3)在陡坡(25°以上)上严禁横向行驶,如果在 25°以上陡坡进行横向推土时,应先进行挖填,使推土机保持平衡后,方可进行工作。

(4)下坡时不准切断主离合器滑行,否则推土机速度将不易控制,造成机件损坏或发生事故。

(5)在下陡坡时,应使用低速挡,将油门放在最小位置,慢速行驶。必要时,可将推土机调

头下行,并将推土板接触地面,利用推土板和地面产生的阻力控制推土机速度。

(6)在高速行驶时,切勿急转弯,尤其在石子路上和黏土路上不能高速急转弯,否则会严重损坏行走装置,甚至使履带脱轨。

(7)推土前要了解地下有无埋设物和埋设物的埋设位置,要注意不要推坏地下埋设物。

(8)在行走和工作中,尤其在起落刀架时,应特别注意勿使刀架伤人。

四、蛙式打夯机安全使用

(1)每台蛙式打夯机必须设两名操作人员,一人操作夯机,一人随机整理电缆线;操作人员应穿胶底鞋,戴绝缘手套。

(2)操作夯机者应先根据现场情况和工作要求确定行夯路线,操作时按行夯路线随机直线行走。严禁强行推进、后拉、按压手柄强猛拐弯,或撒把不扶任夯机自由行走。

(3)随机整理电线者随时将电缆线整理通顺,盘圈送行,并应与夯机保持3～4m余量。发现有电缆线扭结缠绕、破裂及漏电现象时,应及时切断电源,停止作业。

(4)每台夯机的电机必须是加强绝缘或双重绝缘电机,并装有漏电保护装置,操作开关要使用定向开关,每台夯机必须单独使用刀闸或插座。

(5)夯机的操作手柄要加装绝缘材料。

(6)每班工作前必须对夯机进行检查。

(7)夯机作业前方2m以内不得有人。多台夯机同时作业时,其并列间距不得小于5m,纵距不得小于2m。

(8)夯机不得打冻土、坚石、混有砖石碎块的杂土以及一边偏硬的回填土。在边坡作业时应注意保持夯机平稳,防止夯机翻倒坠夯。

(9)经常保持机身整洁,托盘内落入石块、积土、杂物较多或底部黏土过多出现啃土现象时必须停机断电清除,严禁运转中清除。

(10)搬运夯机时,须切断电源,并将电线盘好,夯头绑住。往坑槽下运送时,用绳索系送。严禁推扔夯机。

(11)停止操作时,切断电源,锁好电源闸箱。

(12)夯机的电器设备发生故障或雨后使用夯机,由电工进行检查、修理,确定电器设备完好后方可使用。

(13)长期搁置不用的夯机,在使用前必须测量绝缘电阻,未经测量检查合格的夯机,严禁使用。

五、搅拌机的安全使用

(1)操作司机必须是经过培训,并考试合格取得操作证者,严禁非司机操作。

(2)司机必须按“清洁、紧固、润滑、调整、防腐”的十字作业法,每天对搅拌机进行认真的维护保养。

(3)混凝土搅拌机的电源接线必须正确,必须要有可靠的保护接零(或保护接地)和漏电保护开关,布线和各部件绝缘必须符合规定要求。

(4)每日工作开始时,应认真检视各部件有无异常现象。开车前应检查离合器、制动器和各防护装置是否灵敏可靠。钢丝绳有无破损,轨道、滑轮是否良好,机身是否稳固,周围有无障碍,确认没有问题时,方能合闸试车。经2～3min试运转,滚筒转动平稳,不跳动、不跑偏,运转正常,无异常声响后,再正式进行生产操作。

(5)机械开动后,司机必须思想集中,坚守岗位,不得擅离职守。并须随时注意机械的运转情况,若发现异常现象或听到异常声响,必须将罐内存料卸出,停车后进行检查修理。

(6)各型搅拌机均为运转加料,若遇中途停机停电时,应立即将料卸出。绝不允许中途停车,重载启动(反转出料混凝土搅拌机除外)。

(7)搅拌机在运转中,严禁修理和保养,不准用工具伸到罐内扒料。

(8)搅拌机在运转中严禁用铁铲等工具伸入机内。

(9)如果砂堆棚结,需要捣松时,必须两人前去,一人操作,一人监护,并必须有安全措施,每个人都须站在安全稳妥的地方工作。

(10)上料不得超过规定量,严禁超负荷使用。

(11)强制式混凝土搅拌机的骨料应严格筛选,最大粒径不得超过允许值,以防卡塞。

(12)搅拌机停止作业后,应清洗干净,插好保险销、挂好保险挂钩。

(13)寒冷季节搅拌机在作业结束后,必须将水泵、贮水罐内的水放净,避免冻坏设备。

六、翻斗车的安全使用

(1)翻斗车司机必须持证上岗,不得违章驾驶,料斗内不得乘人。

(2)工作前应检查本机各部件有无异常,经确认无异常后再起动柴油机。起动柴油机前,变速杆放于空挡位置,将油门踏板扳在慢车位置。冬季起动时,可将张紧轮脱开,减少摩擦便于起动。

(3)柴油机发动后,试运转片刻,确认运转正常,无异常声响待车跑起来后再换二挡、三挡,禁止三挡起步。

(4)路面情况不良必须以低速挡行驶,避免剧烈加速和剧烈颠簸。由低速挡往高速挡变换时,应逐渐提高车速,避免将油门一下子踏到底的猛烈动作。在一般情况下,制动要平稳,尽量避免紧急刹车。

(5)换挡时应正确使用离合器,离合器开始接合时应缓慢,当完全接合后,应迅速把脚移开跳板,在行驶中不得使用半踏离合器的办法来降低车速。只有当翻斗车完全停止后,才可换入倒挡。

(6)爬坡时如道路情况不良,应根据车速情况,尽量事先换低速挡爬坡。下坡时,不宜高速行驶,严禁脱挡高速滑行。避免紧急刹车,防止车子向前倾翻,禁止下25°以上的陡坡。

(7)机动翻斗车在公路行驶或夜间工作时,灯光一定要齐全。上公路行驶必须严格遵守交通规则。在夜间运行或在人多路段内行驶时,应降低车速。

(8)下班前应认真清洗车辆。在冬季,停车后必须放尽发动机的冷却水,避免冻坏发动机。

(9)在坑边缘倒料时,必须设置安全可靠的车挡方可进行施工。车辆离坑边10m处就必须减速行驶,到靠近车挡处倒料,防止车辆翻入坑内造成事故。

七、钢筋加工机械安全使用

(1)钢筋加工机械必须由专人管理;并必须按"清洁、坚固、润滑、调整、防腐"的十字作业法,对机械进行认真的维护、保养。使用钢筋机械必须经过管理人员允许,对不了解钢筋机械安全操作知识者禁止上机操作。

(2)使用前必须检查刀片、调直块等工作部件安装是否正确,有无裂纹,其固定螺丝是否紧固。各传动部分的防护罩是否齐全有效。

(3)使用前必须先空车试运转,确认确实无异常后,才能正式开始工作。

(4)工作前必须检查电源接线是否正确,各电器部件的绝缘是否良好,机身是否有可靠的保护接零或保护接地。

(5)在机械运转过程中,禁止进行调整、检修和清扫等工作。

(6)禁止加工(如调直、切断、弯曲等)超过规定规格的钢筋或过硬的钢筋。

(7)钢筋调直机调到末端时,人员必须躲开,以防甩动伤人。在机器运转过程中,不得调整滚筒。

(8)操作调直机时严禁戴手套。钢筋送入调直机后,手与曳轮应保持一定的距离。

(9)在使用钢筋切断机时,必须将钢筋握紧,应在活动刀片向后退时,将钢筋送入刀口,要防止钢筋末端摆动或弹击伤人。若送短料,须用钳子夹住送料。

(10)在使用弯曲机时,不直的钢筋禁止在弯曲机上弯曲,防止发生伤害事故。

(11)加工较长钢筋时,应设专人帮扶钢筋。扶钢筋人员应与掌握机械人员动作协调一致,并听其指挥,不得任意拉、拽。

(12)对机架上的铁屑、钢末不得用手抹或用嘴吹,以免划伤皮肤或溅入眼中。

(13)已切断或弯曲好的半成品,应码放整齐,防止个别新切口突出划伤皮肤。每天工作完毕后,对切下的碎头等,必须清理干净,并拉闸断电,锁好电闸箱后方可离开。

第四节　起重机安全作业

一、起重机安全作业管理一般要求

(1)起重机信号、挂购工种必须持有特种作业证件。

(2)严禁攀爬井架,施工电梯、塔式起重机塔身,防止发生高处坠落事故。

(3)两台或两台以上塔式起重机作业时,应有防碰撞措施。

(4)用起重机吊砖要用砖笼。当采用砖笼往楼板上放砖时,要均匀分布,并预先在楼板底下加设支柱或横木承载。砖笼严禁直接吊放在脚手架上。吊砂浆的料斗不能装得过满,装料量应低于料斗上沿100mm。

(5)起重作业时,应使用适当的捆扎方式,保重索具完好,确保吊卸物品放稳固。

(6)起重作业时,散料必须使用封闭容器装盛。

(7)严禁超载起吊。

二、起重设备零部件安全使用要点

1.钢丝绳

(1)解开原卷钢丝绳时,不得造成环或死弯扭结。

(2)钢丝绳端部要用铁丝扎紧或用低熔点金属焊牢,以避免绳头松散。切断钢丝绳时,应在切断处两侧1.5倍钢丝绳直径处,用铁丝扎紧,扎好后用锯或錾子切断,不得用电焊或气割。

(3)钢丝绳穿用的滑轮,其边缘不应有破裂或缺陷,钢丝绳与滑轮或卷筒的直径之比应符合有关的要求。

(4)钢丝绳在使用中,应避免与其他物件摩擦;着地的钢丝绳应用木板托起;钢丝绳应避免与带电的线路相接触。

(5)在作业过程中,如绳股挤出大量的绳油,应停止工作,详细检查或更换新绳。

(6)超载使用过的钢丝绳,应通过破断拉力试验鉴定后降低使用。

(7)在使用中的钢丝绳,如断丝增多,速度加快,应立即更换。

(8)用钢丝绳编接吊索时,编接部分的长度不得小于钢丝绳直径的 15 倍,并且不小于 30cm。由卡子连接时,必须选择与钢丝绳直径相适宜的起重卡子,每个连接处不得少于 3 个。卡子的间隔不能小于直径的 6 倍,最小距离不得少于 12cm。

(9)减少钢丝绳的机械磨损及自然腐蚀、局部触伤。对使用中的钢丝绳至少每月要润滑两次。

(10)钢丝绳存放时,先要将钢丝绳上的脏物清除干净后上好润滑油,然后盘绕好,存放于干燥通风的库房内,下面应垫木板,并要定期抹油。

2. 吊钩

(1)吊钩应有制造单位的合格证等技术证明文件方可投入使用。

(2)起重机械不得使用铸造的吊钩。

(3)吊钩要设有防止吊重意外脱钩的安全装置。

(4)吊钩的危险断面内,应定期用 10～20 倍放大镜进行检查,发现裂纹或磨损量超过安全规定者就应该报废。

(5)新吊钩在使用前要进行负荷试验。

(6)当起重量很大时,要考虑用吊环或卡环代替吊钩,以保证安全。

3. 滑轮

滑轮一般由铸铁、球墨铸铁及铸钢制成;其各有优、缺点,但球墨铸铁的综合性能较好。滑轮按照使用情况和起重量的不同,直径也不同。滑轮应每月进行检修,检修的项目如下:

(1)正常工作状态的滑轮,用手能灵活转动,侧向摆动不得超过 $D/1000$(D 为滑轮直径)。

(2)轴上润滑油槽孔中的切削和尘土等脏物必须清除干净,检查油孔与轴承间隔套上的油槽是否对准。

(3)滑轮上有裂纹时应报废,不允许补焊使用。

(4)滑轮绳槽径向磨损不应超过绳径的 30%。

(5)滑轮槽壁磨损不应超过原壁厚的 30%,对于铸钢滑轮,当磨损未达到报废标准时,可以补焊,然后车削修复。修复后轮槽壁厚不得小于原壁厚的 80%,径向偏差不得超过 3mm。

(6)轴孔内缺陷面积不应超过 $0.25cm^2$,缺陷深度不得超过 4mm,小缺陷经处理后可继续使用。

4. 制动器

(1)制动器是起重机用来使各机构可靠准确的制停装置。它是起重机械的主要安全附件之一,习惯上叫做“抱闸”或“刹车”。根据制动器的结构和所用动力的不同,有电磁制动器、脚踏制动器和液压制动器等几种。制动器一般都是常闭式的,既是工作机构又是安全装置。

(2)制动器要每班检查一次,检查机构运转是否正常,有无卡塞现象,闸块和制动轮是否紧贴,制动轮表面是否良好,调整螺母是否紧固。每周应润滑一次。

5. 滑车

(1)按出厂的额定起重量使用,不得超载。

(2)滑车固定要牢固,吊钩、吊环、吊梁、轮槽等应完好,不得有变形裂纹,滑轮转动应灵活。

(3)钢丝绳直径应符合有关的要求,以避免钢丝绳和滑车互相损伤。钢丝绳与滑轮槽的偏角不得超过 6°。

(4)在受力方向变化较大或高处作业中,不应使用吊钩型滑车,以防止脱钩。

(5)滑车在穿好钢丝绳后,要进行试吊。

(6)滑车应定期保养和维修。

6. 葫芦

(1)不得超载使用。

(2)使用前应仔细检查传动部件、钢丝绳等部位。

(3)作业前要试吊,确认可靠方可进行正常作业。

(4)应按规定期限对卷筒两端轴承、减速箱等部位进行加油润滑。

(5)新电动葫芦在使用前应做静载试验。

(6)轨道两端应设挡板;要经常检查限位开关,保持作业良好。

(7)在倾斜或水平方向使用时,拉链方向应与链轮方向一致,防止卡链和掉链。

(8)在起吊过程中,无论重物提升或下降,拉动链条时,用力应均匀缓慢。如发现拉不动时,不可硬拉、更不得增加拉链人数。应检查重物是否与其他物体牵挂、机件有无损坏、是否超载等情况。拉链的人数一般由葫芦的起重量确定,一般 2t 以下者为 1 人,3～5t 为 2 人。

(9)电动葫芦应经常检查起重钢丝绳。

(10)钢丝绳在卷筒上排列应整齐,不得有重叠散乱。

7. 千斤顶安全使用

(1)千斤顶安放好后,应进行试顶。正式顶升过程中要平稳,不得任意加长手柄或过猛地操作。

(2)使用时要放置平稳,并应垫有坚韧且不小于 50m 厚的木板,木板不得有油污,不得用铁板做垫板,以防止滑动。

(3)不得超负荷,每次顶升都不得超过额定高度。

(4)数台千斤顶同时作业时,操作要同步,并在千斤顶之间垫支承木块。

(5)存放油压千斤顶,应放在干燥无尘的地方,不可日晒雨淋。

(6)螺旋千斤顶螺纹磨损超过 20%时,应报废。

(7)油压千斤顶在放下重物时,只须微开回油门缓慢下放,不得突然下放。油压千斤顶应按规定定期进行拆卸检查、清洗或换油。

(8)不得在有酸碱或腐蚀性气体的场所使用。

(9)油压千斤顶的油和贮油器,要保持清洁。

三、卷扬机安全使用

(1)卷扬机应做到定人定机。卷扬机司机必须熟悉本机构造、原理、性能、操作方法、保养规则、安全规程。

(2)工作开始时应先检查卷扬机、井字架、吊盘等各部件有无异常现象。机身、井架是否固定牢靠,卷扬机的外露皮带、齿轮等传动滑轮是否符合要求(禁止使用开口滑车)。

(3)操作前应进行试车,检查各项动作及制动设备是否灵敏可靠,检查各部位连接紧固件是否完好可靠。检查工作条件、各安全装置是否符合要求。经检查试运转合格后方准操作。

(4)卷扬机起吊吊盘时,吊盘内严禁坐人。人未离吊盘不得起吊,起吊后垂直下方不准有人通行或操作，发现下方有人时，吊盘不得下落或上升。

(5)用卷扬机垂直运输时，上、下联系应有明确的信号，如电铃、信号灯等。司机要坚守岗位，严禁非操作人员乱动。

(6)卷扬机分班操作时，应坚持交接班制度，交接机械情况、任务和注意事项。

(7)卷扬机滚筒上的钢丝绳排列整齐。如果缠乱需滚绕重缠时，严禁一人用手、脚引导缠绳。钢丝绳在滚筒上至少保留3圈以上，钢丝绳磨损程度达到报废标准时必须及时更换，并严禁使用有接头的钢丝绳。

(8)卷扬机要严禁超载运行。电动机的工作电压应与铭牌上规定相符，其变动范围不得超过+5%(如380V的电动机应在360～400V之间)。若电压变动超过+5%，应减少荷载30%；当电压变动超过+10%时应立即停止。

(9)操作时，司机要精神集中，不准与旁人闲谈打闹。要随时注意卷扬机各部件的运转情况是否正常。

(10)卷扬机运输中发现电气设备漏电、起动器的触点发生火弧、烧毁电动机在运行中温升过高、有异常的声音等情况，必须立即停车检修。

(11)卷扬机在高车架吊运、吊盘在各层停靠时，必须先将吊盘停靠安全闸打开，托住吊盘，确保吊盘不至坠落后，方准上人接送物料。

(12)工作完毕，必须将吊盘落下，将电源闸刀断开，将闸箱锁好后方可离开本机。

四、塔式起重机安全作业

(1)司机应受过专业训练，熟悉机械构造和工作性能，并严格执行安全操作规程及保养规程。

(2)起重机应指定司机进行操作，非司机人员不得操纵。司机酒后或有病时，也不得进行操作。

(3)起重机的工作环境温度为−20℃～+40℃，风力应低于6级。

(4)新机或大修出厂及拆卸重新组装之后，均应进行试验。

(5)司机必须在得到指挥信号后，方准进行操作。操作前司机必须发出警报信号。

(6)起重机工作时，应严格按起重特性曲线进行，严禁超载。亦不准斜拉重物和拔除埋在地下的重物。严禁上下吊运人员。

(7)安装好后，应重新调整好各种安全保护装置和限位开关，如夜间作业，照明必须良好。

(8)操纵控制器，首先应从停止(即零)开始，逐挡加速或减速。严禁超挡操纵。不论哪一部分传动装置在运转中变换方向，均应先将控制器扳至“零”位，待动作停止后，再进行逆向运转。严禁直接变换方向。

(9)停止工作时，不得将重物悬在空中。所有的控制器均应扳到“零”位。

(10)重物上升时，吊钩距起重臂端部不得小于1m。

(11)轨行式起重机工作完毕，起重机应开到轨道中心位置停放。并用灰轨钳夹紧在钢轨上。吊钩升到距起重机臂端部2.5m处，起重臂应转至平行于轨道方向。由于大风停用时，夹轨钳夹紧钢轨后，机臂应转到下风方向，并使吊钩不受大风影响或碰撞其他物体。

(12)6级及以上大风和雷雨天，应停止作业。风雨过后，开始操作前应检查起重机各部位，根据润滑要求进行润滑。各“操作手柄”必须置于“零”位。

五、汽车式起重机安全作业

(1)汽车式起重机驾驶工(起重机司机)在准备作业前首先要进行各项的安全检查。

(2)起重机司机要严格按指挥信号进行操作并同挂钩工相互配合,自觉服从指挥。

(3)吊运货物前,要对被吊物重量进行估算,确定分吊数量和吊挂位置,严格按照起重机额定起重量和旋转范围进行作业。

(4)起重机开始运转时,起重机司机要鸣铃,提醒各作业人员注意旋转方向;货物离地20cm时,要停吊、试臂、试绳、试刹车。

(5)起重机吊运货物时,要找准货物重心,使吊钩与被吊物保持垂直;遇有棱角尖锐的货物,要加放衬垫,保护绳索,货物吊挂要牢固。

(6)使用两台起重机进行的抬吊作业,起重机吊钩须与被吊物垂直,货物捆绑、吊挂要牢靠,每台起重量不准许超过额定量的80%。

(7)起重吊运作业中,不准许起重机带荷载强行伸缩或同时进行两个动作,也不准许用起重臂拖拉碰撞货物,不准许挂钩工搭乘上下货物。

(8)起重吊运中,不准许主、副卷扬机同时工作;夜间作业,现场要有足够的照明条件,起重机灯光要齐备,指挥信号要清晰、准确。

(9)起重机吊运货物不准许在地面旋转,操作中带载变幅要平稳,不允许在作业中长时间将货物悬吊在半空中而司机离开操作室。

(10)起重吊运作业时,卷筒上的钢丝绳最少要有三圈的余量,不准许钢丝绳重叠、打结、绞拧,不准强行操作升降或进行调整。

(11)起重吊运中,遇有异常声响、抖动、发热、异味时,应停止操作;遇有紧急情况时,要立即鸣铃或报警,停止作业,及时采取防范措施。

(12)收完起重臂和支腿后,随车挂钩工再将吊索工具、垫木,收到起重机的安全位置;起重机司机,要提醒挂钩工选择安全的位置乘坐。

(13)起重机司机离开操作室前,要切断电源,关闭起动开关,将各操作手柄复位,制动装置处于安全状态,关好门、窗,锁好车门。

(14)收车后,起重机司机对作业中发现的隐患,出现的故障,检查中发现的问题,要及时报修、排除,保证起重机始终处于完好状态。

第五节　锅炉的安全管理要点

锅炉的安全管理要点有:

(1)锅炉安装的施工单位,必须经省级锅炉压力容器安全监察机构审批。锅炉安装质量的分段验收和水压试验,由锅炉安装单位和使用单位共同进行。总体验收时,除锅炉安装单位和使用单位外,一般还应有安全监察机构派员或委托检验机构参加。

(2)锅炉的使用单位必须向当地监察机构办理登记手续,取得使用证,并有相应等级的取证司炉工,才能投入使用。

(3)使用锅炉的单位,对运行的锅炉必须按照有关规定实行定期检验制度。定期检验工作应由有资格的单位进行。锅炉的修理和改造应由相应的单位进行,方案要经过安全监察机构审批。

(4)每台锅炉至少应装设两只安全阀(不包括省煤器)。符合下列规定之一者可以只装一只安全阀:额定蒸发量不大于 0.5t/h 的锅炉;额定蒸发量小于 4t/h 且有可靠超压联锁保护装置的锅炉。对于额定蒸发量不大于 0.1MPa 的锅炉可采用静重式安全阀或水封式安全装置。

(5)每台锅炉都必须装有与锅炉蒸汽空间直接相连接的压力表。

(6)每台锅炉至少应装两个彼此独立的水位表。

(7)锅炉房不得与甲、乙类及使用可燃液体的丙类火灾危险性房屋相连,若与其他生产厂房相连时,应用防火墙隔开。

(8)锅炉房内的布置应便于操作、通行和检修;应有足够的光线和良好的通风,以及必要的降温和防冻措施;地面应平整无台阶,且应防止积水;锅炉房承重梁柱等构件应与锅炉有一定的距离或采取其他措施,以防止受高温损坏。

(9)锅炉房每层应至少有两个出口分别设在两侧。锅炉房通向室外的门应向外开,锅炉运行期间不得锁住或闩住,出入口和通道应畅通。

(10)锅炉房内的操作地点以及水位表、压力表、温度计等处,应有足够的照明。

(11)锅炉运行时,操作人员应执行有关锅炉安全运行的各项规章制度,做好运行值班记录和交接班记录。

(12)锅炉房八项规章制度包括:岗位责任制;交接班制度;巡回检查制度;安全操作规程;水质管理制度;维修保养制度;清洁卫生制度;事故报告制度。

(13)锅炉房的六项记录包括:锅炉及附属设备运行记录;交接班记录;水处理设备及水质化验记录;锅炉、附属设备及水处理设备的检修保养记录;单位主管领导和锅炉房管理人员的检查记录;事故及故障记录。

(14)司炉操作证必须与操作的锅炉类别相符,证件应在有效期内,超期或经复审不合格,按无证上岗处理。

(15)进入锅炉内部工作前,必须用能指示出隔断位置的强度足够的金属堵板将连接其他运行锅炉的蒸汽、给水、排污等管道全部可靠隔开,且必须把锅炉上的人孔、集箱上的手孔打开,使空气对流一定时间。

(16)在进入烟道或燃烧室工作前,必须进行通风,以防毒、防火、防烟。

(17)用油或气体作燃料的锅炉,应可靠地隔断油或气的来源。

(18)在锅炉和潮湿的烟道内工作而使用电灯照明时,照明电压应不超过 24V;在干燥的烟道内,应有妥善的安全措施,可采用不高于 36V 的安全电压;禁止使用明火照明。

(19)在锅炉内进行工作时,锅炉外面应有人监护。

(20)锅炉定期检验的要求:在用锅炉一般每年进行一次外部检验,每两年进行一次内部检验,每 6 年进行一次水压试验。当内部检验和外部检验同在一年进行时,应首先进行内部检验,然后进行外部检验。对不能进行内部检验的锅炉,应每 3 年进行一次水压试验。

(21)除定期检验外,锅炉出现下列情况之一时,也应进行内部检验:移装锅炉投运前;锅炉停止运行 1 年以上需要恢复运行前;受压元件经重大修理或改造后及重新运行 1 年后;根据上次内部检验结果和锅炉运行情况,对设备的安全可靠性有怀疑时。

(22)小型蒸汽锅炉使用期限应当不超过 8 年,超过 8 年的应予报废。

第六节　机械使用人员安全要求

一、工程用机动汽车驾驶员的基本要求

(1)驾驶员驾驶车辆时,须携带驾驶证、行驶证、安全考核卡、养路费缴、免凭证。

(2)不准转借、涂改或伪造驾驶证。

(3)不准将车辆交给没有驾驶证的人员驾驶。

(4)不准驾驶与驾驶证准驾车型不相符合的车辆。

(5)未按规定审验或审验不合格的,不准继续驾驶车辆。

(6)饮酒后不准驾驶车辆。

(7)不准驾驶安全设备不全或机件失灵及无消声装置的车辆。

(8)不准驾驶不符合装载规定的车辆。

(9)在患有妨碍安全行车的疾病或过度疲劳时;不准驾驶车辆。

(10)驾驶或乘坐二轮摩托须戴头盔。

(11)车门、车厢没有关好时,不准行车。

(12)不准穿高跟鞋、拖鞋、赤足驾驶车辆。

(13)不准在驾驶车辆时吸烟、饮食、闲谈或有其他妨碍安全行车的行为。

二、货车载人的安全要求

(1)要对驾驶员和乘车人进行安全教育,并有专人负责此项工作。在遇到险桥、险路、过渡、冰冻河面等不良道路情况时,应让乘车人下车步行。

(2)货车载人时要采取车厢板加高、车厢栏板加装安全铁链或安全绳等措施,防止车辆转弯时把人员甩出或碰伤。

(3)要经常检查车辆的技术状况,定期对车辆进行检查;对不同的车辆要核定载人标准,不得超载。

三、特殊货物的装载安全管理要点

(1)特殊货物主要指超长、超宽、超高货物。特殊货物在运输中,必须事先报请有关部门批准,签发通行证,按指定的时间、路线和规定的内容进行装载和运输,其超长、超宽和超高部分要悬挂标志,白天可以挂红旗、夜间可以装设红灯,必要时申请交通管制,禁止一切车辆通行。

(2)在运输的过程中要经常检查货物的绑扎情况;要低速行驶,保持汽车的稳定性;对沿线架空的电线、电缆等障碍物要有专人处理;超宽的货物行驶在狭窄的地段,要有人维持秩序,进行疏导。

四、危险货物的装载安全管理要点

(1)危险货物是指在运输或保管中,可能使人受伤、中毒的物资或使车辆、建筑物、道路遭到破坏的货物。

(2)要选择责任心强、技术好、熟悉危险物品性质的人员担任驾驶工作;危险品要包装牢

固、严密，不得与其他货物混装；要设置灭火器具；货物上要有专门标记，并派熟悉处理危险品的人员押运；不准搭乘其他乘客；在货物到达卸车地点、未卸完之前不准离开现场。

(3)行车速度要低；驾驶员不准在车内或靠近车辆的地方吸烟，不准驶进火源地带；途中需要停车时，应远离居民点和施工驻地；不准在发动机工作时向油箱加油；运送燃料的油罐车在停驶或装卸油时，应安装好地线，行驶中油灌外壳接地线要触地；当危险品发生泄漏、散落时，要迅速移至安全地点，及时处理，同时报告当地公安机关。

第八章　工程安全用电及防雷管理

近年来，触电事故位居施工事故总数的第二位，遭雷击现象也时有发生。加强工程施工现场用电及防雷管理是施工企业义不容辞的责任。

参加施工的各级领导、工程技术人员、生产管理人员、岗位工人必须熟悉和遵守铁路电力施工安全技术规则的各项规定，并组织贯彻执行。

本章主要对接地保护、线路保护、配电设施、电工用电安全以及防雷管理措施等方面做了描述。

第一节　用电安全

一、保护接地安全管理要求

所谓保护接地就是把在故障情况下可能呈现危险的对地电压的金属部分与大地紧密地连接起来。在不接地电网中采取了保护接地，当人接触故障带电的设备时，人与接地体形成并联电路，由于人体电阻远远大于接地电阻，在人身上分配的电压小的多，从而起到保护的作用。

1.保护接地的适用范围

保护接地适用于中性点不接地(或高阻抗接地)的系统，在这类电网中，凡是由于绝缘破坏或其他原因而可能呈现危险电压的部分，除有特殊规定外都应采取保护接地措施，主要包括：

(1)电机、变压器、开关设备、照明器具及其他机械设备的金属外壳、底座及其他相连的传动装置。

(2)户外配电装置的金属构架以及靠近带电部分的金属遮栏或围栏。

(3)配电屏、控制台、配电柜的金属框架和外壳。

(4)电缆接线盒的金属外壳、电缆的金属外皮和配线的钢管。

2.保护接地的接地电阻

(1)接地电阻的大小主要根据允许的对地电压来确定。在 1kV 及以下的低压系统中，一般要求保护接地电阻值小于 4Ω；当配电变压器或发电机的容量超过 100kV·A 时，要求接地电阻值小于 10Ω。

(2)在土壤的电阻率较高的地方，为了达到规定的电阻值，可以采用外引接地法、化学处理法、换土法、深埋法、接地体延长法等方法来降低接地电阻。

二、保护接零安全注意事项

(1)在采用 380/220V 三相四线制(三相五线制)、变压器中性点直接接地的系统中，普遍采用保护接零作为技术上的安全措施。所谓保护接零，就是把电气设备在正常情况下不带电的金属部分与电网的零线紧密地连接起来。保护接零原理如图 8－1 所示。

(2)应采取保护接零的设备和部位与保护接地相同。

(3)应当注意的是,由同一台变压器供电的采取保护接零的系统中,所有电气设备都必须同零线连接起来,构成一个零线网。

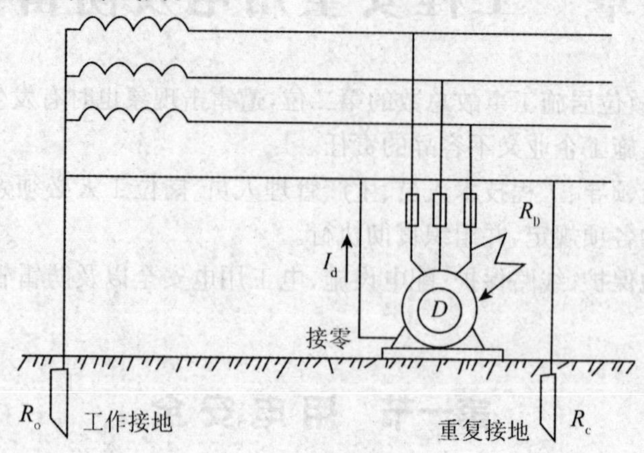

图 8—1 保护接零原理图

三、重复接地与工作接地安全要点

1.重复接地的条件

(1)架空线路干线和分支线的终端、沿线路每 1km 处、分支线长度超过 200m 的分支处。

(2)线路引入车间及大型建筑物的第一面配电装置处(进户处)。

(3)采用金属管配线时,金属管与保护零线连接后做重复接地;采用塑料管配线时另行敷设保护零线并做重复接地。

(4)当工作接地电阻不超过 4Ω 时,每处重复接地电阻不得超过 10Ω;当允许工作接地电阻不超过 10Ω 时,允许重复接地电阻不超过 30Ω,但不得少于 3 处。

2.工作接地的重要性

变压器低压绕组中性点的接地有时流过一定量的不平衡电流,称为工作接地或系统接地。

(1)工作接地与变压器外壳的接地、避雷器的接地是共用的。这一共用的接地俗称变压器"三位一体"的接地,其接地电阻应根据三者中要求最高的确定。

(2)工作接地的作用是保持系统电位的稳定性,即减轻低压系统由于一相接地,高、低压短接等原因所产生过电压的危险性。

四、接地和接零线安全要求

(1)接地线和接零线均可利用自然导体有:

建筑物的金属结构(梁、柱子、桁架等)。

生产用的金属结构(行车轨道,配电装置的外壳、设备的金属构架等)。

配线的钢管。

电缆的铅、铝包皮。

上、下水管、暖气管等各种金属管道(流经可燃或爆炸性介质的除外)均可用作 1000V 以下的电气设备的接地线和接零线。

(2)如果车间电气设备较多,宜敷设接地干线或接零干线(二者的区别在于前者只与接地体连接；后者除与接地体连接外，还需与电源变压器低压中性点连接）。

(3)接地干线宜采用 15mm×4mm～40mm×4mm 扁钢沿车间四周敷设，离地面高度由设计决定，并应保持在 200～250mm 以上，与墙之间应保持 15mm 以上的距离。

五、接地保护系统的类型

国际电工委员会提出的接地保护系统主要类型有 TT 系统、TN 系统和 IT 系统。第一个字母表示电力系统的对地关系，T—直接接地、I—所有带电部分与地绝缘；第二个字母表示装置的外露可导电部分的对地关系，T—外露可导电部分对地直接作电气连接，此接地点与电力系统的接地点无直接关系，N—外露可导电部分通过保护线与电力系统的接地点直接作电气连接；后面如果还有字母，这些字母则表示中性线与保护线的组合，S—中性线与保护线分开，C—中性线与保护线是合一的。

TN 系统就是电力系统有一点直接接地，电器装置的外露部分通过保护线与该接地点相连接，TN 系统又可以分 TN－S 系统(图 8－2)、TN－C(图 8－3)和 TN－C－S 系统(有一部分的保护线和中性线是合一的)。TT 系统就是电力系统有一点直接接地，电器设备的外露可导电部分通过保护接地线接至与电力系统接地点无关的接地体(图 8－4)。IT 系统就是电力系统与大地不直接连接，电气装置的外露可导电部分通过保护接点线与接地体连接，如图8－5所示，目前建筑施工临时用电中 TN－S 系统被广泛使用，而漏电保护器是施工临时用点安全防护系统的重要组成部分之一。

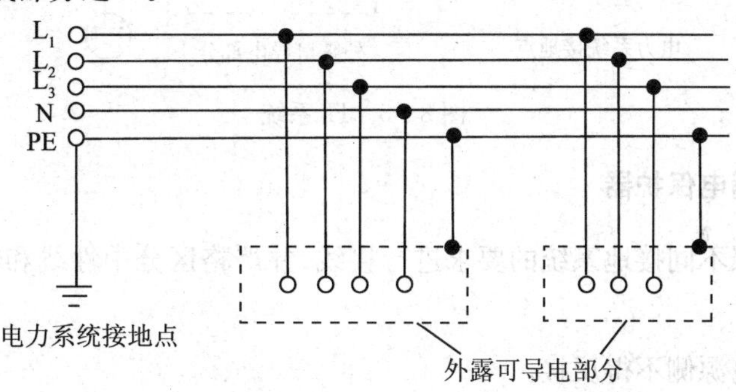

图 8－2　TN－S 系统

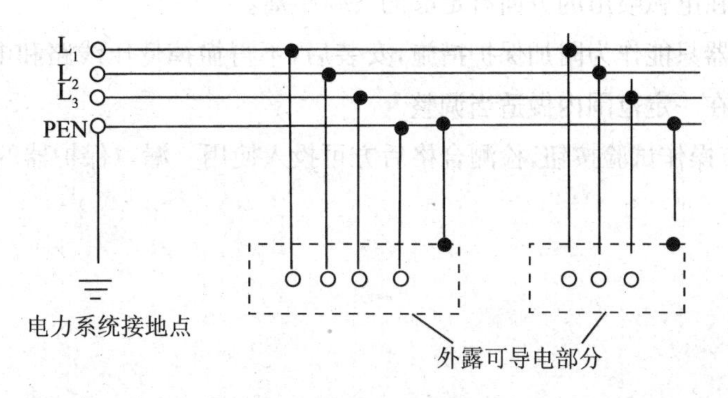

图 8－3　TN－C 系统

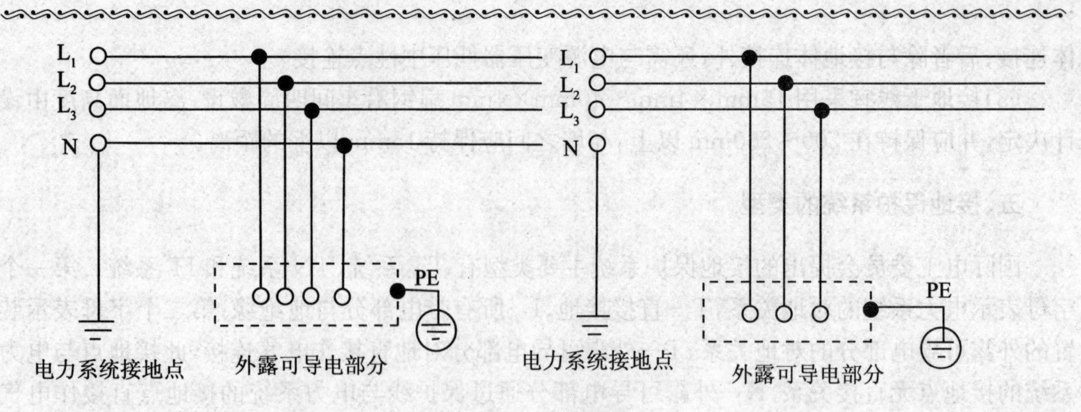

图 8－4 TT 系统

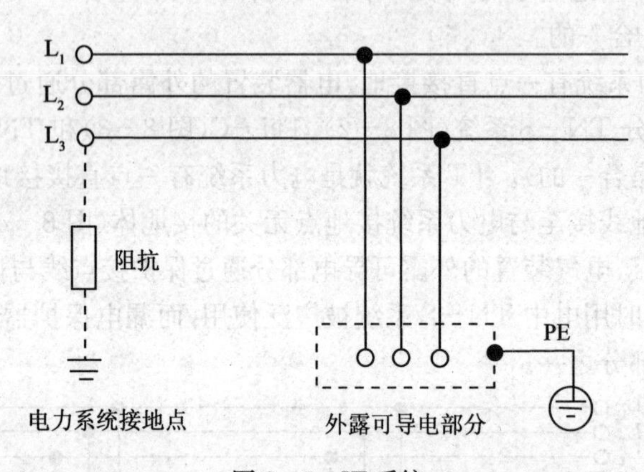

图 8－5 IT 系统

六、安全安装漏电保护器

(1)应正确按照不同接地系统的要求进行接线，并严格区分中性线和保护线，保护线不得接入漏电保护线。

(2)负荷侧和电源侧不得反接。

(3)安装带有短路保护的漏电保护器。

(4)必须保证在电弧喷出的方面有足够的飞弧距离。

(5)漏电保护器只能作为附加保护措施，安装后，不得撤掉低压线路和电气设备的基本防电击措施，只允许在一定范围内做适当调整。

(6)安装后，应操作试验按钮，检测合格后方可投入使用。漏电保护器的接线图如图 8－6 所示。

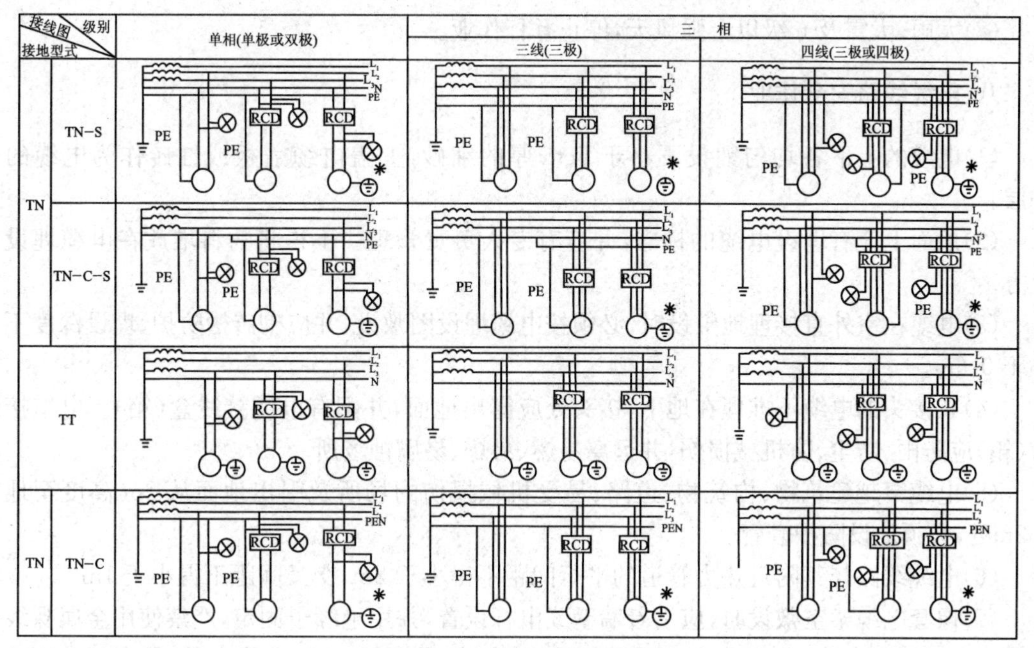

图 8—6　漏电保护器的接线图

注：1. L_1、L_2、L_3 为相线；N 为中性线；PE 为保护线；PEN 为中性线和保护线合一；○○为单极或三相电气设备；⊗为单相照明设备；RCD 为漏电保护器；⊜为不与系统中性接地点相连的单独接地装置，作保护接地用。

2. 单相负载或三相负载在不同的接地保护系统中的接线方式图中，左侧设备为未装有测电保护器，中间和右侧为装用漏电保护器的接线图。

3. 在 TN 系统中使用漏电保护器的电线设备，其外露可安电部分的保护线可接在 PEN 线，也可以接在单独接地装置上而形成局部 TT 系统，如 TN 系统接线方式图中的右侧设备的接线。

七、架空线路安全作业

(1)施工现场运电杆时，应由专人指挥。小车搬运，必须绑扎牢固，防止滚动。人抬时，前后要响应，协调一致，电杆不得离地过高，防止一侧受力扭伤。

(2)人工立电杆时，应有专人指挥。立杆前检查工具是否牢固可靠(如叉木无伤痕，链子合适，溜绳、横绳、逮子绳、钢丝绳无伤痕)。地锚钎子要牢固可靠，溜绳各方向吃力应均匀。操作时，互相配合，听从指挥，用力均衡；机械立杆，吊车臂下不准站人，上空(吊车起重臂杆回转半径内)所有带电线路必须停电。

(3)电杆就位移动时，坑内不得有人。电杆立起后，必须先架好叉木，才能撤去吊钩。电杆坑填土夯实后才允许撤掉叉木、溜绳或横绳。

(4)电杆的梢径不小于 13cm，埋入地下深度为杆长的 1/10 再加上 0.6m。木质杆不得劈裂、腐朽，根部应刷沥青防腐。水泥杆不得有露筋；环向裂纹、扭曲等现象。

(5)架空线路的干线架设(380/220V)应采用铁横担、瓷瓶水平架设，挡距不大于 35m，线间距离不小于 0.3m。

(6)杆上紧线应侧向操作，并将夹紧螺栓拧紧，拧紧有角度的导线时，操作人员应在外侧作业。紧线时装设的临时脚踏支架应牢固。如用大竹梯，必须用绳将梯子与电杆绑扎牢固。调整拉线时，杆上不得有人。

(7)紧绳用的铅(铁)丝或钢丝绳，应能承受全部拉力，与电线连接必须牢固。紧线时导线下方不得有人。终端紧线时反方向应设置临时拉线。

(8)大雨、大雪及6级以上强风天,停止登杆作业。

八、电缆线路安全作业

(1)电缆的上下各均匀铺设不小于5cm厚的细砂,上盖电缆盖板或红砖作为电缆的保护层。

(2)地面上应有埋设电缆的标志,并应有专人负责管理。不得将物料堆放在电缆埋设的上方。

(3)电缆在室外直接埋地敷设时,必须按电缆埋设图敷设,并应砌砖槽防护,埋设深度不得小于0.6m。

(4)有接头的电缆不准埋在地下,接头处应露出地面,并配有电缆接线盒(箱)。电缆接线盒(箱)应防雨、防尘、防机械损伤,并远离易燃、易爆、易腐蚀场所。

(5)电缆穿越建筑物、构筑物、道路、易受机械损伤的场所及引出地面从2m高度至地下0.2m处,必须加设防护套管。

(6)电缆线路与其附近热力管道的平行间距不得小于2m,交叉间距不得小于1m。

(7)橡套电缆架空敷设时,应沿着墙壁或电杆设置,并用绝缘子固定,严禁使用金属裸线作绑线。电缆间距大于10m时,必须采用铅丝或钢丝绳吊绑,以减轻电缆自重,最大弧垂距地面不小于2.5m。电缆接头处应牢固可靠,做好绝缘包扎,保证绝缘强度,不得承受外力。

(8)在建建筑的临时电缆配电,必须采用电缆埋地引入。电缆垂直敷设时,位置应充分利用竖井、垂直孔洞。其固定点每楼层不得少于1处。水平敷设应沿墙或门口固定,最大弧垂距离地面不得小于1.8m。

九、施工现场临时用电安全管理

(1)临时用电设备在5台及以上或者设备的总容量在50kW及以上时,应编制临时用电施工组织设计;在5台以下或者容量在50kW以下时可以只编制安全措施和防火措施。临时用电的施工组织设计和措施由电气技术人员负责编制。

(2)临时用电工程的安装、检修或拆除等必须由相应等级的电工完成,各有关特种作业人员须按有关规定经培训考核,持证上岗。

(3)施工现场临时用电须建立安全技术档案,包括有关施工组织设计、技术交底书、检修验收纪录等;安全技术档案由电气技术人员和电工负责建立和管理。

(4)临时用电工程安装调试完毕后应组织检查验收,检查验收按分部分项工程进行,施工现场每月进行一次检查,公司每季进行一次复查。

十、配电设施安全管理

(1)配电室应设在电源附近干燥、清洁、无腐蚀的场所,并能自然通风,防止动物出入。配包盘(屏)正面操作宽度,单列布置不小于1.5m,双列布置不小于2m,侧面维护通道宽度不小于1m,后侧不小于0.8m,配电装置距天棚高度不小于0.5m,天棚距地面高度不小于3m。

(2)配电盘(屏)应装设短路和过负荷保护装置及漏电保护器,其下配电线路应编号并作用途标识。配电系统维修时,应悬挂停电标志牌,停、送电须由专人负责。

(3)电缆干线应采用埋地或架空敷设,严禁沿地面明设,并应避免机械损伤和介质腐蚀;电览穿越建筑物、构筑物、道路、易受损伤的场所及引出地面从2m高度至地下0.2m处,必须加设防护套管。

(4)橡皮电缆架空敷设和室内绝缘导线的敷设距地面高度不得小于2.5m,电缆接头应牢固可靠,并作绝缘包扎,不得承受张力,严禁用金属裸线作绑线。

(5)动力、照明配电应分路设置;分配电箱与开关箱间距离不得超过30m;开关箱与其控制的用电设备的水平距离不宜超过3m;固定式开关箱、配电箱其下底距地面应在1.3～1.5m之间,移动式开关箱、配电箱相距地面在0.6～1.5m之间。

(6)配电箱、开关箱应采用铁板或优质绝缘材料制作,铁板厚度应大于1.5mm,配电箱、开关箱应装设在干燥、通风及常温场所并能防雨、防尘,不得受振动、冲撞、液体侵溅及热源烘烤,配电(开关)箱应安装牢固端正,且便于维修与操作。

(7)配电箱应装设总、分路隔离开关,总、分路熔断器(自动开关),以及漏电保护器。配电箱、开关箱必须实行"一机一闸一漏一箱"。

(8)配电箱、开关箱中导线的进线口和出线口应设在箱体的下底面;进、出线应加护套分路成束并做防水弯。移动式配电箱和开关箱的进、出线必须采用橡皮绝缘电缆,进入开关箱的电源线严禁用插销连接。

(9)手动开关电器只许用于直接控制照明电路和容量不大于5.5kW的动力电路,容量大于5.5kW的动力电路应采用自动开关或降压启动装置控制。

(10)所有配电箱均应标明其名称、用途,并作分路标记;所有配电箱、开关箱门应配锁,并由专人负责,施工现场停电1h以上时,应将动力开关箱停电上锁。

(11)所有配电箱、开关箱应每月检修一次,检修人员必须是专业电工,检修时须按规定穿戴绝缘鞋、手套,使用电工绝缘工具,同时将前一级相应电源开关分闸断电,并悬挂停电标志,严禁带电作业。

(12)开关箱操作人员应具备相应的用电知识,熟悉并掌握正确的操作方法,使用过程中送电操作顺序为:总配电箱—分配电箱—开关箱;停电操作顺序为:开关箱—分配电箱—总配电箱(出现电器故障等紧急情况除外)。

十一、用电安装安全管理基本要求

(1)现场变配电高压设备,不论带电与否,单人值班不准超越遮栏和从事修理工作。所有绝缘、检验工具,应妥善保管,严禁他用,并应定期检查、校验。

(2)现场施工用高低压用电设备及线路,应按照施工设计及有关电气安全技术规程安装和架设。施工现场每一台电动建筑机械或手持电动工具的开关箱内,除应装设过负荷、短路、漏电保护装置外,还必须装设能在任何情况下都可以使用电设备实行电源隔离的隔离开关。

(3)在施工现场专用的中性点直接接地的电力线路中必须采用TN－S接零保护系统。

(4)施工现场的电力系统严禁利用大地作相线或零线。保护零线的截面,应不小于工件零线的截面,同时必须满足机械强度要求。与电气设备相连接的保护零线应为截面不小于2.5mm^{2}的绝缘多股铜线。

保护零线不得装设开关或熔断器。

(5)现场自备发电机组排烟管道必须伸出室外,发电机组及其控制配电室内严禁存放储油桶。发电机组电源应与外电线路电源联锁,严禁并列运行。

(6)在建工程(含脚手架具)的外侧边缘与外电架空线路的边线之间必须保持安全操作距离。最小安全操作距离应参考表8－1所列数值。

表 8—1 在建工程的外侧边缘与外电架空线路边线的最小安全操作距离

外电线路电压(kV)	1 以下	1～10	35～110	154～220	330～500
最小安全操作距离(m)	4	6	8	10	15

注：上、下脚手架的斜道严禁搭设在有外电线路的一侧。

(7)不得使用锡焊容器盛装热电缆胶。高空浇注时，下方不得有人。

(8)有人触电，立即切断电源，进行急救；电气着火，应立即将有关电源切断，使用泡沫灭火或干砂灭火。

十二、安全安装用电设备

(1)露天使用的电气设备，应有良好的防雨性能或有可靠的防雨设施。配电箱必须牢固、完整、严密。使用中的配电箱内禁止放置杂物。

(2)安装高压油开关、自动空气开关等有返回弹簧的开关设备时，应将开关置于断开位置。

(3)搬运配电柜时，应有专人指挥，步调一致。多台配电盘(箱)并列安装时，手指不得放在两盘(箱)的接合部位，不得触摸连接螺孔及螺丝。

(4)剔槽、打洞时，必须戴防护眼镜，锤子柄不得松动。錾子不得卷边、裂纹。打过墙、楼板透眼时，墙体后面、楼板下面不得有人靠近。

十三、用电系统内线安全安装

(1)安装照明线路时，不得直接在板条天棚或隔声板上行走或堆放材料；因作业需要行走时，必须在大楞上铺设脚手板；天棚内照明应采用 36V 低压电源。

(2)人力弯管器弯管，应选好场地，防止滑倒和坠落，操作时面部要避开。

(3)管子煨弯时，砂子必须烘干，装砂架子搭设牢固，并设栏杆，用机械敲打时，下面不得站人，人工敲打上下要错开。管子加热时，管口前不得有人。

(4)管子穿带线时，不得对管口呼唤、吹气，防止带线弹力勾眼。

(5)安装照明线路不准直接在板条天棚或隔声板上通行及堆放材料。必须通行时，应在大楞上铺设脚手板。

(6)在脚手架上作业，脚手板必须满铺，不得有空隙和探头板。使用的料具，应放入工具袋随身携带，不得投掷。

(7)在平台、楼板上用人力弯管器煨弯时，应背向楼心，操作时面部要避开。大管径管子灌砂煨管时，必须将砂子用火烘干后灌入。用机械敲打时，下面不得站人，人工敲打上下要错开，管子加热时，管口前不得有人停留。

(8)管子穿带线时，不得对管口呼唤、吹气，防止带线弹出。两人穿线，应配合协调防止挤手。高处穿线，不得用力过猛。

(9)钢索吊管敷设，在断钢索及卡固时，应预防钢索头扎伤。绷紧钢索应用力适度，防止花篮螺栓折断。

(10)使用套管机、电砂轮、台钻、手电钻时，应保证绝缘良好，并有可能的接零接地。漏电保护装置灵敏有效。

十四、施工现场照明安全管理

(1)施工现场照明应采用高光效、长寿命的照明光源。工作场所不得只装设局部照明，对于需要大面积的照明场所，应采用高压汞灯、高压钠灯或碘钨灯，灯头与易燃物的净距离不小于0.3m。流动性碘钨灯采用金属支架安装时，支架应稳固，灯具与金属支架之间必须用不小于0.2m的绝缘材料隔离。

(2)施工照明灯具露天装设时，应采用防水式灯具，距地面高度不得低于3m。工作棚、场地的照明灯具可分路控制，每路照明支线上连接灯数不得超过10盏，若超过10盏时，每个灯具上应装设熔断器。

(3)室内照明灯具距地面不得低于2.4m。每路照明支线上灯具和插座数不宜超过25个，额定电流不得大于15A，并用熔断器或自动开关保护。

(4)一般施工场所宜选用额定电压为220V的照明灯具，不得使用带开关的灯头，应选用螺口灯头。相线接在与中心触头相连的一端，零线接在与螺纹口相连的一端。灯尖的绝缘外壳不得有损伤和漏电，照明灯具的金属外壳必须做保护接零。单相回路的照明开关箱内必须装设漏电保护开关。

(5)现场局部照明用的工作灯，室内抹灰、水磨石地面等潮湿的作业环境，照明电源电压应不大于36V。在特别潮湿、导电良好的地面、锅炉或金属容器内工作的照明灯具，其电源电压不得大于12V。工作手灯应用胶把和网罩保护。

(6)36V的照明变压器，必须使用双绕组型，二次线圈、铁芯、金属外壳必须有可靠保护接零。一二次侧应分别装设熔断器，一次线长度不应超过3m。照明变压器必须有防雨、防砸措施。

(7)照明线路不得拴在金属脚手架、龙门架上，严禁在地面上乱拉、乱拖。灯具需要安装在金属脚手架、龙门架上时，线路和灯具必须用绝缘物与其隔离开，且距离工作面高度在3m以上。控制刀闸应配有熔断器和防雨措施。

(8)施工现场的照明灯具应采用分组控制或单灯控制。

十五、现场电工用电安全管理

(1)只有经过培训，考试合格，并持有电工操作证者才能从事电气作业。

(2)所有工地必须实行TN－S供电系统，(三相五线)实行三级配电，两级漏电保护方式，每台用电设备都应有专用开关箱。

(3)保护零线的颜色为绿/黄双色线，工作零线的颜色为浅蓝色，不可混用。

(4)不得采用铝导体做接地体或地下接地线：垂直接地体宜采用角钢、钢管或光面圆钢，不得采用螺纹钢。

(5)电缆线路应采用埋地或架空敷设，严禁沿地面明设，并应避免机械损伤和介质腐蚀。埋地电缆路径应有方位标志。

(6)禁止乱拉乱接电源线路和随意拆装电器(插座)。

(7)总配电箱应设在靠近电源的区域；分配电箱应设在用电设备或负荷相对集中的区域，分配电箱与开关箱的距离不得超过30m。

(8)开关箱周围应有足够两人同时工作的空间和通道，并有围栏及防雨措施，电箱周围不得堆放任何杂物。

(9)配电柜或配电线路停电维修时，应挂接地线，并应悬挂“禁止合闸、有人工作”停电标志牌。停送电由专人负责。

(10)室内灯具离地面高度低于 2.5m,室外灯具距地面低于 3m 时,电源电压应不大于 36V。

(11)碘钨灯、聚光灯与易燃物之间距离不宜少于 500mm,且不得直接照射易燃物;达不到规定要求时应采取隔热措施。

(12)碘钨灯电源线应使用三芯橡套电缆露天使用必须有防雨措施,移动支架手柄处要有绝缘措施,外壳应作保护零线。

(13)施工现场电源线路的始端、中间、末端必须重复接地,设备比较集中的地方(如搅拌机棚、钢筋作业区等)或高大设备处(塔式起重机、外用电梯、物料提升机等)要作重复接地。

(14)电气设备的金属外壳,必须做保护接零。

(15)在同一供电系统中不允许一部分设备做保护接地,另一部分设备做保护接零。

(16)施工现场所有电气设备和线路的绝缘必须良好,接头不准裸露。

(17)开关箱内必须安装漏电保护器,且其额定漏电动作电流应不大于 30mA,额定漏电动作时间不大于 0.1s。露天、潮湿场所、有腐蚀介质场所或在金属构架上操作时,应安装防溅型漏电保护器。

(18)开关箱应装设在所控制的用电设备周围且便于操作的地方,与其控制的固定用电设备的水平距离不得超过 3m。

(19)固定电箱的中心点与地面的垂直距离应为 1.4～1.6m。移动式电箱的中心点与地面的垂直距离宜为 0.8～1.6m。

(20)电气装置跳闸时,不得强行合闸,应查明原因,排除故障后再合闸;不得用其他金属丝代替保险丝。

(21)电气着火,应立即将电源切断,使用干砂、四氯化碳或干粉灭火器灭火,严禁用水扑灭电气火灾。

十六、带电作业安全管理

(1)使用带绝缘柄的工具,穿绝缘鞋或站或站在绝缘垫上;严禁同时接触带电体和接地体,以及同时接触两个带电体。严禁使用锉刀、金属尺和带有金属的毛刷等工具。

(2)尚未脱离设备的带电部分时,严禁与站在地面上的人员接触和互相传递料具和其他物品。

(3)穿干燥紧袖工作服、戴工作帽和干燥清洁的线手套。

(4)高低压同杆架设,在低压带电线路上工作时,应先检查与高压的带电距离,采取防止误碰带电高压部分的措施。在低压带电导线未采取绝缘措施时,工作人员不得穿越。在带电的低压配电装置上工作时,应采取防止相间短路和单相接地的隔离措施。

(5)上杆作业前应分清相、零线,选好工作位置。断开导线时,应先断开相线,后断开零线。搭接导线时,顺序应相反。

(6)在带电的电度表和继电器回路上工作时,电压互感器和电流互感器的二次绕组应可靠接地。断开电流回路时,必须将电流互感器二次的专用端子短路。

(7)低压带电作业时,不得带负荷接续导线。带电更换电器具时,应做好旁路线。在自动闭塞的低压线路上，宜在不受张力的处所接续导线，但必须设可靠的旁线路。

十七、停电作业安全管理

(1)在带电的杆塔上或带电设备附近作业时，作业人员的活动范围及其所携带的工具、材料等与带电体的距离小于下列规定时应停电作业：电压等级10kV、安全距离0.7m；电压等级20～35kV、安全距离1.0m；电压等级60～110kV、安全距离1.5m；电压等级154kV、安全距离2.0m；电压等级220kV、安全距离3.0m；电压等级330kV、安全距离4.0m。

(2)停电作业线路与另一带电线路相接近或交叉，工作时可能与带电线路的带电体接触或接近至安全距离以内，则此带电线路亦应停电并予接地。

(3)停电作业，施工负责人应向停、送电的发电厂、变电所提出停电计划申请，其内容应包括：需停电的线路(设备)名称，停电范围、地点(起止杆号)；作业内容；需停电的起止日期及每天的时间；施工负责人姓名及联系方式。

(4)停电作业应执行工作票制度。工作票签发人可由负责停、送电的变、配电所的主管生产领导或技术人员担任。工作票签发人不得兼任该项工作的施工负责人。

(5)线路停电，发电厂、变配电所的工作许可人(值班调度员)必须对停线路采取有效的安全措施后方可发出许可工作的命令。

(6)许可开始工作的命令，必须通知到施工负责人。双方作好记录，并应复诵核对无误。严禁双方约时停、送电。

(7)施工中如遇雷雨、大风或其他情况威胁到施工人员的安全时，施工负责人可决定暂停施工。工作间断时，施工地点的全部接地线应保留。如工班须暂时离开施工地点，必须采取安全措施和派人看守。恢复工作前，施工负责人应检查接地线等各项安全措施。

(8)线路或设备停电作业前，检查断开后的开关是否在断开位置，并应有明显的断开点。开关的操作机构应加锁，并应在上面悬挂“有人作业，禁止合闸”的标示牌。

(9)施工负责人未接到已停电的通知前，严禁任何人接近带电体，施工负责人接到已停电的通知后，应进行验电。验电时应带绝缘手套，并有专人监护。线路经过验电明确无电后，各班组应立即在施工地段两端装设接地线，凡有可能送电到停电线路的分支线路亦应装设接地线。

(10)接地线联接应可靠，不得缠绕。装拆接地线时，操作人员必须带绝缘手套，并有专人监护。接地线应有接地极、接地线和绝缘棒构成的成套接地线。接地线必须用多股软铜线组成，其截面不得小于$25mm^2$。

(11)新线路施工时应设临时接地线。临时接地线必须在线路送电前拆除。接地线路拆除后，线路即认为带电。新线路完工后，在线路送电前，应向有关单位发出正式送电的通知。

第二节　防雷安全

一、施工现场常用的防雷装置

施工现场常用防雷装置如图8－7所示。

施工现场常用防雷装置

- 接地装置
  - (1)接地装置是防雷装置的重要组成部分。为了防止跨步电压伤人，防直击雷接地装置距建筑物和构筑物出入口和人行道的距离应大于3m。
  - (2)接地电阻值对于第一类工业、第二类工业和第一类民用建筑物和构筑物，不得大于10Ω；对于第三类工业建筑物和构筑物，不得大于20～30Ω；对于第二类民用建筑物和构筑物，不得大于10～30Ω。防感应雷的电阻不得大于5～10Ω；防雷电侵入波的接地电阻不得大于5～30Ω；阀型避雷器的接地电阻不得大于5～10Ω。
- 引下线
  - (1)引下线应取最短的途径，要尽量避免弯曲，建筑物和构筑物的金属结构可以用作引下线，但必须连接可靠。
  - (2)引下线地面2m以上至地下0.2m的一段应加硬塑料管对角钢或钢管进行保护。
  - (3)如果建筑物和构筑物屋顶设有多支互相连接的避雷针、避雷带、避雷网、避雷线，其引下线不得少于两根，其间距在18～30m之间。为了便于检查和测量，引下线在距离地面1.8m的地方宜设置断接卡。
- 接闪器
  - (1)除避雷针、避雷线、避雷网、避雷带可以作为接闪器以外，建筑物的金属屋面等也可以作为接闪器。其中避雷线、避雷带在房建上应用较多。每一种接闪器都有其相应的保护范围，可以根据设计、计算确定。
  - (2)避雷针一般用一定长度和直径的镀锌圆钢或钢管加工而成。避雷线一般用截面不小于$35mm^2$的镀锌钢绞线，避雷网和避雷带一般用镀锌圆钢或扁钢。
- 避雷器
  - 避雷器有阀型避雷器、管型避雷器和保护间隙等几种，主要用于保护电力设备，也可以防止高电压侵入室内。
- 消雷装置
  - 消雷装置是近几年出现的新技术，它是利用雷云的感应作用，或者采取专门的措施在电离装置附近形成强电场，以及其他一些方法，使雷云所带的电荷得到中和，消除落雷条件，从而抑制雷击发生。但目前对消雷装置的可靠性尚存在争论，有专家认为消雷装置实际是引雷装置。

图8—7　施工现场常用防雷装置

二、施工现场防雷措施

(1)在建筑物和构筑物上装设避雷针、避雷带、避雷网、避雷线是防止直击雷危害的主要措施。但需要强调的是，为了防止反击事故，必须保证接闪器、引下线、接地装置与临近的导体之间有足够的安全距离。

(2)为了防止静电感应产生高压，应将建筑物内的金属设备、金属管道、结构钢筋等接地，接地装置可以和其他接地装置共用。根据建筑物的不同屋面采取相应的防止静电措施。为了防止电磁感应，管道与管道、管道与设备的距离不足100mm时应予以跨接。

(3)雷电侵入波的防护重点是变配电装置、低压线路终端和架空管道，由于专业性相对较强，不作详细叙述。

(4)人身防雷措施。雷暴时如果非工作需要，应尽量少在户外或野外逗留；在户外或野外最好穿塑料等雨衣；如果有条件，可以进入有宽大金属构架或有防雷设施的建筑物、汽车或船只；如果依靠建筑物屏蔽的街道或高大的树木躲避，要注意离开树干和墙壁8m以上；要尽量不用有金属柄的雨伞；当有头发竖起的感觉时，是遭雷击的先兆，这是要立即下蹲。

(5)雷暴时要尽量离开小丘、小山或者隆起的小道，应尽量离开海滨、河边等低洼的地方；尽量离开铁丝网、金属晒衣绳以及旗杆、烟囱、宝塔和孤立的树木；要注意远离没有防雷设施的建筑和设施。

(6)施工现场人员要注意雷电侵入波的危害，要离开照明线、动力线、电话线等导线，以及与其相连接的各种设备，以防止二次放电。

(7)要注意关闭门窗，防止球形雷进入室内，如遇球形雷只能躲避。

第九章　爆破与防火安全管理

在生产与生活当中，火灾与爆炸总是相辅相成的，而爆炸常由于操作不规范引起。加强防火防爆的安全技术管理，对于施工企业来说，应主要做到消除火源、控制易燃物、助燃物、安装自动控制和保险装置以及限制火灾爆炸蔓延、扩大等管理，也是本章的主要内容。

第一节　爆破安全

一、爆破器材的安全运输

(1)爆破器材的运输，由购买单位持《购买许可证》，向批准购买的公安机关提出申请，领取《爆破器材运输证》，方准运输。

(2)运输爆破器材的车辆，必须是安全技术状态良好，备有消防器材的车辆。严禁使用病态、安全无保障的车辆运输爆破器材。

(3)运输爆破器材，应由正直可靠、责任心强、技术好、有一定安全驾驶经验的驾驶员担任。

(4)运输爆破器材，应由正直可靠、责任心强、经考核持证的爆破器材押运员随车押运；车队运输爆破器材，应每车配一名押运员。严禁无押运员押运运输爆破器材。

(5)运输爆破器材，应使用箱式封闭型车辆运输；使用敞车运输，爆破器材堆码高度应低于车箱四周箱板高度，并覆盖篷布，用绳索捆绑牢固；能见度好时车速不得超过 40km/h。

(6)严禁使用翻斗车、自卸车、拖车、拖拉机、机动三轮车、人力三轮车和摩托车运输爆破器材。

(7)运输爆破器材，必须做好“防火、防盗、防碰撞、防颠漏”的四防工作，并在车辆前后设置运输危险物品的明显标志。严禁无任何安全防护措施运输爆破器材。

(8)已装载爆破器材的车辆，禁止在中途住宿。如遇车辆损坏、道路堵塞等其他意外情况，中途非住宿不可时，押运员必须向住宿地公安机关报告，按照公安机关指定的地点停放，并安排专人看护；运输爆破器材，严禁搭乘其他无关人员，禁止司乘人员携带烟火或发火物品。

(9)禁止运输爆破器材的车辆在人员集中的地方、交叉路口和桥上、下停留。

二、施工现场爆破器材的安全搬运与装卸

1. 搬运

(1)使用人工搬运爆破器材时，炸药与雷管必须分别放在两个专用背包(木箱)内搬运，禁止放在衣袋内。

(2)一次运送量，不得超过当班使用量；一人一次运送爆破器材的数量，拆箱(袋)炸药不得超过 20kg；背运原包装炸药，不得超过一箱(袋)；挑运原包装炸药，不得超过两箱(袋)。

(3)两个人以上运送爆破器材，两人之间的距离应大于 20m。

(4)严禁携带烟火或发火物品运送爆破器材。

2. 装卸

(1)应有专人在场监督,设置警卫,禁止无关人员在场。

(2)装运爆破器材前应认真检查运输工具的完好状态,清除车箱内的一切杂物。

(3)严禁性质相冲突的爆破器材同车混装,严禁爆破器材与其他货物混装。

(4)装卸爆破器材时,严禁摩擦、撞击和抛掷,严禁烟火和携带发火物品。

(5)车载装运量不准超过车辆额定载重量;装载高度不准超过车箱边缘;雷管或硝化甘油类炸药装载高度不准超过二层。

(6)装运雷管的车辆,必须采取可靠的绝缘措施。

三、爆破器材押运员的安全职责

(1)确保所押运的爆破器材的种类、数量准确无误。

(2)监督运输车辆按照公安机关指定的时间、路线、行驶速度行驶。

(3)监督装载的爆破器材不超高、不超载,而且牢稳盖严。

(4)看管好爆破器材,严防途中丢失、被盗或发生其他事故。

(5)货物运达目的地后,要监督收货单位在《爆破器材运输证》上签注物品到达后的情况,并将运输证交回原发证机关。

四、爆破器材的安全存储库

(1)爆破器材仓库的设立,必须持施工批准文件,仓库建筑设计图纸,专职保管人员登记表和安全管理制度、措施等有关文件,报施工所在地县、市、公安局批准,方可建库;库房建成后,应经批准建库公安机关检查验收,合格后向批准建库公安机关申请领取《爆破器材储存许可证》,方准储存。

(2)库房地面必须平整无缝;墙、地板、屋顶和门窗为木质结构的,应涂防火漆;门窗必须有一层外包铁皮。

(3)库区围墙或铁刺网,其高度不低于 2m;围墙外 5m 内无杂草、树木和可攀缘物;库区内应备有足够的消防器材。

(4)库区内必须设置独立的发放间,面积应不小于 $9m^2$。

(5)应设置独立的雷管库房。

(6)爆破器材库库区内各类建筑物的照明、防火、防爆和防雷等安全防护设施,必须经测试合格后,方准使用。

五、爆破器材日常安全保管

(1)装硝化甘油类炸药、各种雷管和继爆管的箱(袋)必须放在货架上:装其他爆破器材的箱(袋)应堆码在木垫上;架(堆)相互之间的通道宽度应大于 1.3m。

(2)在货架上堆放硝化甘油类炸药和雷管时,禁止迭放。

(3)爆破器材箱(袋)距上层架板之间的距离不得小于 20cm。

(4)堆放导火索、导爆索和硝铵类炸药货架(堆)的高度不得超过 1.6m。

(5)库房内必须整洁、防潮和通风良好,要杜绝鼠害。

(6)库区内严禁烟火;严禁用灯泡烘烤爆破器材;严禁堆放与管理工作无关的工具和杂物。

(7)库区必须昼夜设置警卫、加强巡逻,严禁无关人员进入库区。

(8)库区的消防、通讯设施、报警装置和防雷装置,应每季度检查、测试一次,并认真做好检查、测试记录。

(9)爆破器材的发放,应在单独的发放间里进行,严禁在库房内发放、开箱。

(10)严禁穿铁钉鞋和易产生静电的化纤衣服进入库房和发放间;开箱应使用不产生火花的工具,在专设的发放间内进行。

(11)必须经常测定库房内的温度和湿度,经常检查库房的情况,发现爆破器材有异常现象时,应及时上报处理。

(12)对新进的爆破器材,应逐箱(袋)检查包装情况,并按规定作性能检测。

(13)应建立爆破器材收发账册、三联式领(退)料单制度,定期核对账目,做到账物相符。

(14)失效、变质和性能不详的爆破器材,不得发放使用。失效变质的爆破器材由物资部门提出申请,在公安部门的监督下共同销毁并做好详细的书面记录备查。销毁爆破器材的方法是:爆炸法、焚烧法和溶解法,雷管、继爆管、起爆药柱等严禁用焚烧法销毁,禁止将爆破器材装在容器内焚烧。

六、爆破器材使用人员要求

1. 对爆破安全员的要求

(1)认真执行爆破作业有关安全生产的规章制度,定期对从事爆破作业人员进行安全生产教育,配合有关部门对爆破作业人员进行考核。

(2)协助领导开展爆破器材安全管理和爆破作业安全自检,对查出的问题进行登记上报,并督促按期整改。

(3)负责组织爆破作业人员进行安全学习和开展安全竞赛活动。

(4)协助领导制定有关安全管理细则,岗位安全操作细则、安全确认制度和临时性危险作业的安全措施。

(5)经常检查爆破作业人员对安全生产规章制度的执行情况,制止违章作业和违章指挥,对危及安全的重大隐患,有权暂停生产,并立即报告领导处置。

2. 对爆破技术员的要求

(1)负责爆破工程的设计和总结。

(2)制定爆破安全技术措施,检查实施情况。

(3)负责制定盲炮处理的技术措施,进行盲炮处理的技术指导。

(4)参加爆破事故的调查和处理。

七、火花起爆安全管理

(1)火花起爆是用火雷管和导火索制作成起爆药卷,一般在导火索端部切口处点燃起爆药卷。这种方法操作简单,容易掌握,但其缺点是导火索的燃烧速度不完全相同,不能精确控制起爆时间,同时,爆破工必须在工作面上点火起爆,导火索燃烧时,增加工作面有害气体的浓度,因而不安全因素较多。

(2)火花起爆,导火索的长度应能保证点炮人点完导火索后撤至安全地点,同时,最短不得少于 1.2m;如连续点燃多根导火索,一个爆破工一次点燃的根数不宜超过 5 根。一人点炮超过 5 根或多人点炮应先点燃信号引线,信号引线的燃完时间应比第一个炮眼爆炸的时间至少提前 60s,当信号引线燃完时,爆破工必须离开工作面。

(3)为了防止点炮中发生照明故障,爆破工应随身携带手电筒,并设故障照明。严禁明火点炮。

八、导爆管导爆安全使用

导爆管是一种新型非电起爆器材，适用于没有瓦斯和矿尘爆炸危险的爆破工程，它具有抗静电、抗杂电、抗水、抗冲击、耐火和传爆长度长的特点，安全可靠，比较适用于隧道等地下工程的爆破。导爆管非电起爆系统的引爆方法是用其他爆破器材(雷管、击发枪、导爆索等)引爆导爆管，在管内产生一个冲击波以1600～2000m/s的速度传播，从而利用它引爆与它相联的雷管(普通雷管和非电毫秒雷管)。其操作步骤和注意事项是：

(1)导爆管非电起爆使用前导爆管应处于封口状态，防止其内部的药粉受潮拒爆。

(2)非电起爆系统的连接部分必须牢固，防止拉脱，影响传爆和起爆。

(3)所有雷管必须有段别标志，否则应按报废处理。

(4)装填起爆药包时，要先把起爆管理顺，用手扶着与药包同时送入孔内，防止导爆管拉脱或打结，引起拒爆。

(5)堵炮时要妥善保护导爆管，防止炮棍、石子撞击、砸扁或切断导爆管而拒爆。

(6)网络连接时必须清除导爆管上的泥污和水，绑扎要牢固，但不要拉紧。

(7)网络连接后，还要仔细检查有无错连、漏连现象。

(8)最后绑上雷管或套上击发装置，准备起爆。

九、电力起爆安全管理

电力起爆法是用电雷管和导线联成爆破网络，再通电源进行起爆的方法。电力起爆可以预先检测爆破的准确性，防止产生拒爆，工作较为安全。

电力起爆除应遵守《爆破安全规程》有关规定外，还应注意下列安全要求。

(1)装药前应将电灯及电线撤出工作面。

(2)装药时可以使用投光灯、风灯和矿灯照明。

(3)起爆主导线应敷设在电线和管路的另一侧，如不得已设在同一侧时，与钢轨、管道等导体间的距离必须大于1m，并悬空架设。

(4)要特别注意消除产生杂散电流、感应电流、高压静电等不利条件，防止发生意外早爆。

(5)要加强电源管理，对电器设备和电线路要经常检查维修，防止漏电。

(6)隧道施工多工序掘进依次放炮时，对主线的连接应经检查确认起爆顺序无误后，才能起爆。

(7)使用带塑料脚线的电雷管和塑料导线作联结线敷设爆破网络时，网络和接头不得落入水中，并不得用湿手操作。

(8)起爆电源应使用直流电或低电压大电流起爆器，起爆器应保持干燥。

(9)采用台车钻眼与装药平行作业时，还应检查台车及装药设备是否带电。

十、安全装药

(1)装药作业必须是有爆破操作合格证的爆破工担任。装炮区内，严禁吸烟点火，非装药人员在装炮开始前，必须撤离装炮地点。装炮完毕必须检查并记录装炮个数、地点，以便起爆后核对有无瞎炮，并进行处理。

(2)装填炸药应根据设计要求的炸药品种、数量、位置进行。装药要分次装入，用竹、木棍轻轻压实，严禁用铁棒等金属器具或用力压入炮孔内。炮孔内不得掉入石屑。当炮孔深度较大时，药包要用绳子吊下，或用竹、木制炮棍送入，不得直接往孔内丢药包。导爆索只许用锋利刀一次切割好。

(3)装药前应事先与当地气象部门联系，避免在雷雨天装药。万一遇上暴风雨或闪电打雷时，应停止装药、安装电雷管和联接电线等操作。

(4)爆破孔的堵塞，应保证其质量和长度，并保护好起爆网络。堵塞材料宜用与炮孔壁摩擦力大，能结成整体，充填时易于密实、不漏气的材料。堵塞的材料最好用1∶2～1∶3(黏土∶粗砂)的泥砂混合物，含水量在20%左右，分层轻轻压紧，不能用力挤压。水平炮孔和斜孔宜用2∶1的土砂混合物，做成直径5～8cm、长100～150cm的圆柱形炮泥棒进行填塞密实，泥团不可使用已干燥变硬的或过湿的，直井、平洞可在药包处铺水泥袋纸，用干砂或土砂填塞到距药室至少3m处，余下用砂袋或细石渣回填直至井口(或洞口)。洞室导坑的横洞应用水泥袋装砂土或用黄土加砂混合料回堵满，纵向导洞以干砌片石或细石渣封填。堵塞长度均应大于最小抵抗线长度的10%～15%。堵塞时应注意不能捣坏导火索和雷管的脚线。

十一、安全爆破作业管理要点

(1)从事爆破作业的人员(爆破工作负责人、参加爆破作业人员、爆破工程技术人员、爆破器材库主任、爆破班(组)长等)，必须经过有关部门专门的爆破安全技术培训，熟悉爆破器材性。熟悉爆破器材的性能、操作方法和安全规则，并经考试合格，做到持证上岗。

(2)爆破作业必须做到安全生产，操作中要加强安全技术交底和检查，认真贯彻执行国家《爆破安全规程》和铁道部《铁路路基施工技术安全规则》中《爆破作业》的有关规定。

(3)进行爆破器材加工和爆破作业的人员严禁穿摩擦产生静电的化纤衣服。

(4)爆破用品使用前应根据有关规定要求进行质量检验。每炮使用的引线长度应根据燃烧速度决定；燃烧速度应分批分卷进行试验。引线与雷管的联接，应根据当时所需数量在加工房或指定地点进行；联接时必须使用雷管钳，严禁用牙咬。

(5)起爆药包必须在装药时制作，严禁事先做好放在一边。制作时，严禁直接用雷管插入起爆药包，必须用与雷管直径相同的木条或竹钎先在药包一端插一个深为1.5倍雷管长度的小孔，然后放入接好引线的雷管，封闭孔口。

(6)爆破材料的领取，应由装炮负责人按一次需用量填写领药凭证，经有关负责人审查批准后到库房提取。炸药和雷管严禁由一人同时搬运，电雷管严禁与带电物品(如干电池手电筒等)一起携带运送，搬炸药与拿雷管的人员同行时，两人之间的距离不得小于50m。爆破材料应直接送达工地，存放在指定地点随用随取。领到爆破器材后，应直接送到爆破工点，严禁乱丢乱放。放炮后的剩余材料应经专人检查核对后及时交还入库，严禁随地存放或带入宿舍。

(7)点炮人员必须有计划地依次点炮并选好安全躲炮地点，每人每次点炮超过5炮时，应以信号雷管控制点炮时间，当点炮人听到信号雷管爆炸后，必须立即停止点炮进入安全区。并将点炮情况向炮工组长详细汇报。信号雷管的引线长度应比最短的点炮引线短0.8m，但其总长不得小于1m。

(8)人工打炮眼时，打眼人必须思想集中，不得东张西望，聊天说笑，举锤人立脚处必须稳固，如有冰雪应先清除，严禁穿高跟鞋，并应站在掌钎人的侧面，严禁打对面锤。掌钎人必须按规定使用防护用品。

(9)修整高压管路、抽换炮钎、移动或整修凿岩机及清洁水箱加水等工作，均应将有关的风水阀关闭后进行。严禁利用胶管内高压风直接吹散尘埃和石屑。

(10)爆破所用雷管必须经过检查试爆,电雷管还需检查电阻,生铜锈的雷管严禁使用。

(11)用电雷管起爆时,当电线敷设完毕后,应以经过定期检查合格的专用爆破电桥检查电路的总电阻,使其符合要求,炮响后必须立刻取下爆破机的手柄,然后摘除电线,待烟尘消散后方可进入爆破区检查。爆破机的手柄应始终由爆破班(组)长一人携带、使用、保管。

(12)爆破区近处有闪电和雷声的时候或在雨云弥漫,有可能突然发生雷电的时候,严禁使用电雷管起爆;有瓦斯地区,严禁使用普通雷管起爆。

(13)爆破线路必须与带电的照明线或动力线分开。

(14)爆破工点 300m 范围内禁止进行其他爆破工作。

第二节 消防安全

一、防火的原则

(1)严格控制火源。

(2)加强检查酝酿期的征象,发现异常及时采取措施,使燃烧终止在酝酿期。

(3)采取耐火建筑和阻燃设备设施,对易燃烧物进行科学处理,阻止火焰蔓延,限制火灾可能发展的规模,减少火灾造成的损失。

(4)配备适用有效的灭火器材,组织训练专业和义务消防队伍,一旦发生火灾就能尽快抑制火势的扩大,并加以扑灭。

二、防火安全组织

(1)企业必须牢固树立"安全第一,预防为主"的思想,认真贯彻执行《中华人民共和国民用爆炸物品管理条例》、《中华人民共和国消防条例》、《化学危险品安全管理条例》、《锅炉压力容器安全监察暂行条例》和原劳动部颁发的《爆炸危险场所安全管理规定》以及其他防火防爆的法律、法规和标准。

(2)企业应根据生产的特点建立、健全防火防爆安全管理制度和安全生产岗位责任制。

(3)企业的爆炸危险场所应根据《爆炸危险场所安全规定》进行危险等级划分,设置标有危险等级和注意事项的标志牌,并按规定的安全技术、安全管理要求进行严格管理。

(4)重点防火防爆单位,要加强组织领导,建立安全机构,配备专、兼职安全管理人员。企业领导和有关技术人员应学习掌握有关法规和本行业防火防爆安全技术知识,具备组织安全技术管理的能力。

(5)应按规定配备有效的消防器材和设施,重点防火防爆单位,应组成义务消防队伍,并制定详细的、有针对性的灭火方案。

(6)加强对职工的防火防爆专业安全知识的培训和教育。

三、防火安全技术

防火安全技术管理要点如图 9—1 所示。

四、消防器材的安全管理

(1)各种消防梯经常保持完整完好。

(2)消防栓按室内外(地上、地下)的不同要求定期进行检查和及时加注润滑液,消防栓上应经常清理。

(3)工地设有火灾控测和自动报警灭火系统时,应设专人管理,保持处于完好状态。

(4)水枪经常检查,保持开关灵活、畅通,附件齐全无锈蚀。

(5)水带冲水防骤然折弯,不被油脂污染,用后清洗晒干,收藏时单层卷起,竖直放在架上。

(6)各种管接头上和阀盖应接装灵便,松紧适度,无渗漏,不得与酸碱等化学品混放,使用时不得撞压。

防火安全技术管理要点

- 消除火源
  - (1)控制明灭。明火有烟头、焊接火源及照明火源等。在易燃、易爆区域要严禁吸烟,生产中焊接等动火作业,要与易燃物保持一定的安全距离。对爆炸危险区的动火作业,必须采取安全措施,并实行动火工作票制度,经有关部门和主管人员批准后方可动火。
  - (2)摩擦和撞击。摩擦和撞击极易产生火花,因此根据不同物料的物理、化学性质,采取不同的加工和运输方法。
  - (3)电气火花。电气设备的过载、短路以及局部接触不良,接触电阻过大时,都会使线路或设备过热,产生电弧和火花。为此,要求采用防爆型的电气元件、开关、马达。
  - (4)静电火花。静电放电时产生的火花,常常是火灾和爆炸的根源。防止静电火花的主要措施是接地。
  - (5)雷电火花。雷电引起的静电感应和电磁感应所产生的放电火花,可引起燃烧爆炸。防雷击火花的措施是设置防雷装置。
- 控制易燃物、助燃物
  - (1)在工艺过程中不用或少用易燃易爆物质。
  - (2)加强设备的密封,以防止泄露出可燃物质。
  - (3)注意通风排气,降低可燃气体浓度,使之达不到爆炸极限。
  - (4)利用惰性介质保护。
- 限制火灾爆炸蔓延扩散
  - (1)对各生产工艺之间,应按照性质采取适当的隔离措施。
  - (2)在有燃烧、爆炸危险设备、管道、容器上设置防爆泄压装置或阻火设备,可有效地防止火焰、爆炸蔓延扩散。
- 自动控制及保险装置
  - 工艺系统的自动控制和自动操作、温度和压力的自动调节、流量和液位的调节、程序控制等措施能有效保证安全。

图 9—1　防火安全技术管理要点

五、木工安全作业

(1)操作间应采用阻燃材料搭建。

(2)操作间冬季应采用暖气供暖,如用火炉取暖,必须在四周采取挡火措施;不应用燃烧劈柴、刨花代煤取暖。每个火炉都要有专人负责,下班时要把余火彻底熄灭。

(3)操作间内严禁吸烟和用明火作业。

(4)操作间只能存放当班的用料,成品及半成品要及时运走。木工应做到活完场清,刨花、锯末每班都打扫干净,倾倒在指定的地方。

(5)电气设备的安装要符合要求。抛光、电锯等部位的电气设备应采用能够密封式或防爆式。刨花、锯末较多部位的电动机应安装防尘罩。

(6)配电盘、刀闸下方不能堆放成品、半成品及废料。

(7)工作完毕应拉闸断电,并经检查无火险后方可离开。

(8)严格遵守操作规程,对旧木料一定要经过检查,起出铁钉等金属后,方可上锯。

六、锻工作业的防火

(1)锻炉应独立设置,并应选择在距可燃建筑、可燃材料堆场 5m 以外的地点。

(2)锻炉不得设在电源线的下方,其建筑应采用不燃或难燃材料修建。

(3)禁止使用可燃液体点火,工作完毕,应将余火彻底熄灭后,方可离开。

(4)加工好的材料要与可燃材料保持 1m 以上的距离。

(5)遇有 5 级以上的大风,应停止露天锻炉作业。

(6)使用可燃液体或硝石溶液淬火时,要控制好温度,防止因液体加热而自燃。

(7)锻炉间应配备适量的灭火器材。

七、沥青的安全熬制

(1)熬沥青灶应设在下风方向,不得设在电线垂直下方,距离新建工程、料场、库房和临时工棚等应在 25m 以外。现场窄小的工地有困难时,应采取相应的防火措施或尽量采用冷防水施工工艺。

(2)熬沥青的操作人员不得擅离岗位。

(3)沥青锅灶必须坚固、无裂缝,靠近火门上部的锅台,应砌筑 18～24cm 的锅沿,防止沥青溢出。火口与锅边应有 70cm 的隔离设施,锅与烟囱的距离应大于 80cm,锅与锅的距离应低于 2m。锅灶高度不宜超过地面 60cm。

(4)熬制沥青的场所应备有温度计和测温仪。

(5)沥青锅处要备有铁质锅盖或铁板,并配备相应的消防器材或设备。

(6)沥青熬制完毕后,要彻底熄灭余火,盖好锅盖后方可离开,防止雨雪浸入及熬油时发生溢锅引起着火。

(7)沥青锅要随时进行检查,防止漏油。

(8)向熔化的沥青内添加汽油、苯等易燃稀释剂时,要离开锅灶和散发火花的地点下风方向 10m 以外。严禁用明火熔化沥青。

(9)不准使用薄铁锅或劣质铁锅熬制沥青,锅内的沥青一般不应超过容量的 3/4,不准向锅内投入有水分的沥青。配制冷底子油时,不得超过锅容量的 1/2,温度不得超过 80℃。熬沥青的温度应控制在 275℃以下。

(10)降雨、雪或刮 5 级以上大风时,严禁露天熬制沥青。

(11)使用燃油灶具时,必须先熄灭火后再加油。

(12)操作人员应穿不易产生静电的工作服及不带钉子的鞋。

八、喷漆、油漆安全作业

(1)喷漆、涂漆的场所应有良好的通风,防止达到爆炸极限浓度,引起火灾和爆炸。

(2)喷漆、涂漆的场所内禁止一切火源,应采用防爆的电器设备。

(3)禁止与焊工同时间、同部位的上下交叉作业。

(4)油漆工不能穿易产生静电的工作服。接触涂料、稀释剂的工具应采用防火花型产品。

(5)浸有涂料、稀释剂的破布、纱团、手套和工作服等,应及时清理,不能随意堆放,防止因化学反应而发热,发生自燃。

(6)在施工中必须严格遵守操作规程。

(7)在维修工程施工中,使用脱漆剂时,应采用不燃性脱漆剂。若因工艺或技术上的要求,使用易燃性脱漆剂时,一次涂刷的剂量不宜过多,控制在能使漆膜起皱膨胀为宜,清除掉的漆膜要及时妥善处理。

(8)对使用中能分解、发热自燃的物料,要妥善处理。

(9)油漆料库与调料间应分开设置,油漆料库和调料间应与散发火花的场所保持一定的防火距离。

(10)性质相抵触、灭火方法不同的品种,应分库存放。

(11)涂料和稀释剂的存放和管理,应符合《仓库防火安全管理规则》的要求。

(12)调料间应有良好的通风,并应采用防爆电器设备,室内禁止一切火源,调料间不能兼做更衣室和休息室。

(13)调料人员应穿不易产生静电的工作服、穿不带钉子的鞋。开启涂料和稀释剂包装的工具,应为不易产生火花的产品。

(14)调料人员应严格遵守操作规程,调料间内不应存放超过当日加工所用的原料。

九、施工用电安全防火

(1)电工应经过专门培训,掌握安装与维修的安全技术,并经过考试合格,方准独立操作。

(2)施工现场暂设线路、电气设备的安装与维修应执行《施工现场临时用电安全技术规范》的相关要求。

(3)新设、增设的电气设备,必须由主管部门或人员检查合格,方可通电使用。

(4)各种电器设备和线路,不应超过安全负荷,并要有牢固、绝缘良好和安装合格的保险设备,严禁用铜丝、铁丝等代替保险丝。

(5)放置及使用易燃液体、气体的场所,应采用防爆型电气设备及照明灯具。

(6)定期检查电气设备的绝缘电阻是否符合要求,发现隐患及时处理。

(7)不可用纸、布或其他可燃材料做无骨架的灯罩,灯泡与可燃物应保持一定的距离。

(8)变(配)电室应保持清洁、干燥。变电室要有良好的通风、配电室内禁止吸烟、生火及保存与配电无关的物品。

(9)施工现场严禁使用电炉、电热器具。

(10)当电线穿过墙壁、苇席或与其他物体接触时,应当在电线上套磁管或其他非燃材料加隔绝。

(11)电气设备和线路应经常检查,发现可能引起火花、短路、发热和绝缘损坏等情况时,必须立即修理。

(12)各种机械设备的配电箱内,必须保持清洁,不得存放其他物品,配电箱应配锁。

(13)电气设备应安装在干燥处,各种电气设备应有妥善的防雨、防潮设施。

(14)每年雨季前要检查避雷装置,接闪器和引下线等应连接牢固,接地电阻值要符合要求。

十、料场仓库的防火管理

(1)易燃露天仓库应有 6m 宽平坦空地消防通道,禁止堆放障碍物。

(2)易着火的仓库应设在工地下风方向、水源充足和消防能作用到的地方。

(3)库存物品应分类分堆储存编号,对危险物品应加强库存检验,易燃易爆物品应使用不发火的工具设备搬运和装卸。

(4)库房内严禁使用碘钨灯,电气线路或照明应符合安全规定,易燃品应使用防爆开关和防爆灯。

(5)易燃材料堆保持通风良好,应经常检查其温度、湿度,防止自燃起火。

(6)露天油桶堆放处应有醒目的禁火标志和防火防爆措施。

(7)各种气瓶均应单独设库存放。

十一、施工现场雨季、夏季安全防火

(1)雨季到来前,应对每个配电箱、用电设备进行一次检查,都必须采取相应的防雨措施,防止因短路造成起火事故。

(2)在雨季要随时检查有树木地方的电线情况,及时改变线路的方向或砍掉离电线过近的树枝。

(3)雨、夏季施工需要有防雷设施的部位,油库、易燃易爆物品库房、塔吊、卷扬机架、脚手架、在建的高层建筑工程等部位及设施都应安装避雷设施。

(4)雨季施工电石、乙炔气瓶、氧气瓶、易燃液体等应在库内或棚内存放,禁止露天存放,防止因受雷雨、日晒发生起火事故。

(5)生石灰、石灰粉的堆放应远离可燃材料,防止因受潮或雨淋产生高热引起周围可燃材料起火。

(6)稻草、草帘、草袋等堆垛不宜过大,垛中应留通气孔,顶部应防雨,防止因受潮、遇雨发生自燃。

十二、施工现场冬季安全防火

(1)对施工人员进行冬季施工的防火安全教育是做好冬季施工防火的关键。要根据冬季防火的特点,每年入冬前对电气焊工、司炉工、木工、油漆工、电工等进行针对性的教育和考试。

(2)锅炉房应建造在施工现场的下风方向,远离在建工程、易燃、可燃建筑、露天可燃材料堆场、料库等;锅炉房应不低于二级耐火等级;锅炉房的门应向外开启;锅炉正面与墙的距离应不小于3m,锅炉与锅炉之间应保持1m的距离。锅炉房应有适当通风和采光,锅炉上的安全设备应有良好的照明。锅炉烟道和烟囱与可燃构件应保持一定的距离,金属烟囱距可燃结构应在1m以上,砖砌的烟道和烟囱其内表面距可燃结构不得小于70cm,外表面不得小于10cm,烟囱应设防火帽。

(3)严格值班检查制度,锅炉点火以后,司炉人员不得离开工作岗位,并坚持防火巡查。炉灰要倾倒在指定地点(不得有余火);要随时观察水温和水位;禁止使用可燃液体点火。

(4)火炉安装与使用的防火要求。冬季施工的加热采暖方法,应尽量使用暖气,如果用火炉取暖,必须事先提出方案和防火措施,但在油漆、喷漆、木工房、料库、使用高分子装修材料的装修阶段,禁止用火炉取暖。掏出的炉灰必须随时用水浇灭后倾倒在指定的地点。禁止用易燃、可燃液体点火。每次加煤不宜太多。

(5)使用可燃材料进行保温的工程,必须设专人进行监护、巡查,人员的数量应根据使用可燃材料的数量、保温面积来确定。

(6)合理安排施工工序及网络图，一般应把用火的作业先安排，保温材料施工后安排。

(7)保温材料定位后，禁止一切用火、用电作业，特别是下层进行保温作业，上层进行用火用电作业。

(8)照明线路、照明灯具应远离可燃的保温材料。

(9)保温材料使用完后，要随时进行清理，集中进行存放管理。

(10)室外消火栓要采取覆盖等措施，防止冻住；消防水池上要盖木板，木板上再盖不小于40～50cm厚的稻草、锯末；应将泡沫灭火器等轻便消防器材等放入有采暖的地方，并套上保温套。

十三、施工企业火灾灭火的方法

1. 工程内消防给水管网

(1)工程内临时竖管不应少于两条，宜成环状布置，每根竖管的直径应根据要求的水柱股数，按最上层消火栓出水计算，但不应小于100mm。

(2)高度小于50m，且每层面积不超过500m^2的普通塔式住宅及公共建筑，可设一条临时竖管。

2. 工程内的临时消防栓及其布置

(1)工程内临时消防栓应分设于各层明显且便于使用的地点，并应保证消防栓的充实水柱能到达工程内任何部位。栓口出水方向宜与墙壁成90°角，离地面1.2m。

(2)消火栓口径应为65mm，配备的水带每节长度不宜超过20m，水枪喷嘴口径不宜小于19mm。每个消火栓处宜设启动消防水泵的按钮。

3. 施工现场灭火器的配备

(1)一般临时设施区，每100m^2配备两个10L灭火器，大型临时设施总面积超过1200m^2的，应配备有专供消防用的太平桶、积水池、黄沙池等器具和设施；上述设施周围不得堆放物品。

(2)临时木工间、油漆间、机具间等，每25m^2应配置一个种类合适的灭火器；油库、危险品仓库应配备足够数量、种类的灭火器。

(3)仓库或料场内，应根据灭火对象的特性，分组布置酸碱、泡沫、清水、二氧化碳等灭火器，每组灭火器不应少于4个，每组灭火器之间的距离不应大于30m。

十四、火灾隐患整改管理

施工企业火灾灭火的方法如图9－2所示。

施工火灾灭火的方法 — 窒息灭火法：

(1)窒息灭火法，就是阻止空气流入燃烧区，或用不燃物质(气体)冲淡空气，使燃烧物质断绝氧气的助燃而使火熄灭。

(2)这种方法仅适用于扑救比较密闭的房间、地下室和生产装置设备等部位发生的火灾。这些部位发生火灾的初期，空气充足，燃烧比较迅速。随着燃烧时间的延长，由于被封闭部位的空气浓度越来越低，燃烧的速度会降低，直至停止。

(3)运用窒息法扑灭火灾时，可采用石棉布，浸湿的棉被、帆布等不燃或难燃材料覆盖燃烧物或封闭孔洞；用水蒸气、惰性气体或二氧化碳、氮气充入燃烧区域内；利用建筑物原有的门、窗以及生产贮运设备上的部件，封闭燃烧区域，阻止新鲜空气流入，以降低燃烧区内氧气的含量，从而达到窒息燃烧的目的。

图　9—2

施工火灾灭火的方法：

- 冷却灭火法
  - 冷却灭火法是扑救火灾常用的方法，即将灭火剂直接喷洒在燃烧物体上，使可燃物质的温度降低到燃点以下，以终止燃烧。在火场上，除了用冷却法扑灭火灾外，在必要的情况下，可用冷却剂冷却建筑构件、生产装置、设备容器等，防止建筑结构变形造成更大的损失。
- 隔离灭火法
  - (1)隔离灭火法就是将燃烧物体与附近的可燃物质与火源隔离或疏散开，使燃烧失去可燃物质而停止。这种方法适用于扑救各种固体、液体和气体火灾。
  - (2)采取隔离灭火法的具体措施有：将燃烧区附近的可燃、易燃、易爆和助燃物质，转移到安全地点；关闭阀门，阻止气体、液体流入燃烧区；设法阻挡流散的易燃、可燃液体或扩散的可燃气体；拆除与燃烧区相毗连的可燃建筑物，形成防止火势蔓延的间距。
- 抑制灭火法
  - (1)抑制灭火法与前三种灭火方法不同，它是使灭火剂参与燃烧反应过程，使燃烧过程中产生的游离基消失，从而形成稳定分子或低活性的游离基，使燃烧反应停止。目前抑制灭火法常用的灭火剂有 1211、1202、1301 灭火剂。
  - (2)灭火方法所采取的灭火措施是多种多样的，在实际灭火中可以根据具体情况单独或配合使用，以利迅速有效地扑灭火灾。

图 9—2 施工火灾灭火的方法

十五、消防设施的安全布置

(1)要取得领导的支持和重视，投入相应的人力和物力。

(2)边查边改。对检查出来的火险隐患，要求施工单位能立即整改的，就立即整改，不要拖延。

(3)对一些重大的火险隐患，经过施工单位自身的努力仍得不到解决的，应及时向上级主管机关报告，同时采取可靠的临时性措施。

(4)对一时解决不了的火险隐患，检查人员应逐项登记、定项、定人、定措施，限期整改；并要建立建档、销案制度，改一件销一件。

第十章　工程常见事故处理及预防

施工现场是施工生产人员和施工机具密集活动的场所。现场内通常进行多工种交叉作业，拥有大量临时设施，经常变化的作业面，除“建筑物”固定外，人、机、物均在流动，若无安全预防措施，不重视安全，极易发生伤亡事故。

本章便是针对造成事故的因素，常见事故、现场如何急救、如何预防、防止事故发生安全管理要点等作了较为详细的阐述。

第一节　事故概述

一、企业职工伤亡事故的特性

(1)随机性。事故的随机性是指事故发生的时间、地点和事故后果的严重程度是偶然的，这给事故的预防带来一定的困难。但事故的随机性在一定范围内也遵循统计规律。从事故的统计资料中，可以找到事故发生的规律性。因此，伤亡事故统计分析对制定正确的预防措施有重大意义。

(2)潜伏性。表面上，事故是一种突发事件，但是事故发生之前有一段潜伏期。事故发生之前，系统(人、机、环境)所处的状态是不稳定的，也就是说系统存在着事故隐患，具有危险性。如果这时有一触发因素出现，就会导致事故的发生。人们应认识事故的潜伏性，克服麻痹思想。

(3)因果性。事故的因果性指事故是相互联系的多种因素共同作用的结果。引起事故的原因是多方面的。在伤亡事故调查分析过程中，应弄清事故发生的因果，找出事故发生的原因，这对预防类似的事故重复发生将起到积极作用。

(4)可预防性。现代事故预防所遵循的一项原则即事故是可以预防的。也就是说，只要采取正确的预防措施，事故是可以防止的。认识到这一特性，对坚定信心，防止伤亡事故发生有促进作用。因此，必须通过事故调查，找到已发生事故的原因，采取预防事故的措施，从根本上降低我国伤亡事故发生的频率。

二、事故按严重程度的分类

指发生事故后，按照职工所受伤害程度和伤亡人数可分为：

(1)轻伤事故。指只有轻伤的事故。

(2)重伤事故。指有重伤没有死亡的事故。

(3)死亡事故。指一次死亡1～2人的事故。

(4)重大伤亡事故。指一次死亡3～9人的事故。

(5)特大伤亡事故。指一次死亡10人以上(含10人)的事故。

三、事故按受伤类型的分类

(1)擦伤。指由于外力摩擦，使皮肤破损而形成的创伤。

(2)挫伤。指由于挤压、摔倒及硬性物体打击,致使皮肤、肌肉肌腱等软组织损伤。常见的有颈部挫伤和手指挫伤,严重者可导致休克、昏迷。

(3)刺伤。指由尖锐物刺破皮肤肌肉而形成的创伤,其特点是伤口小但深,严重时可伤及内脏器官,导致生命危险。

(4)扭伤。指关节在外力作用下,超过了正常活动范围,致使关节周围的筋受伤害而形成的创伤。

(5)倒塌压埋伤。指在冒顶、塌方、倒塌事故中,泥土、砂石将人全部埋住,因缺氧引起窒息而导致的死亡或因局部被挤压时间过长而引起肢体麻木或血管、内脏破裂等一系列症状。

(6)电伤。指由于电流流经人体,电能的作用所造成的人体生理伤害。包括引起皮肤组织的烧伤。

(7)割伤。指由于刃具、玻璃片等带刃的物体或器具割破皮肤肌肉引起的创伤。严重时可导致大出血,危及生命。

(8)冲击伤。指在冲击波超压或负压作用下,人体所产生的原发件操作。其特点是多部位、多脏器伤损,体表伤害较轻而内脏损伤较重,死亡迅速,救治较难。

(9)撕脱伤。指因机器的辗轧或绞轧,或炸药的爆炸使人体的部分皮肤肌肉由于外力牵拽造成大片撕脱而形成的创伤。

四、造成施工企业伤亡事故的因素

(1)机械与环境因素。包括:材料、机械等存在缺陷或保养不良;防护措施、标志等有缺陷;物品的储存方式、作业场所的周边环境有缺陷。

(2)不听取建设投资者或业主等外部人士的意见与忠告。施工企业经营者,总以为投资者、业主等外部人士并非专业安全部门或安全稽查员,他们只管发包、施工质量和进度,从而忽略了真诚了解与听取投资者、业主意见的重要性。

(3)对事故没有挑战意识。一个企业的生存、发展,离开安全将一事无成。为了企业的利益,安全方面的不断检查、改善、维护是不可缺少的;这方面的意识淡薄,难免在如同战场的商场竞争中败北。

(4)不重视企业中的员工群体,不实行有效的教育和宣传。企业的经营者总以为中国劳动力充足,人工价格也远比国外低廉,不愁找不到施工作业人员。如此观念导致在这些企业中,"人"的价值贬低,伤亡事故怎么能不出现呢?

(5)管理因素。包括:对违规行为纠正不力;安全指示、指令、教育不明确;过分强调缩短工期、降低成本而忽略了安全作业。伤亡事故并非是突然发生的,而是各种因素共同作用的结果。如果再深入探究五张骨牌倾倒的原因,则最主要的一是"人"的因素,二是"物"的因素。

五、施工企业伤亡事故的经济损失

1.伤亡事故经济损失的计算公式

伤亡事故经济损失的计算公式为:

$$E=E_A+E_B$$

式中 E——经济损失(万元);

E_A——直接经济损失(万元);

E_B——间接经济损失(万元)。

2. 直接经济损失

(1)人身伤害后所支出的费用、医疗费用(含护理费用)、丧葬及抚恤费用、补助及救济费用、歇工工资。

(2)善后处理费用。包括处理事故的事务性费用、现场抢救费用、清理现场费用、事故罚款和赔偿费用。

(3)财产损失费用。包括固定资产损失费用、流动资产损失费用。

3. 间接经济损失

间接经济损失是指因事故导致产值减少、资源破坏和受事故影响造成其他损失的价值。间接经济损失的统计范围包括:

(1)因作业中断造成的后道工序延误的费用。

(2)伤亡事故发生时救护、送医院、护送费用以及陪同、联系人的交通与其他费用。

(3)伤亡事故的调查、勘察、立案甚至罚款的费用。

(4)视灾害状况轻重而导致停工、停业和整顿的损失费用。

(5)伤亡状况严重致使企业被吊销经营执照、资质证书及被替代者续工的损失费用。

(6)企业形象降低而造成的无形损失费用等等。"间接费用支出比直接费用支出起码超出4倍"。这是联合国劳工组织得出的最具权威的数据!

大家一定要认识到,当灾害发生时,对国家、企业、同事、家属以及其他有关人和物所造成的损失有多大!

六、事故发生的规律

1. 不同的历史时期、不同的社会背景会造成事故的多发性也不同

建国后我国曾有过五个事故高峰期,即:

(1)1958年～1959年,由于这一时间段处在大跃进期间,生产的正常规律被打破,造成事故频发。

(2)1970年～1972年,由于这一时间段处在文革期间,破除了一切规章制度,生产处于完全失控阶段。

(3)1977年～1978年,以职业危害为主,由于建国后对职业危害的认识和重视不够,组织、技术措施跟不上,造成职业危害经过若干年的积累,出现突发高峰。

(4)1987年～1988年,经过改革开放后,生产大发展,但安全工作相对滞后,管理制度不完善,宏观控制不利。

(5)1990年前后,经济改革后,经济转轨,企业实行承包,承包人的短期行为导致了拼劳力、拼设备,防护设施、安全教育等的安全投入不足。这一现象在《劳动法》颁布后有所改善。

2. 事故的发生还与受安全教育的程度有关系

训练有素的人员要比没有受过训练或没有经过严格训练的人员发生事故的机会少,或者发生事故的后果要轻、处理得要及时。

3. 事故的发生还与工龄长短有关系。

据统计资料显示,参加工作在5年以内的人员发生事故的机会要比老工人多,这与对工作的熟练程度和处理突发事件的能力有关系。因此要加强对新工人的教育和培训。

4. 不同的时间段事故的发生率也不同。

(1)就一周而言,星期一和周末的事故发生率较高。

(2)在刚上班的时候,由于还没有完全进入工作状态,事故的发生率高;快下班,思想有所松弛,容易发生事故。

(3)在同一天的不同时间段,事故的发生率也不同,一般情况下下午16时和凌晨4时人最疲惫,失误率增加,事故的发生率高,因此在这一时间段要加强安全提示。

5. 事故的季节性规律

(1)冬季气候寒冷,衣着厚,人的动作灵活性大受影响,尤其是冰雪天气,容易造成跌倒、坠落等事故。

(2)夏季由于体表排汗多,人体电阻减小,而且夏季的雨水多,触电事故相对增加。夏季由于热风可以导致人体各项机能的变化,工伤事故多。

(3)岁末年初,人的思想波动大,也是事故的高发期。

第二节　常见事故类型

一、坠落事故

1. 常见坠落事故的情况

高处坠落:随着建筑物日趋现代化、日趋向高处发展,高空作业越来越多,因此,高处坠落事故便成为主要事故,占事故发生总数的40%左右;事故多发生于"开口"即临边洞口处作业及在脚手架、模板、龙门架(井字架)等上面的作业中。

从图10—1可看出,高处坠落事故主要集中于架上(脚手架)坠落、悬空坠落、临边坠落、"四口"坠落等四方面,它们占到高处坠落事故的90%以上。

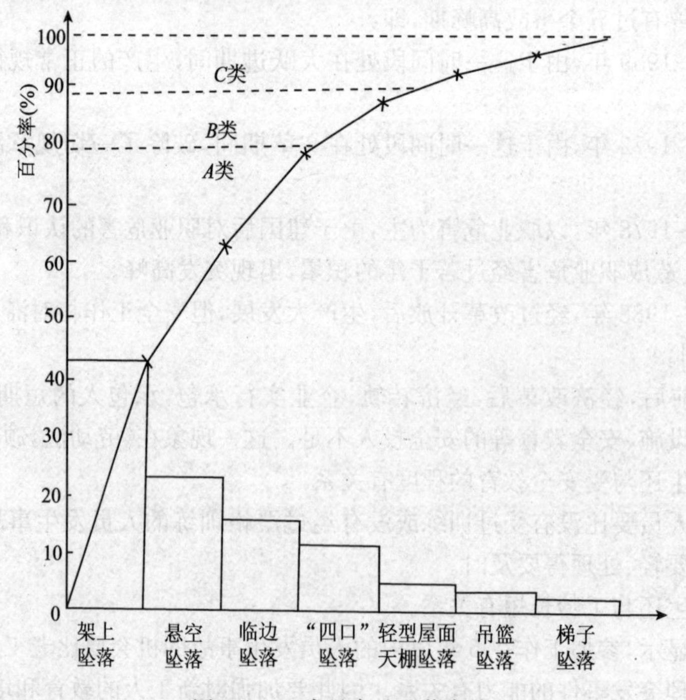

图10—1　常见高处坠落事故

2. 高处坠落事故的原因

(1)洞口坠落

1)洞口未设栏杆、盖板等安全防护设施,或者虽然设置,由于工作需要而移动或拆除,但工作结束或暂告一段落,如中午、晚上下班,下午、第二天继续施工而未予恢复,使洞口形成隐患。

2)安全防护设施虽然已经安装,但本身不牢固或使用时间较长而不牢固,或者被损坏而未及时修复。

3)坐在洞口边沿休息失误。

4)走动时误落洞口。

5)洞口没有设明显的标志。

6)洞口操作不慎、身体失稳等。

7)其他原因,如在洞口旁嬉戏打闹、绊跌而坠落等。

(2)从脚手架上坠落

1)踩到探头板,以致人随板一起坠落。

2)脚手板没有满铺或铺设不平稳,使脚手架上出现空洞或摆动,人在上面失稳、被绊跌或踩空坠落。

3)没有防护栏杆或已经损坏。脚手架的宽度一般仅 1m,在脚手架上作业空间小,如作业中不慎,活动范围略大,或两人相向走行相遇闪过等,均可能被碰坠落。

4)脚手架离建筑物超过 20cm 而未设防护。脚手架在搭设时为了施工方便,大横杆离建筑物的距离一般均超过 20cm,人可能从这一间隙中坠落。

5)坐在栏杆上或躺在脚手架上休息。因为栏杆高度均在 0.5m 左右,人躺在脚手架上,翻身时就有可能坠落。

6)操作时弯腰、转身碰撞杆件后身体失稳。这大多数是在缺乏栏杆处或站在栏杆上操作而又未系安全带所致。

7)脚手架超重,使操作人员所站的脚手架折断损坏,甚至脚手架坍塌,以致连人坠落。

(3)悬空作业高处坠落

1)没有系挂安全带或未正确使用安全带。

2)安全带本身存在缺陷。

3)身体不舒服、行动失稳。包括酒后登高、带病工作、有登高禁忌症等。

4)脚底打滑或不慎踩空。主要是在攀登和在高处行走过程中,由于穿着硬底鞋子和过宽大的衣服,所走的路径即窄又不平坦,容易造成绊跌或打滑。

5)作业时用力过猛,失去平衡。

6)随重物坠落。这大多数是由于跟随起吊物上下,或乘坐运送物料的升降设备上下,以及在未固定牢的栏杆上操作、行走,当这些物件发生意外时,人随之坠落。

(4)在轻型屋面上作业坠落

石棉瓦、塑料瓦、油毡等材料铺设的屋面,由于轻巧、搭拆方便、用料省等原因,在临时建筑中被广泛使用。在一些易燃易爆物建筑中(如锅炉房、氧气站、乙炔和电石仓库等)也常常被用来作屋面。当作业人员在上面操作时,由于石棉瓦等材料易碎又看不到哪个地方有衬托,容易发生坠落事故。

(5)拆除作业过程中的坠落

1)站在不稳固的部位,或脚手板搁在不稳固部位上。

2)在拆除脚手架、井架、龙门架时没有系安全带,或系挂不正确。

3)在拆除井架、龙门架等设施时未事先拴好临时缆风绳。

4)在楼板、脚手架上堆放拆下的材料过多，造成压断楼板、脚手架坍塌，作业人员也随之坠落。

5)操作者用力过猛。

6)拆除作业过程中的坠落事故原因主要是：有人在登高过程中图快、图省力，而不顾危险随意攀登；有的人尤其是年轻人，不走规定的登高设施，而是攀登脚手架、井架、龙门架等上下而发生坠落事故；有的工程内容相对较少，就没有设置登高设施；登高设施不良等。

(6)从梯子上坠落

1)梯子本身损坏或超载断裂，造成人从梯子上坠落或随梯子一起坠落。

2)梯脚未采取防滑措施或垫高使用，当人上梯后梯子滑倒或垫高物不稳而倾倒，人随之坠落。

3)梯子放靠斜度过大、没有靠稳。

4)人在梯子上时移动梯子而坠落。

二、触电事故

1. 常见触电事故的情况

建筑施工行业发生的低压、高压触电事故和事故死亡率都比较高，属于多发性事故。近几年来已高于物体打击事故，居第二位，占施工事故总数的 18%～20%。

从图 10－2 可以看出，触电事故中使用电动工具、人员触碰高压线和低压线三类情况居多，占触电事故总数的近 90%。

2. 触电事故的主要原因

(1)缺乏电气安全知识。如随意触摸导线、设备、乱拉线、乱接用电设备、盲目带电作业、超负荷用电等。

(2)违反操作规程。如带电拉隔离开关或跌落式熔断器、脚手架距电源线太近，不按规定把设备接地(或接零)或马虎从事、工地上不按要求架线等。

(3)设备、工程质量不合格。如高压架空线距建筑物太近，不符合规定距离，用电设备的裸露金属部分带电，电源线质量差、容易损伤等。

3. 触电事故的规律

(1)触电事故呈季节性变化，在二三季度事故多，因为二三季度雨水较多，增加设备漏电的机会，并且人体的衣着单、出汗多，增加了触电的危险性。

(2)低压设备触电事故多，因为人们接触低压的机会相对较多。

(3)携带式设备和移动式设备触电事故多，主要是由于这些设备经常移动、工作条件差，容易发生故障。

(4)电器连接部位触电事故多，主要是由于连接部位牢固性差，容易出现故障。

(5)中、青年及非电工事故多，因为这些人经常接触电气设备，另外他们的专业知识不足、缺乏经验。

三、常物体打击事故

物体打击事故一直是建筑施工行业重大灾害之一。建筑工程由于受工期制约，在施工中必然会有部分或全面的交叉作业，因此物体打击是建筑施工中常见事故，占事故发生总数的 12%～15%。

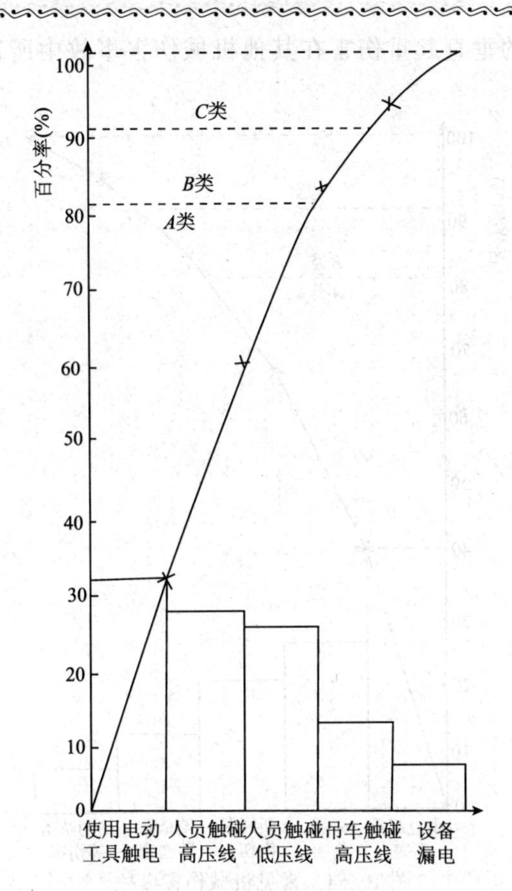

图 10—2　常见触电事故

从图 10—3 可看出:钢管、砖头斗车、木料及模板打击这四种打击是物体打击伤害事故的主要种类,占物体打击事故数的 90%以上。

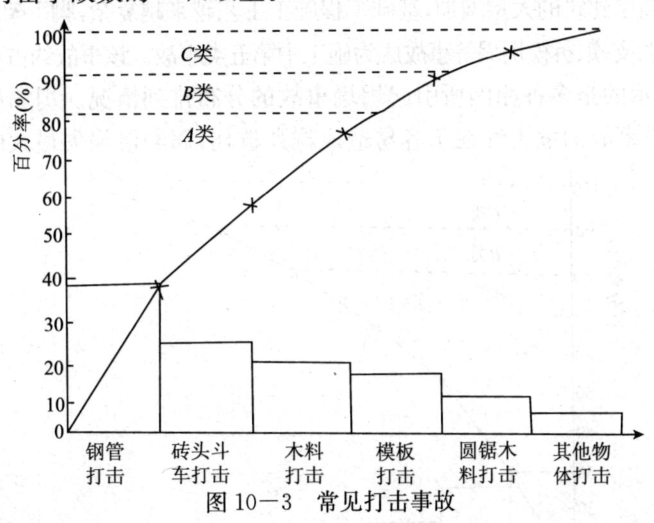

图 10—3　常见打击事故

四、常见机械事故

机械伤害事故主要指垂直运输机械或机具、钢筋加工、混凝土搅拌、木材加工等机械设备对人员的伤害。这类事故占事故总数的 10%左右,是建筑施工中第四大类伤害事故。图10－4中所显示的垂直起重伤害在其他机械伤害事故中所占比例最高，最为突出，高达40％。

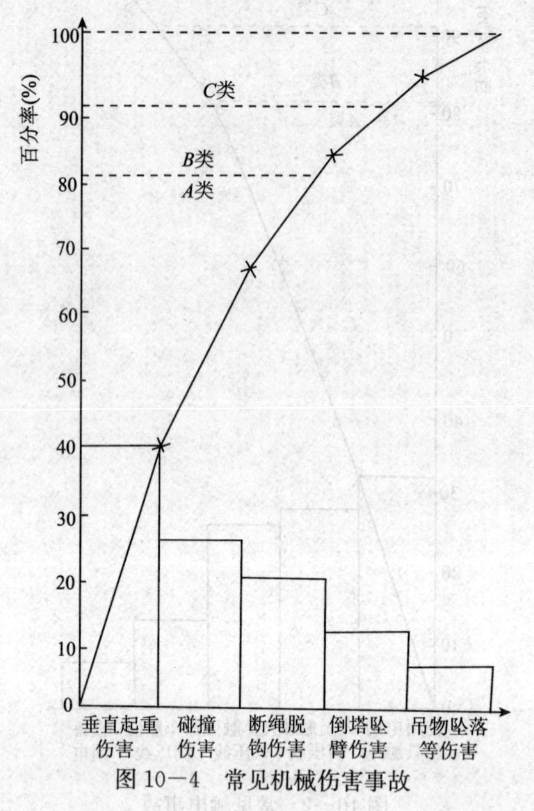

图10－4 常见机械伤害事故

五、常见坍塌事故

随着高层和超高层建筑的大量增加，基础工程施工工艺越来越复杂，脚手架坍塌，土方开挖坍塌以及在浇捣混凝土时，支模、拆模坍塌等事故成为施工中第五类事故。该事故约占事故总数的5%。

图10－5所显示的是多种原因所引起坍塌事故的分布排列情况。坍塌虽在事故总数所占比例不算高，但该类事故的危害性在于容易造成群死群伤，属经济损失最大的一类事故。

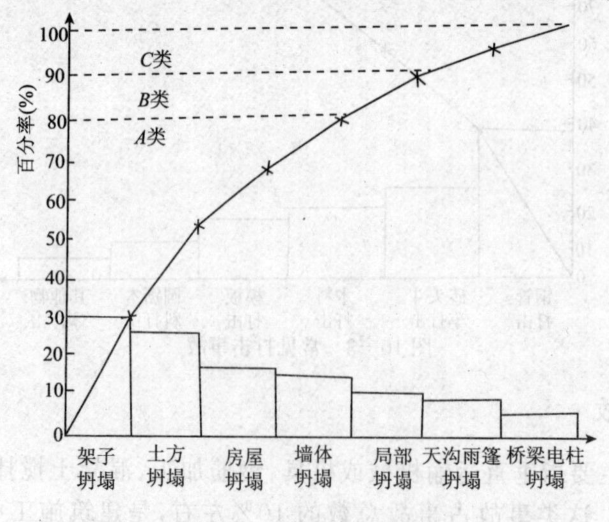

图10－5 常见坍塌事故

六、常见中毒事故

在地下室、地下管道、沟池、坑井、化粪池以及经常使用化学添加剂、油漆等的施工现场和作业场所，容易发生有毒有害气体伤亡事故。因此，施工现场要对这些物品加强管理，要对容易产生有毒有害气体的环境及时处理与改善。

七、常见火灾事故

施工现场发生火灾的主要有：电气线路超过负荷或线路短路引起火灾；电热设备、照明灯具使用不当引起火灾；大功率照明灯具与易燃物距离过近引起火灾；电弧、电火花等引起火灾；电焊机、点焊机使用时电气弧光、火花等引燃周围物体，引起火灾；工人生活、住宿临时用电拉设不规范，有乱拉乱接现象；工人在宿舍内生火煮吃、取暖引燃易燃物质引起火灾等。施工现场使用松节油、汽油等涂料或溶剂引起火灾；使用挥发性易燃性溶剂稀释的涂料时使用明火或吸烟引起火灾；焊、割作业点与氧气瓶电石桶和乙炔发生器等危险品的距离过近引起火灾。

火的燃烧方式有许多种，劈哩啪啦地燃烧是指完全燃烧，若在高层位置发生此种火灾，在起火点以下的人与物，除受惊吓之外，相对还算安全。事实上火并不是最可怕的，而与火同时产生的烟才却是最可怕的，是致人于死地的最危险之“故人”。

另外，随着科学的发达，新型的建筑、装潢材料不断问世。这种不断问世的新颖建材，一方面为方便施工、降低成本、增加美观等施工工艺技术及市场繁荣带来了无限的生机，但另一方面，这些新颖建材绝大多数是化工产品，具有极强的可燃性，并且燃烧时往往产生大量的有毒有害气体，人吸入后无法正常呼吸即刻死亡。

八、特种设备爆炸事故

锅炉、压力容器、气瓶等是具有一定危险性的特殊设备，随着工业的不断发展，这些特种设备从设计制造到使用监察都建立了严密的规程、条例和严格的监督、监察机制。但由于使用维护不当或违反安全操作规程，特种设备爆炸所带来的危害是巨大的。

(1)特种设备爆炸时，其容积的气体或液体蒸汽高速喷出的反作用力可使容器外壳破碎形成大小不等的碎片飞出，造成很大伤害。

(2)当盛有有毒物料，如液氨、液氯、二氧化硫、二氧化氮、氢氰酸等的容器发生破裂时，大量气体外溢，在空气中扩散，形成大面积的毒害区，污染环境、水源，使人、动物中毒，植物枯死。

(3)可燃性气体外溢，迅速扩散到空气中，与周围空气混合燃烧，尤其发生二次爆炸时，会形成一片火海。

九、常见交通事故

1. 常见交通事故的情况

交通事故按后果分类可分为：

(1)轻微事故，是指一次造成轻伤 1 至 2 人，或者财产损失机动车事故不足 1000 元，非机动车事故不足 200 元的事故。

(2)一般事故，是指一次造成重伤 1 至 2 人，或者轻伤 3 人及以上，或者财产损失不足 3 万元的事故。

(3)重大事故，是指一次造成死亡 1 至 2 人，或者重伤 3 至 10 人，或者财产损失 3 万元至 6

万元的事故。

(4)特大事故,是指一次造成死亡3人及以上,或者重伤11人及以上,或者死亡1人、同时重伤8人以上,或者死亡2人、同时重伤5人以上,或者财产损失6万元及以上的事故。按原因可以分为主观事故和客观事故。按主体可以分为机动车事故、非机动车事故和行人事故。

2. 交通事故如何进行处罚

(1)交通事故的行政处罚。因违反交通法规而发生的交通事故,尚不够刑事处罚的,依据《中华人民共和国治安管理条例》可处以200元以下的罚款和警告,吊销驾驶执照3至12个月,15日以下拘留等处罚。

(2)交通肇事罪。交通肇事罪,是指从事交通运输人员违反规章制度,发生重大事故,致人重伤、死亡或者使公私财产遭受重大损失的行为。根据我国宪法规定,构成交通肇事罪者,处以3年以下有期徒刑或拘役;情节特别恶劣的(指造成2人以上死亡,造成公私财产直接损失的数额在6万元至10万元之间),处以3年以上7年以下有期徒刑。

(3)交通事故的裁决与执行。交通事故发生后,一般的做法是由公安交通管理机关来裁决。如果发生了重大恶性事故,构成交通肇事罪,公安交通管理部门写出起诉书,连同案件材料、证据一并移到同级人民检察院审查决定;人民检察院经过对案件的审查;认为被告人的犯罪事实已经清楚,证据充分,需要依法追究刑事责任的,作出起诉的决定,按审判管辖的规定,向人民法院提起公诉。

第三节 现场急救

一、施工现场急救基本管理知识

(1)事故发生后,事故现场人员应及时组织现场其他人员临时救护,并进行联系车辆将受伤人员送往洞口,同时用有线电话通知单位或项目部的值班人员,再由值班人员及时上报人员抢救领导小组。

(2)抢救领导小组人员组织进行抢救,卫生员及时带上担架和医疗器械赶到事故现场急救。

(3)办公室人员接到通知应及时到医院或电话联系急救手续,并派出车辆到事故现场迎接,如受伤人员情况严重应联系医院急救车。

(4)财务人员及时到医院办理住院手续。

(5)施工现场发生事故,施工人员都应沉着、冷静处理。

二、触电急救

(1)立即切断电源,关闭电源总开关,特别要注意的是,普通的电灯开关(如拉线开关)不能作为切断电源的措施,因为电灯开关为单级开关,只能切断一根线。当电源开关离触电地点较远时,可用绝缘工具(如绝缘手钳、干燥木柄的斧等)将电线切断,切断的电线应妥善放置,以防误触。当带电的导线误落在触电者身上时,可用绝缘物体(如干燥的木棒、竹竿等)将导线移开,也可用干燥的衣服、毛巾、绳子等拧成带子套在触电者身上,将其拉出。抢救者在抢救中一定要注意自身安全,绝不能直接用手去接触伤员。

(2)当触电者脱离电源后,抢救者应根据触电者的不同生理反应,进行现场急救处理。

触电者神志清醒,但感到心慌、呼吸急迫、面色苍白。此时应将触电者躺平就地安静休息,不要让触电者走动,以减轻心脏负担,并应严密观察呼吸和脉搏的变化。

触电者神志不清,有心跳,但呼吸停止或极微弱的呼吸时,应及时用仰头举颌法使气道开放,并进行口对口人工呼吸。如不及时进行人工呼吸,将由于缺氧过久,从而引起心跳停止。

触电者神志丧失,心跳停止,但有极微弱的呼吸时,应立即进行心肺复苏急救。不能认为尚有极微弱的呼吸就只做胸外按压,因为这种微弱的呼吸起不到气体交换作用。

触电者心跳、呼吸均停止时,应立即进行心肺复苏术,在搬移或送往医院途中仍应按心肺复苏术的规定进行有效急救。

触电者心跳、呼吸均停止,并伴有其他伤害时,应迅速进行心肺复苏术,然后再处理外伤,对伴有颈椎骨折的触电者,在开放气道时,不应使头部后仰,以免引起高位截瘫,此时可应用托颌法。

当人遭受雷击,心跳、呼吸均停止时,应立即进行心肺复苏术,否则将发生缺氧性心跳停止而死亡。

三、火灾及烧伤急救

1.火灾急救

(1)发生火灾时,要迅速疏散逃生,不要乱蹿和使用电梯逃生,要顺着安全道走。

(2)先控制、后消灭。对于不可能立即扑灭的火灾,要首先控制火势的继续蔓延扩大,在具备了扑灭火灾的条件时,展开攻势,扑灭火灾。

(3)有爆炸、毒害、倒塌危险的方面和没有这些危险的方面相比,处置有这些危险的方面是重点。

(4)易燃、可燃物集中区域和这类物品较少的区域相比,这类物品集中区域是保护重点。

(5)贵重物资和一般物资相比,保护和抢救贵重物资是重点。

(6)火势蔓延猛烈的方面和其他方面相比,控制火势蔓延的方面是重点。

(7)火场上的下风方向与上风、侧风方向相比,下风方向是重点。

(8)要害部位和其他部位相比,要害部位是火场上的重点。

(9)局部轻微着火,不危及人员安全、可以马上扑灭的立即进行扑灭。

(10)局部着火,可以扑灭但有可能蔓延扩大的,在不危及人员安全的情况下,一方面立即通知周围人员参与灭火,防止火势蔓延扩大,一方面向现场管理者汇报。

(11)火势开始蔓延扩大,不可能马上扑灭的,按照以下情况处理:

现场最高领导者立即进行人员的紧急疏散,指定安全疏散地点,由安全员负责清点疏散人数,发现有缺少人员的情况时,立即通知项目经理或消防队员。

现场最高领导者马上向公司领导汇报。

现场最高领导者立即拨打消防报警电话通报以下信息:单位名称,地址,火灾情况(着火物资及火势大小),联系电话。派人在路口接应消防车。

若有人员受伤,立即送往医院并拨打救护电话与医院联系。

2.烧伤急救

烧伤的急救主要是制止烧伤面积继续扩大和逐渐加深,防止休克和感染。可概括为“一灭”、“二防”、“三不”、“四包”、”五送”。

(1)“一灭”。即采取有效措施尽快灭火,或者使身体脱离灼热物质,火焰烧着衣服时,伤员应立即卧倒在地,慢慢打滚灭火,并迅速脱去着火衣服,切勿站立喊叫,以防吸入性损伤;更不可奔跑,否则风助火威,使火更旺;不应用手拍打火焰,以防手部遭到深部烧伤。

热液、沸水烫伤时,应立即脱去或剪去烫湿的衣服,以免继续受热的作用而使创面加深。

中小面积的浅度烧伤可采用立即浸入冷水的方法,因为冷水有明显的镇痛作用,但冷水同时又会使血管收缩,组织缺氧,故不适用大面积烧伤。

酸、碱或腐蚀性化学烧伤时,应立即除去浸有化学物质的衣服,用大量清水冲洗 20min 以上。眼部化学溅伤应立即冲洗,再送医院。

(2)“二防”。即防止休克及感染。在现场可口服止痛片(有颅脑或重度呼吸道烧伤时,禁用吗啡),同时可口服抗生素,并给予口服淡盐水等,一般以少量多次喝为宜。应当注意,不应让伤员单纯喝白开水或糖水,以免引起脑水肿等合并症。保持气道通畅,并争取给氧。

(3)“三不”。即在现场,对烧伤创面一般不进行特殊处理,尽量不要弄破水泡,不要随意涂药。

(4)“四包”。即包扎创面,防止再次污染。可用三角巾、清洁衣服、被单等包裹创面。注意冬季保暖,夏季防晒。

(5)“五送”。即在现场发现心跳、呼吸停止,应立即进行心肺复苏术,在转送过程中,继续实施心肺复苏术,同时要严密观察其他变化。搬运伤员一切动作要轻柔,行进要平稳,以减少伤员的痛苦。

四、中毒急救

1. 一氧化碳中毒

(1)将伤者迅速移至通风处,呼吸新鲜空气,有条件的应给予吸氧治疗,并注意保暖。

(2)对清醒者,应询问有无昏厥史,有条件的应到医院接受检查及治疗。

(3)对昏迷不醒者,应立即手掐人中穴,同时呼救并转送到有高压氧舱或光量子治疗的医院。

(4)对心跳、呼吸微弱或已停止者,应立即实施心肺复苏术,同时迅速送医院抢救。

(5)不要轻易放弃抢救,严重中毒及有昏迷者清醒后也一定要送医院接受高压氧或光量子治疗,以免发生后遗症,出现脑功能障碍。

2. 强酸类中毒急救

(1)皮肤灼伤,应迅速脱去衣裤、鞋袜等,用大量自来水冲洗创面 15～30min,或用 4%碳酸氢钠冲洗,注意创面上不要涂油膏或红(紫)药水。

(2)眼部烧伤,可用自来水冲洗不少于 15min,冲洗时眼皮一定要掰开,如无冲洗条件,可把头部埋入盆水中,把眼皮掰开,眼球来回转动洗涤。

(3)凡吸入中毒者,给予牛奶、豆浆、鸡蛋清(4 只鸡蛋清加水 200mL)口服。严禁催吐、洗胃和服用碳酸氢钠,以免引起胃穿孔。

(4)中毒引起呼吸、心跳停止时,应立即进行口对鼻人工呼吸或用器官切开术和胸外按压术。

3. 强碱类中毒急救

(1)皮肤烧伤,应立即用大量自来水冲洗,但遇有干石灰颗粒,一定要把颗粒清除掉,再行冲洗,直至皂样物质消失为止,然后用2%硼酸或2%乙酸湿敷。

(2)眼部烧伤,用大量自来水冲洗,如有干石灰等,先要清除,无冲洗条件者,可把头埋入水盆中,把眼皮掰开,眼球来回转动洗涤。

(3)凡吸人中毒者,给予牛奶、蛋清水(200mL),口服。严禁催吐和洗胃,以免引起胃穿孔。

(4)中毒引起呼吸、心跳停止时,应立即对其进行口对鼻人工呼吸或气管切开术和胸外按压术。

五、中暑急救

(1)将轻度中暑者移至附近阴凉通风处,解衣平卧休息,用湿毛巾置于额部,口服含盐清凉饮料、仁丹、十滴水、麝香正气丸等。

(2)肌肉痉挛者,用中等力量按摩。

(3)体温升高、神志不清、抽搐等重度中暑应迅速采取降温措施。4℃水浴法是将伤员除头部外,浸在4℃水中,若无4℃水,用凉水也可以,并不断摩擦四肢皮肤,使热能尽快散发。有条件时还可将伤员置空调室中,室温调到25℃左右或用电扇直吹,并于头部、腋下、腹股沟大血管处放置冰袋,同时用冷水擦浴全身。

(4)将神志不清的中暑病人送往医院途中应严密观察呼吸、脉搏等情况,保持降温措施。

六、摔伤急救

(1)伤员身上的装具和口袋的硬物都应去掉。

(2)如身上有钢筋等硬物插在体内时,在现场不要把硬物拔出,只能在离身体最近处把硬物锯断后送医院处理。

(3)在搬运和转送过程中,要用固定平板或担架。不可使颈部和躯干前屈和扭转。应使脊柱伸直,绝对禁止一个抬肩一个抬腿的搬运法,以免发生或加重截瘫。

(4)创伤局部要妥善包扎。但对怀疑有颅底骨折和脑脊液滴漏患者切忌填塞,以免引起颅内压增高和感染。

(5)伤者要求仰卧位,保持呼吸道畅通,解开领口纽扣。

(6)周围血管伤,压迫伤口部位以上动脉压至骨骼时,直接在伤口上放厚敷料,绷带加压包扎以不出血和不影响肢体血液循环为度。也可用止血带,但要慎用,原则上尽量缩短使用时间,一般以不超过1h为宜,且做好标记,注明上止血带时间。

(7)若心跳、呼吸停止者,应进行心肺复苏术,并迅速送往附近医院抢救。在途中也应坚持抢救。

第四节　事故预防

一、事故的预防原则

(1)事故可以预防。在这种原则基础上,分析事故发生的原因和过程,研究防止事故发生的理论及方法。

(2)防患于未然。事故与后果存在着偶然性关系，采取积极有效的预防方法和措施就是防患于未然，只有避免了事故，才能保障施工生产的稳步发展，才能避免经济损失和社会影响。

(3)根除可能的事故原因。任何事故的发生，总是有其原因的。事故与原因存在着必然性的因果关系，为了使所制定的预防事故措施具有针对性、实效性，首先应当对事故进行全面的调查和分析，准确地找出发生事故的直接原因、间接原因。所以，有效的事故预防措施，来源于深入细致的事故原因分析。

(4)预防事故必须全面治理。人、机以及管理原因是三种最重要的原因，必须全面考虑缺一不可，并采取相应对策。

二、事故预防的基本措施

事故预防的基本措施如图 10－6 所示。

事故预防的基本措施

- 消除人的不安全行为
  - (1)进行有针对性的安全教育和训练，消除不良的安全心理、提高安全技能。
  - (2)针对不同的生理条件合理调节劳动分配，并加强安全监督，消除不适宜的生理对安全的影响。
  - (3)开展反事故演习，提高对突发事件的应变能力，控制事故的发生、减小事故损失。
  - (4)进行事故教育，举一反三，最终做到未雨绸缪。
  - (5)加强思想工作，消除职工的思想顾虑，排除外界不良因素的负面影响。
- 消除物的不安全状态
  - (1)消除或改进不合理的结构。
  - (2)消除不良环境，做到通道畅通、场地平整、间距适中、条件适宜。
  - (3)购置具有足够强度、符合特定安全条件的材料和设备。
  - (4)增设井盖、围栏、防护罩等安全设施。
- 消除管理缺陷
  - (1)在安全检查时，不但要揭查事故隐患，而且要注意揭查导致事故隐患的管理缺陷。在采取防范措施时，不但要考虑安全技术措施、安全防护措施，而且要考虑加强安全管理的措施。
  - (2)调查分析事故，不仅要找出直接原因还要找出间接原因，不仅要处理直接责任者，还要处理有关的管理人员。
  - (3)在安全教育时，要对职工进行教育和培训，还要对领导、技术人员、安全人员、一般管理人员进行培训和教育。
  - (4)科学组织施工、均衡生产，做好工序的衔接，做好过程监控。事故的预防是一项复杂的系统工程，需要采取管理、技术等综合性的措施，由于不同的企业、不同的工作对象有其具体的特点，无法做具体的要求，只有因地制宜地采取预防措施才能达到减少事故、降低损失的目的。

图 10－6 事故预防的基本措施

三、危险源的分析与控制

1. 施工生产过程中的危险源

生产过程中各种能量和危险物质是可能导致人员伤害和财产损失的潜在不安全因素，即危险源。

从能量类型分析，生产过程中的危险源主要有以下几种：

(1)机械能。动能和势能合称机械能。由机械能引起的事故很多，是广泛存在的危险源。如机械转动部分的绞、碾，手动工具的碰、砸，物体飞来、落下，人体坠落、摔跌，车辆碰撞、倾覆，起重吊装伤害，建筑物倒塌，土石方坍塌，井下坑道冒顶、片帮等。

(2)化学能。有毒有害、易燃易爆、腐蚀性化学物质泄露引起的火灾、爆炸或烧伤、中毒、窒息。

(3)热能。明火或高温物质引起的烧伤、灼烫或火灾；接触低温物质引起的裂伤、冻伤。

(4)爆炸能。这是机械能、化学能和热效应的联合作用，是破坏威力较大、事故后果严重的潜在危险。如火药爆炸，矿井瓦斯、煤尘爆炸，锅炉、压力容器爆炸，其他粉尘及化学物质爆炸，钢水包爆炸，石油燃烧、爆炸等。

(5)电能。接触带电物体，电流通过人体而引起电击或电伤。

(6)辐射能。由于电离辐射、电磁辐射而造成的伤害。

同时，人体本身也是一种能量体系，人体由于心理、生理和环境的影响，其操作行为可能超出正常状态，并与机器、设备的能量流动发生接触、碰撞以致遭受打击而蒙受伤害。

从能量意外释放理论出发，预防事故，就是控制、约束能量或危险物质，防止其意外释放；防止伤害或损坏，就是在一旦发生事故、能量或危险物质意外释放的情况下，防止人体与之接触，或者一旦接触时，尽可能减少作用于人体或财物的能量与危险物质的量，使之不超过人或物的承受力。

2. 危险源与事故隐患的关系

在实际工作中经常使用事故隐患这个词，所谓事故隐患是指隐藏的可能导致事故的不安全因素。这与危险源的定义有相通之处，可以说事故隐患都是危险源，但事故隐患只是危险源的一部分，即在能量或危险物质控制措施方面存在明显缺陷的那些危险源。如果能量或危险物质在控制措施方面没有明显缺陷，则不能说是事故隐患，但却仍然是危险源。例如一台完好的车子不能说是隐患，但其开动起来仍能伤人。通常说“查找隐患”、“隐患评估”、“治理隐患”等，是为了查找、评价和控制那些已出现明显缺陷的危险源，这当然是必要的。但是，还未出现明显缺陷的能量或危险物质的载体，其危险性仍然存在，而且更隐蔽。依据安全系统工程理论，对系统中的危险源全面地进行辨识、评价和控制工作，才能确保系统安全。

3. 危险源按事故发生的分类

(1)第一类危险源

第一类危险源是指各种能量或危险物质。由于能量只有在做功时才显现出来，所以在实际工作中，往往把产生能量的能源或拥有能量的能量载体(如运动的车辆、机械的运动部分、带电体等)，以及产生、储存危险物质的设备、容器或场所等，当作第一类危险源。第一类危险源具有的能量越高，或具有的危险物质数量越大，其危险性越大，一旦发生事故其后果越严重。

(2)第二类危险源

第二类危险源是指导致能量或危险物质控制措施破坏或失效的各种不安全因素。其中包括人的失误、物的缺陷、故障和不良环境因素三个方面。第二类危险源是第一类危险源失控的原因，但它们是随机的现象。第二类危险源出现得越频繁，则第一类危险源的危险性增高，发生事故的可能性增大。事故是两类危险源共同起作用的结果。

(3)两类危险源之间的关系

第一类危险源的存在是事故发生的前提。如果没有第一类危险源就谈不上能量或危险物质的释放，也就无所谓事故。在第一类危险源存在的前提下才会出现第二类危险源。从这个意义上说，第一类危险源才是真正的危险源。另一方面，如果没有第二类危险源出现而破坏对第一类危险源的控制,能量或物质也不会意外释放。因此,第二类危险源是导致事故的必要条件。在事故发生、发展过程中,两类危险源相互依存、相辅相成。

两类危险源的性质及在事故发生、发展中的作用是不同的。第一类危险源是一些物理实体,也是导致人员伤害或财产损失的能量主体,它决定事故的严重程度;第二类危险源则是围绕第一类危险源而出现的一些异常现象或状态。它出现的难易或频率,决定事故发生的可能性。因此,危险源辨识的首要任务是辨识第一类危险源,然后再围绕第一类危险源来辨识第二类危险源。两者综合到一起决定危险源的危险性。

4. 危险源的辨识方法

(1)系统安全分析

从安全角度进行系统分析,通过揭示对象系统中可能导致系统故障、事故的各种因素及相互关联来识别系统中的危险源。系统安全分析方法很多,主要有:预先危险分析、危险性和可操作性研究、故障类型和影响分析、事故树分析、故障树分析、因果分析等。越是复杂的系统,越需要运用系统安全分析方法来辨识危险源。

(2)经验法

结合以往的事故经验,通过与操作者交谈或到现场检查、查阅以往的事故记录等方式发现危险源。

(3)对照法

对照有关的标准、规范、规程或经验,以及安全检查表来辨识危险源。其优点是简单易行,但在没有可供参考先例的新开发的系统中难以使用。

5. 危险源评价的主要方法

(1)划分等级法,划分等级法是一种相对评价方法。它通过比较危险源的危险性,人为地划分出一些等级来区分不同危险源的危险性,为采取控制措施或进行更详细的危险性评价提供依据。划分危险等级法是一种简单易行,广泛使用的方法。

(2)后果分析法,后果分析法是定量地描述重大事故后果严重程度的评价方法,其所需要的数学模型准确程度高,需要的数据较多,计算复杂,一般仅用于特别重大的危险性评价。

6. 危险源的预防原理

(1)禁止、警告和报警原理。这是以人为目标,对危险部位给人以文字、声音、颜色、光等信息,提醒人们注意安全。例如设置警告牌,车间起重设备运行时用铃声提醒人们,使用安全仪表,不同颜色的信号等。

(2)距离防护原理。生产中的危险因素对人体的伤害往往与距离有关,依照距离危险因素越远事故的伤害越减弱的道理,采取距离防护是很有效的。如对触电的防护、放射性或电离辐射的防护,都可应用距离防护的原理来减弱危险因素对人体的危害。

(3)消除潜在危险的原理。这一原理的实质是面向科学技术进步,在工艺流程(施工方法)中和生产设备上设置安全防护装置,增加系统的安全可靠性,即使人的不安全行为(如违章作业或误操作)已发生,或者设备的某个零部件发生了故障,也会由于安全装置的作用(如自动保险和失效保护装置等的作用)而避免伤亡事故的发生。

(4)取代操作人员的原理。若不能用其他办法消除危险因素的条件下,未摆脱危险因素对操作人员的伤害,可以用机器人或自动控制装置代替人工操作。

(5)屏蔽原理。屏蔽原理即在危险因素的作用范围内设置障碍,同操作人员隔离开来,避免危险因素对人的伤害。如转运、传动机械的防护装置、放射线的铅板屏蔽、高频的屏蔽。

(6)坚固原理。这一原理是以安全为目的,提高设备的结构强度,提高安全系数,尤其在设备设计时更要充分运用这一原理。例如起重设备的钢丝绳、坚固件、防爆电机外壳等。

(7)设置薄弱环节原理。这一原理与坚固原理恰恰相反,是利用薄弱的元件,在设备上设置薄弱环节,在危险因素未达到危险值以前,已预先将薄弱件破坏,使危险终止。例如电气设备上的保险丝,锅炉、压力容器上的安全阀等。

(8)闭锁原理。闭锁原理就是以某种方法使机械强制发生相互作用,以保证安全操作。如载人或载物的升降机,其门不关上就不能合闸开启;高压配电屏的网门,当合闸送电后就自动锁上,维修时只有拉闸停电后才能打开,以防止触电。

7. 危险源控制手段

(1)管理手段

1)建立分级管理责任制。明确各级管理层次对危险源的管理职责,做到定危险源项目、定责任部门和责任人、定管理内容和措施。

2)实行优先保证危险源控制的决策原则和财务政策。

3)进一步组织重大危险源的评价,找出危险源控制技术方面的缺陷和问题,制定和实施计划。

4)制定和执行应急计划,落实报警系统和抢救、救援设施。

5)建立检查、维护和检测制度。检查控制室和现场与安全有关的运转、操作条件;检查和监测危险装置的安全系统及有关操作,确定各类维修的时间间隔,制定和实施维修计划。

(2)技术手段

1)根除危险源。

2)限制或减少能量和危险物质的量。

3)隔离(分离、屏蔽)。

4)减少故障和失误,包括危险装置的设计、制造控制和运转控制。

5)设置故障—安全系统。

6)制定和贯彻安全规程。

7)隔离(远离、封闭、缓冲)。

8)设置薄弱环节,以安全释放能量。

9)个体防护。

10)抢救与救援。

11)避难与救生。

四、施工企业事故防止

1. 用安全标志牌做保护神

在较容易发生事故的作业现场及建筑物内部,必须在作业人员容易看到的地方先行设置安全标志。而且这些标志必须规范化,符合对安全标志、标志牌,需持有以下态度:

(1)任何人不可移动或拆除标志。

(2)如果标志牌变得模糊或肮脏时,应及时整理干净。

(3)对于标志内容。不但自己要遵守,而且还要督促同事遵守。

标志是简单明了、警告危险、指示安全的,让我们大家一齐遵守。

2. 遵循"健康第一"的原则

施工人员应遵循"健康第一"的原则。

现代社会,生活节奏加快,稍不注意就会染上疾病。作业人员一旦身患疾病,其生理上和心理上可能会无法适应工作的需要,以致容易引发事故。为了避免事故的发生,首先要遵循"健康第一"的原则,为了员工的健康,企业应采取以下措施:

(1)保证员工充足的睡眠,合理安排劳动强度。

(2)提供合理的饮食。

(3)充分考虑如何缓解员工的心理与精神压力。

(4)定期对员工进行身体检查。

此外,员工自身也应保持身心的平衡,始终保持良好的状态。

3. 严格遵守作业标准

(1)作业标准是前人经验与智慧的结晶。然而,人为了自己方便常常存在忽视的倾向,作业人员往往会轻视每天周而复始的作业标准,由此就会形成事故的萌芽。这种情形好比开车时超车一样。当你想超车时,为了超过其他车辆,往往会忽视速度限制(就是为确保行车安全所设的速度标准),结果撞车事故就会不断发生。

(2)同样的道理,在作业场所之内,如果不严格遵守作业标准,纵然一时未发生伤亡事故,但终究存在事故隐患。

(3)所以,对于任何作业标准,我们都要认真遵守。

4. 不要放过可疑之处

(1)如同"或许、差不多乃是事故之源",有许多事故都是在未确认是否安全的状态下发生的。

(2)发生事故的主要原因。包括看错、听错、讲错、做错等,几乎大部分都是由于错误造成的。而一部分错误是由于信息传递的失误造成的。

(3)人是根据自己的理解力去听取别人的话的,因此信息由A先生传到B先生,再从B先生传到C先生时,所传递的信息可能会减少30%或40%。而且不仅是减少,可能还会加上多余的或不同的信息。

(4)对于工作的人来说,重要的信息一定要经过重复、强调及核对。这也就是说,当感觉到有细微的可疑之处时,应进一步了解到直至确定为止。

5. 多从自己身上找原因

(1)安全管理除了主动努力外别无他法。一旦事故发生后,人们往往喜欢用环境因素(客观因素)来掩盖自身的不足,如人手不足,上司指导不妥,材料不好等等。

(2)用"因某某没有做,所以……"或"一开始条件就不行,所以没有办法"等等借口,一味怪罪环境以及条件不好,最终会变得黔驴技穷,在事故面前束手无策。

(3)安全管理者应从自身的管理上发掘问题的根源，从事故中吸取教训，切莫一次次地掩盖自身的不足之处。

(4)不主观努力，只会转嫁责任，必定会招致更严重的事故。

6. 即使小东西，也不能从高处扔下

到了工程的关键时期，常会发生坠物打击事故。为了防止这类事故的发生，应注意以下几点：

(1)所有现场作业人员都必须戴好安全帽。

(2)在脚手架及作业平台放置东西时，必须将其固定。

(3)不要将工具、部件等进行投上、投下的传递。

(4)在上下立体交叉作业时，应设置安全防护层，下方应尽量停止作业。

(5)将高处作业用的材料绑紧、扎牢后进行悬吊。

(6)对高处放置的物品进行经常性的整理和整顿。

在高处作业时，作业人员常常投掷工具及材料。他们认为这没有什么大不了，但却往往酿成大祸。所以，请作业人员不要投掷，不要往下扔哪怕很小的东西。

7. 一定注意防火

(1)施工现场要明确划分用火作业区；易燃、可燃材料堆放场、仓库；易燃废品集中点和生活区等。各区域间间距要符合防火规定。

(2)工棚或临时宿舍的搭建要符合防火规定，尤其冬季要特别注意防火。

(3)施工现场明火作业必须经有关部门批准后，才可动火。

(4)施工现场仓库、木工棚及易燃易爆物堆(存)放处等，应张贴(悬挂)醒目的防火标志。

(5)施工现场必须根据防火的需要，配置相应种类、数量的消防器材、设备和设施。

8. 加强巡强，确保安全

(1)要在各级、各部门落实各自安全生产责任的前提下，做到“齐抓共管”。

(2)应该通过施工企业领导层、施工技术部门甚至人事部门负责人的巡视，能分别从不同的角度寻找出不安全因素。如领导层的总经理、副总经理巡视安全情况，可能会从如何缩短工期、降低成本、创建一流建筑企业等大局上去寻找不安全因素；施工技术部门负责人去巡视，会从如何提高施工工艺质量、速度等方面去思考安全问题；人事部门负责人通过巡视，可以通过劳力配置的最佳点、加强人员考核等方面来检查安全问题。抱着只依赖安全部门或现场安全员去管安全的观点，对施工企业本身就是不负责任的思想，最终只能危害企业自身。

(3)不能只是巡视，应对发现的事故迹象加以分析，并且与伤亡灾害发生时的状况进行比较。

(4)巡视的结果应该使不安全状况与不安全行为得到改善，应有具体落实措施，并且最主要的是例行巡视要持续进行，不能松一阵、紧一阵。

(5)分析作业人员不安全行为不是一件容易的事情，因为它涉及心理学、社会学等广泛的领域，同时还要有必要的实践经验，所以必须要提高巡视者这方面的能力。

第五节　事故调查、分析及处理

一、事故调查

1. 施工企业伤亡事故的评价指标

(1)千人负伤率。表示某时期内，平均千名职工中，因工伤亡事故造成的伤亡人数。计算公式为：

$$千人负伤率=\frac{负伤人员总数}{平均职工总数}\times 10^3$$

(2)千人重伤率。表示某时期内，平均千名职工中，因工伤亡事故造成的重伤人数。计算公式为：

$$千人重伤率=\frac{重伤人数}{平均职工人数}\times 10^3$$

(3)千人死亡率。表示某时期内，平均千名职工中，因工伤亡事故造成的死亡人数。计算公式为：

$$千人死亡率=\frac{死亡人数}{平均职工人数}\times 10^3$$

(4)伤害频率。百万工时伤害率：表示某时期内，每百万工时，事故造成伤害的人数。伤害人数指轻伤、重伤、死亡人数之和。计算公式为：

$$百万工时伤害率=\frac{伤害人数}{实际总工时数}\times 10^6$$

(5)伤害严重度。伤害严重度表示某时期内，每百万工时，事故造成的损失工作日数。计算公式：

$$伤害严重度=\frac{总损失工作日数}{实际总工时}$$

(6)伤害平均严重率。伤害平均严重率表示每人受伤害的平均损失工作日。计算公式：

$$伤害平均严重率=\frac{总损失工作日数}{伤害人数}$$

2. 事故调查分析的目的与任务

(1)目的

事故调查分析的目的主要是为了弄清事故情况，从思想、管理和技术等方面查明事故原因，分清事故责任，提出有效的改进措施，从中吸取教训，防止类似事故重复发生。

(2)任务

1)查清事故发生经过。即通过现场留下的痕迹，空间环境的变化，对事故见证人和受伤者的询问，对有关现象的仔细观察，以及必要的科学实验等方式或手段来弄清事故发生的前后经过，并用简短文字准确表达出来。

2)找出事故原因。即从人的因素、管理因素、环境因素以及机器设备本身安全因素等方面进行综合分析，找出事故发生的直接原因和间接原因。找出事故原因是事故调查分析的中心任务。

3)分清事故责任。通过事故调查,划清与事故事实有关的法律责任,并对有关责任者提出处理建议,包括行政处分、经济处罚。构成犯罪的,由司法机关依法追究刑事责任。

4)吸取事故教训,提出预防措施,防止类似事故的重复发生;这是事故调查分析的最终目的。

3. 事故调查组成员的条件

(1)高尚的职业道德。事故调查时,必须以公正、平等的态度对待有关事故责任者和事故肇事者,决不能假公济私或以私损公。

(2)高度的责任感。工作认真负责,排除一切干扰,科学、认真、公正地进行事故调查。

(3)具有广博的知识和丰富的经验。任何一起事故涉及的原因是多方面的,因而要求调查人员的知识面要广并具有丰富的实践经验。事故调查人员不仅要懂得安全管理知识和安全工程知识,而且要懂得社会科学和自然科学的一般知识。针对某一具体事故,还应对与事故有关的生产工艺流程和技术问题有所了解。只有这样,才能全面完整地对事故进行调查和分析。

(4)有较强的分析能力和判断能力。事故调查过程中,要求调查人员在短时间内分析大量错综复杂的信息,并迅速作出判断和决定。因此,要求调查人员具有敏捷活跃的思维能力和分析判断能力,能对大量的事实和有关的信息进行概括和归纳,找出它们之间的相互联系及事故发生的前因后果关系。

(5)良好的组织能力。善于同有关人员建立联系,争取有关人员的积极配合,适时调控事故肇事者及事故责任者的情绪,协调他们的行动,并在遇到紧急情况时,能当机立断作出有关决定。

4. 事故调查组的责任

(1)责任

1)查明事故发生原因、过程和人员伤亡、经济损失情况。

2)确定事故责任者。

3)提出事故处理意见和防范措施的建议。

4)写出事故调查报告。

(2)权限

1)任何单位和个人不得阻碍、干涉事故调查组的正常工作。

2)事故调查组有权向发生事故的企业和有关单位、有关人员了解有关情况和索取有关资料,任何单位和个人不得拒绝。

5. 事故调查的程序

事故调查的程序如图 10—7 所示。

事故调查的程序

抢救伤员，保护现场

事故发生后，现场人员不能惊慌失措，要有组织、有指挥，首先抢救伤员和排除险情，制止事故蔓延扩大。同时，为了事故调查分析需要，有责任保护好事故现场。如因抢救伤员和排除险情而必须移动现场物件时，要做出明确标记，有条件时最好对事故现场摄像或拍照。因为事故现场是提供有关物证的主要场所，是调查事故原因不可缺少的客观条件，所以要严加保护。要求现场各种物件的位置、颜色、形状及物理、化学性质等尽可能保持事故结束时的原始状态。必须采取一切可能的措施，防止人为或自然因素的破坏。清理事故现场应在调查组确认已取证，并充分记录后方可进行。不得借口恢复生产，擅自清理现场造成掩盖真相。

搜集资料

事故发生后，应及时成立调查组，调查组必须要到事故现场进行勘查。因现场勘查是技术性很强的工作，它涉及广泛的科技知识和实际经验，因此，对事故的现场勘察必须及时、全面、细致、客观地反映原始面貌。应搜集的资料有：

(1)现场物证资料。如破损部件、碎片、残留物、致害物的位置等。

(2)事故事实材料。如与事故鉴别、记录有关的材料、受害人和肇事者的情况等。

(3)事故发生的有关事实。如事故发生前设备、设施等的性能和质量状况，使用的材料，有关设计和工艺方面的技术文件、规章制度及执行情况，工作环境状况，个人防护措施状况，受害人与肇事者的健康状况，以及可能与事故致因有关的因素等。

(4)证人材料。要尽快找被调查者搜集材料，对证人的口供材料认真考证其真实程度。

(5)现场摄影。包括显示残害和受害者原始存息地的所有照片；可能被清除或践踏的痕迹，如刹车痕迹、地面和建筑物的伤痕，火灾引起损害的照片，冒顶下落物的空间以及事故现场全貌等的照片。

(6)事故图。包括了解事故情况所必须用的信息，如事故现场示意图、流程图、受害者位置图等。

现场勘察

现场勘察的主要要求是：

(1)作出笔录。发生事故的时间、地点、气象等；现场勘察人员的姓名、单位、职务；现场勘察起止时间、勘察过程；能量逸散所造成的破坏情况、状态、程度等；设备损坏或异常情况及事故前后位置；事故发生前劳动组合、现场人员的位置和行动；散落情况；重要物证的特征、位置及检验情况等。

(2)现场拍照。方位拍照，要能反映事故现场在周围环境中的位置；全面拍照，要能反映事故现场各部位之间的联系；中心拍照，反映事故现场中心情况；细目拍照，揭示事故直接原因的痕迹物、致害物等；人体拍照，反映伤亡者主要受伤和造成死亡伤害部位。

(3)现场绘图。根据事故的类别和规模以及调查工作的需要应绘出下列示意图：建筑物平面图、剖面图；事故发生时人员位置图及疏散(活动)图；破坏物立体图或展开图；涉及范围图；设备或工、器具构造图等。

调查报告

(1)事故调查组调查取证结束，应立即把事故发生的经过、原因、责任分析和处理意见以及本次事故的教训、估计和实际发生的经济损失，对本次事故单位提出的改进安全生产工作的意见和建议写成文字报告，经调查组全体人员会签后报有关部门审批。

(2)由企业组成的调查组调查的事故，如调查组内部意见不统一，应在进一步弄清事实的基础上，对照政策法规反复研究，统一认识。若个别同志仍持有不同意见，不可强求一致，允许保留，但报告上应说明情况，以便上级在必要时进行重点复查。

(3)由地方政府组成的调查组，如果对事故的分析和事故责任者的处理不能取得一致意见，安全监管部门有权提出结论性意见；如果仍有不同意见，应当报上级安全监管部门或有关部门处理；仍不能达成一致意见的，报同级人民政府裁决。

(4)对于重伤及以上事故，企业应当根据调查组的调查报告，按照有关规定向企业主管部门、当地安全监管部门、工会和其他有关单位报送《企业职工伤亡事故调查报告书》，如表10－1所示。

图10－7　事故调查的程序

表 10—1 企业职工伤亡事故调查报告书

(1)企业详细名称：

地址： 电话：

(2)经济类型：

国民经济行业：

隶属关系：

直接主管部门：

(3)事故发生时间： 年 月 日 班 时 分

(4)事故地点：

(5)事故类别：

(6)事故原因：

其中直接原因：

(7)事故严重级别：

(8)伤亡人员情况：

姓名	性别	年龄	文化程度	用工形式	工种	级别
本工种工龄	安全教育情况	伤害部位	伤害程度	损失工作日	死亡原因	备注

(9)本次事故损失工作日总数：

(10)本次事故经济损失(元)：

其中直接经济损失(元)：

(11)事故详细经过：

(12)事故原因分析：

(13)预防事故重复发生的措施：

(14)事故责任分析和对责任者处理意见：

(15)附件(事故现场照片、伤亡者照片、技术鉴定等资料)

(16)参加调查人员：

负责人____________

制表人____________

填表日期 年 月 日

说明：本表由企业填写，每项必须填写清楚。由企业按照规定报送给有关部门。本表不专门印制，可根据需要按照上述内容另行填制或打印。有关项目的填写要求见《企业职工伤亡事故统计报表制度》和有关规范、标准；其中“事故严重级别”指重大死亡事故、死亡事故、重伤事故、轻伤事故，其解释见《报表制度》

二、事故分析

1. 事故原因分析的步骤

(1)通过详细的调查、查明事故发生的经过，要弄清事故的各种产生因素，如人、机、生产和技术管理、生产和社会环境、机械设备状态等方面的问题，经过认真、客观、全面、细致、准确地分析，确定事故的性质和责任。

(2)事故分析时，首先应对受伤部位、受伤性质、起因物、致害物、伤害方法、不安全行为和不安全状态等七项内容进行分析。

(3)分析事故原因时，应根据调查所确定的事实；从直接原因入手，即从机械、物质或环境的不安全状态和人的不安全行为入手。确定直接原因后，逐步深入到间接原因方面(指直接原因得以产生和存在的原因，一般可以理解为管理上的原因)进行分析，找出事故主要原因，从而掌握事故的全部原因，分清主次，进行事故责任分析。实际工作中，可以从以下几个方面寻找间接原因:一是技术和设计的缺陷;二是教育不够;三是劳动组织不合理;四是对现场工作缺乏有效监督检查或指导错误;五是没有安全技术措施或安全技术措施不具有针对性;六是没有认真落实安全技术措施;七是对事故隐患整改不力。

(4)确定事故性质。建筑施工发生的伤亡事故的性质通常可分为责任事故、非责任事故和破坏性事故。责任事故,就是由于人的过失造成的事故;非责任事故,即由于人们不能预见或不可抗拒的自然条件变化所造成的事故,或是在技术改造,发明创造,科学试验活动中由于科学技术条件的限制而发生的无法预料的事故。

2. 事故责任分析的目的与内容

(1)事故责任分析的目的在于分清造成事故的责任,以便作出处理,使事故责任者受到教育,使企业领导和广大员工从中吸取教训,能有效改进工作,提高安全生产水平。

(2)根据事故调查所确定的事实,通过对直接原因和间接原因分析结论,即可确定事故中直接责任、领导责任者和主要责任者。直接责任者系指其行为与事故的发生有直接关系的人;领导责任者系指对事故的发生负有领导责任的人;主要责任者系指在直接责任者和领导责任者中,对事故的发生起主要作用的人。

3. 事故统计分析的方法

伤亡事故统计分析方法有各种图表和文字。伤亡事故统计图表和文字是事故分析的重要工具,可以根据需要选用。

(1)主次图法

主次图也称为排列图。最早是意大利经济学家巴拉博士用于统计分析资本主义社会财富分布情况。主次图在事故管理中,主要用来分析与事故发生有关的各种因素的主次情况,如事故类别、事故原因、伤害部位、年龄、工龄分类、事故发生时间以及事故单位、场所等,以便找出事故重点、确定工作重心。

主次图的作图和分析方法如下:

1)收集一定时间内的数据。

2)按分析目的,把数据归类,统计各项目的次数。

3)画坐标图,左边的纵坐标表示人、次数(频数),右边的纵坐标表示累积频率,横坐标表示各项目因素。

4)将各项目因素按频数的大小从左向右依次排列,用矩形的形式画在坐标图内,最后形成几个长短相连、自左向右下降的图形。

5)将各项目频率(百分率)依次累加,用点标在各矩形的右侧边或中心线上,折线连接,成为一条自左向右上升折线,称为累积频率曲线。

(2)趋势图法

1)趋势图也称为动态图,它可以直观地显示出一个地区、部门或单位安全生产情况的动态变化,以便从中发现问题,分析原因,找出薄弱环节,改进安全管理工作。

2)作图方法是:用横坐标表示时间,一般以年或月表示单位;纵坐标表示事故统计数字,如事故次数、伤亡人数、事故频率、严重率等。把对应于每一时期的事故数字在图中用点标出,把所有的点连成折线,就是趋势图。

(3)事故比重图法

1)事故比重图是一种表示事物构成情况的平面图形,在平面图上可以形象地反映各种事故构成所占的百分比。

2)要绘制工伤事故比重图,首先要收集事故资料,然后要进行事故资料归纳整理分类和分析,在此基础上进行统计计算,求出其比重,再绘制成图。一般是用一定弧度所对应的面积代表该类事故所占的比重,因此称为比重图。

三、事故报告处理

1. 事故处理的措施

(1)凡因错误指挥,缺乏安全生产规章制度使职工无章可循,不按规定对职工进行安全技术教育和考核,安全管理混乱,实行经济承包、租赁时承包合同没有劳动保护内容,机械设备和设施不按时检修或明知设施有隐患而不及时消除,劳动条件和作业环境不安全又不采取措施,不按规定提取和使用安全措施经费新建、改建、扩建工程和技术改造项目安全卫生设施,不与主体工程"三同时"以致造成伤亡事故的,应当追究有关领导人的责任。

(2)凡因违章指挥、违章作业、玩忽职守、违反劳动纪律或发现危险情况既不报告又不采取应有的措施,不按规定配备或穿戴防护用品和用具以致造成伤亡事故的,应当追究直接责任者或主要责任者的责任。

(3)对事故责任者的处理,一般以教育为主,或者给予适当的行政处分(包括经济制裁)其中情节恶劣、后果严重、触犯刑法的,应提请司法部门依法追究刑事责任。

(4)对违反《企业职工伤亡事故报告和处理规定》,在伤亡事故发生后隐瞒不报、谎报、故意迟迟不报、故意破坏事故现场,或者无正当理由,拒绝接受调查以及拒绝提供有关情况和资料的,由有关部门按照国家有关规定,对有关单位负责人和直接责任人员给予行政处分;构成犯罪的,由司法机关追究刑事责任。

2. 事故的审批结案程序

(1)轻伤事故由企业处理结案。

(2)重伤事故由企业调查组提出处理意见,征得企业所在地安全监管部门同意,由企业主管部门批复结案。

(3)死亡事故由事故调查组提出处理意见,处理前经市一级安全监管部门同意,由市同级主管部门结案(原铁路施工企业一般规定由集团公司批复结案,但同时要附当地安全监管部门的结论性意见)。

(4)特大死亡事故由事故调查组提出处理意见,处理前经国务院安全主管部门审查同意,由同级企业主管部门批复结案。

(5)事故调查处理结论报出后,须经归属地有关有审批权限的机关审批后方可结案。并要求伤亡事故处理工作在90天内结案,特殊情况也不超过180天。

(6)对事故责任者的处理,应根据事故情节轻重、损失大小、责任轻重分清谁有责任、什么责任,主要责任、重要责任、还是领导责任等,按责任轻重给予相应的处罚。

(7)清理资料专案存档,事故调查和处理资料是用鲜血和教训换来的,是对职工进行安全教育的宝贵资料,也是伤亡人员和受到处罚人员的历史资料,因此必须完整保存。

3. 事故归档的资料内容

(1)职工伤亡事故登记表。

(2)职工重伤、死亡事故调查报告书及批复。

(3)现场勘察资料记录、图纸、照片等。

(4)技术鉴定和试验报告。

(5)物证、人证调查材料。

(6)直接和间接经济损失材料。

(7)事故责任者的自述材料。

(8)医疗部门对伤亡者的诊断书及影印件。

(9)发生事故时的工艺条件、操作情况和设计资料。

(10)处分决定和受处理人员的检查材料。

(11)有关事故的通报、简报及文件。

(12)注明参加调查组的人员姓名、职务、单位。

4. 事故报告的程序

(1)伤亡事故发生后,负伤者或者事故现场相关人员应当立即直接或者逐级报告企业负责人。

(2)企业负责人接到重伤、死亡、重大伤亡事故报告后,应当立即报告企业主管部门和企业所在地劳动部门、公安部门、人民检察机关、工会。

(3)企业主管部门和劳动部门接到死亡、重大死亡事故报告后,应立即按系统逐级上报,死亡事故报至省、自治区、直辖市企业主管部门和劳动部门;重大死亡事故报至国务院有关主管部门、劳动部门。

(4)发生死亡、重大死亡事故的企业应当保护事故现场,并迅速采取必要措施抢救人员和财产,防止事故扩大。

(5)企业主管部门和当地劳动部门、工会收到《职工伤亡事故调查报告书》后,必须及时按系统逐级上报,其中重大和特大死亡事故的调查报告书需报至劳动和社会保障部、国家有关主管部门和全国总工会。

(6)企业和企业主管部门对于《职工伤亡事故调查报告书》提出的改进措施所需的经费、物资和完成的时间必须给予保证。在改进措施完成后,厂长应会同基层工会主席检查验收,并在验收书上签字盖章,报当地劳动部门和工会备查。

(7)企业必须按照规定在每月终填写《企业职工伤亡事故月报表》及其文字说明,报送当地企业主管部门和劳动部门。

(8)当地企业主管部门应根据上述月报表填写企业系统的《职工伤亡事故综合月报表》连同文字说明,逐级上报,直至企业主管部门。

(9)各级企业主管部门的《职工伤亡事故综合月报表》应同时分送同级劳动部门和工会组织;各级劳动部门的《职工伤亡事故综合月报表》应同时分送同级统计部门,并抄送同级工会。

(10)当地劳动部门应根据企业主管部门的《职工伤亡事故综合月报表》和企业直接报来的《企业职工伤亡事故月报表》,填写地区性的《职工事故综合月报表》,逐级上报,直到省劳动部门。

(11)省级劳动部门和国务院有关主管部门应当按照规定于每月终填写《职工伤亡事故综合月报表》报劳动和社会保障部。

(12)在伤亡事故发生后1个月内,如果有负伤人死亡,企业应立即向主管部门、当地劳动部门和工会组织补报。

(13)企业主管部门，当地劳动部门如果在报出《职工伤亡事故综合月报表》以后才收到上述补报资料，可以在报送综合年报表时予以补正。

(14)各省、自治区、直辖市劳动部门和国务院有关主管部门必须在每年1月底以前将上年度的年报表报送劳动和社会保障部。

(15)企业发生职工伤亡事故，如有隐瞒、虚报或者故意延迟不报的，除责成补报外，对责任者应给予纪律处分，情节严重的要追究其法律责任。《企业职工死亡事故速报表》如有漏报、迟报的，要追究有关劳动局负责人的责任。

5. 事故统计报告的对象

由企业支付工资的各种用工形式的人员发生事故均应按有关规定进行统计上报。即除职工以外，还应包括民工、临时工及参加生产劳动的学生、教师、干部，只要是由于企业设备或劳动条件不良等原因所引起的伤亡，都应该算作因工伤亡事故加以统计和报告。

6. 事故报告系统计时应注意的事项

(1)关于职工在企业外执行任务中发生事故的报告统计

职工受本单位领导指派到本单位外从事本企业工作过程中(含出差检查、上下班等)发生伤亡事故，应作报告统计；但在公共交通工具如飞机、客轮、旅客列车、公共汽车等发生交通事故中伤亡不作报告统计；临时搭乘、包乘出租车辆发生交通事故导致伤亡不作统计；职工出差途中做与工作无关的事及参加非本企业组织的社会抢险、救人等发生伤亡，不作统计。

(2)交通事故的报告统计

1)企业职工乘座本单位交通工具在企业外执行本企业任务，或乘坐本企业通勤车或船上下班途中发生交通事故，造成人员伤亡，由交警部门裁定的肇事主要责任单位统计。

2)企业机动车辆在企业通道、工程便道、站场内通道、公路便道上等肇事造成司乘人员伤亡的，应以全部伤亡人数报告统计。

(3)关于伤害程度及损失工作日的确定

1)凡多处受伤，计算中损失工作日合计超过105天的伤害都按重伤报告统计。

2)统计报表中，报告期"损失工作日"一律按计算查定天数一次填报完成。

3)轻伤损失工作日按实际休工天数计算，但连续填报累计最多不超过105天。

(4)关于伤情发展的统计问题

职工因工负伤30天内，由于正常手术治疗等原因而加重伤害程度的，按实际的伤害程度统计，30天后伤情发展的则按原伤情统计。

(5)关于跨地区施工企业发生伤亡事故的统计问题

跨地区承包建筑施工企业发生伤亡事故，应报施工所在地方安全监管部门，由当地的安全监管部门负责统计上报。

7. 建设系统伤亡事故统计表

《伤亡事故统计月报表》如表10－2所示，《建设系统企业职工伤亡事故快报表》如10－3所示，《职工伤亡事故登记表》如表10－4所示，《职工伤亡事故报告表》如表10－5所示，《伤亡事故统计月报表》如表10－6所示。

表 10—2 伤亡事故统计月报表

填报单位名称： 年 月

事故类别	自年初至本月止累计		本 月		补充资料
	死亡	重伤	死亡	重伤	
总计					
物体打击					
机具伤害					
车辆伤害					
超重伤害					
触电					(1)本月发生死亡事故 件 本月发生重伤事故 件 (2)本月因工伤事故歇工计 工日 (3)本月因工伤事故歇工合计，其中续上月 工日 (4)本月因工伤事故所造成的经济损失 万元 (5)全部职工平均人数 自年初累计： 人 本月： 人 (6)负伤频率 自年初累计： ‰ 本月： ‰ (7)文字说明
淹溺					
灼烫					
火灾					
高处坠落					
坍塌					
冒顶片帮					
透水					
放炮					
爆炸					
中毒					
其他伤害					

轻伤事故部分		
	自年初至本月止累计	本月
轻伤事故人次		

填报单位负责人： 安全部门负责人： 填报人：

实际报出日期：______年______月______日

表 10－3　建设系统企业职工伤亡事故快报表

<table>
<tr><td colspan="2">事故发生的时间</td><td colspan="6">年　月　日　时　分</td></tr>
<tr><td colspan="2">事故发生的工程名称</td><td colspan="6"></td></tr>
<tr><td colspan="2">事故发生的地点</td><td colspan="6"></td></tr>
<tr><td colspan="8">事故发生的企业(包括总、分包企业)</td></tr>
<tr><td colspan="2">名称</td><td colspan="2">经济性质</td><td colspan="2">资质等级</td><td>直接主管部门</td><td>业别</td></tr>
<tr><td colspan="2">总包</td><td colspan="2"></td><td colspan="2"></td><td></td><td></td></tr>
<tr><td colspan="2">分包</td><td colspan="2"></td><td colspan="2"></td><td></td><td></td></tr>
<tr><td colspan="8">事故伤亡人员　　其中:死亡　　人,重伤　　人,轻伤　　人</td></tr>
<tr><td>姓名</td><td>伤亡程度</td><td>用工形式</td><td>工种</td><td>级别</td><td>性别</td><td>年龄</td><td>事故级别</td></tr>
<tr><td></td><td></td><td></td><td></td><td></td><td></td><td></td><td></td></tr>
<tr><td></td><td></td><td></td><td></td><td></td><td></td><td></td><td></td></tr>
<tr><td></td><td></td><td></td><td></td><td></td><td></td><td></td><td></td></tr>
<tr><td></td><td></td><td></td><td></td><td></td><td></td><td></td><td></td></tr>
<tr><td colspan="3">事故的简要经过及原因初步分析(必须说明在从事何种工作时发生的事故,事故发生的现场或工程的部位及起因)</td><td colspan="5"></td></tr>
<tr><td colspan="3">事故发生后采取的措施及事故控制情况</td><td colspan="5"></td></tr>
<tr><td>报告单位</td><td colspan="3"></td><td colspan="2">报告时间</td><td colspan="2"></td></tr>
</table>

表 10－4　职工伤亡事故登记表

制表单位：________　　　　　　　　　　编号 NO：________

工地(车间)

发生事故日期：　　　年　　月　　日　　　时　　　分

事故类别：　　　　　　　　主要原因分析：

<table>
<tr><td>姓名</td><td>伤亡情况
(死、重、轻)</td><td>工种及级别</td><td>性别</td><td>年龄</td><td>本工种工龄</td><td>受过何种安全教育</td><td>歇工总日数</td><td>附注</td></tr>
<tr><td></td><td></td><td></td><td></td><td></td><td></td><td></td><td></td><td></td></tr>
<tr><td></td><td></td><td></td><td></td><td></td><td></td><td></td><td></td><td></td></tr>
<tr><td></td><td></td><td></td><td></td><td></td><td></td><td></td><td></td><td></td></tr>
<tr><td colspan="9">事故经过及原因：</td></tr>
<tr><td colspan="9">预防事故重复发生的措施：</td></tr>
</table>

工地(车间)负责人：　　　　　　制表人：　　　　年　　月　　日

注：本表一式二份(其中报主管部门一份，留存一份)。

表 10—5 职工伤亡事故报告表

年 月 日

队别		工地名称		负责人		盖章		
姓名		年龄		工种		人员性质		进单位时间
出事时间		出事地点		受伤部位				
发生事故的经过和原因： 调查人： 盖章：								
受伤者受过何等教育								
医生检查及鉴定情况：								
工程队对事故责任分析和处理意见：								
预防事故重复发生的措施、完成期限、执行措施负责人：								
公司处理意见：								

注：凡休息一个工日以上的事故，必须由所在单位填写此表，一式三份，立即上报。其中一份由公司签注意见后退回填报单位，如隐瞒不报，根据情节，除追查责任外并给予一定罚款。

表 10—6 伤亡事故统计月报表

(1)企业详细名称： 地址： 电话：

(2)经济类型： 国民经济行业： 隶属关系： 直接主管部门：

(3)事故发生时间： 年 月 日 班 时 分

(4)事故地点：

(5)事故类别： 代码：

(6)事故原因： 其中直接原因：

(7)事故严重级别：

(8)伤亡人员情况：

姓名	性别	年龄	文化程度	用工形式	工种	级别
本工种工龄	安全教育情况	伤害部位	伤害程度	损失工作日	伤亡者死亡原因	备注

(9)本次事故损失工作日总数：

(10)本次事故经济损失(元)： 其中直接经济损失(元)：

(11)事故详细经过：

(12)事故原因分析：

(13)预防事故重复发生的措施：

(14)事故责任分析和对责任者处理意见：

(15)附件(事故现场照片、伤亡者照片、技术鉴定图示、旁证等资料)：

(16)参加调查人员：

注：企业发生伤亡事故进行调查之后按此报告书要求内容填写，并报主管部门及有关部门。

8. 施工企业发生伤亡事故的隐患表现形式

施工企业发生伤亡事故的隐患表现形式如表10－7所示。

表10－7　伤亡事故隐患形式

类别	常见表现形式
违反上岗人员身体条件的规定	患有不适合从事高空、井下和其他施工作业相应的疾病，如精神病，高血压、心脏病、颠痫病等
	未经过严格的身体检查，不具备从事高空、井下、高温、高压、水下等相应施工作业规定的身体条件
	妇女在经期、孕期、哺乳期间从事禁止和不适合的作业
	未成年工从事禁止和不适合的作业
	疲劳作业和带病作业
不按规定使用安全防护用品	进入施工现场不戴安全帽、不穿安全鞋
	高空作业不佩挂安全带或挂置不可靠
	雨天、潮湿环境进行高压电气作业不使用绝缘防护用品
	进入有毒气环境作业不使用防毒用品
	电气焊作业不使用电焊帽、电焊手套、防护镜
	进入有易燃气体环境作业不使用防爆灯
	其他不使用相应作业安全防护用品的情况
违反上岗规定	非定机、定岗人员擅自操作
	无证人员进行取证岗位作业
	单人在无人辅助、轮换和监护的情况下，进行高、深、重、险等不安全作业
	在无人监管电闸情况下，从事检修、调试高压电气设备作业
	单人操作带线电动工具设备，无人辅助拖线
违章指挥	在有关进行作业的条件还没有达到规范、设计与施工措施要求的情况下，组织指挥施工
	在出现不能保证安全的天气变化和其他情况时，坚持继续进行施工作业
	当已发现安全隐患或已出现不安全征兆，在未消除险情的情况下，指挥冒险施工
	在安全设施不合格、工人未使用安全保护用品或其他安全措施不落实的情况下，强行组织和指挥施工
	违反有关规范规定的指挥，包括修改、降低和取消某些规定，而没有得到上级主管部门的批准
	违反施工技术措施规定的指挥，包括修改、降低和取消某些规定、改变作业程序，插入其他作业，而没有取得措施编制人员和主管部门的同意、批准
	在施工中出现意外情况时，做出了导致出现安全事故或扩大事故伤害程度的错误决定
	在技术人员、工人和其他人员提出施工中的不安全问题的意见和建议时，未于重视、研究并做出相应的处置，以不负责任的态度继续指挥施工
违章作业	违反程序规定的作业
	违反操作规定的作业
	违反安全防护规定的作业
	使用带病机械、工具和设备进行作业
	违反爆炸、防毒、防触电和防火规定的作业
	在不具备安全作业条件（无架子或架子不合格、无可靠防护设施等）下进行作业
	在已发现有安全隐患或安全事故征兆的情况下，未经处理解决，继续进行作业
放松安全警惕性，不注意保护自己和保护别人的行为	在缺乏警惕性的情况下，发生误扶不可靠物，误踏入“四口”、误碰致伤物、误触带电物、误食毒物，误闻有毒气体以及其他造成滑、跌、闪失和坠落的行为
	在作业中出现工具脱手，物品飞溅掉落，碰撞和拖拉别人等行为
	在出现险情时，不及时通知别人（以便共同脱险）的行为
	在前道工序中为后续工序留下安全隐患而未予解决或转告下道工序作业者注意的行为

第十一章　职业危害与环境保护、安全文化及安全系统工程简介

职业危害，又称生产性危害，现场施工人员对此方面知识增加一些了解，对安全卫生的发展是有益无害的。

安全文化建设对人类的安全具有系统性的意义，企业安全文化是企业文化和安全文化的重要分支，包括保护职工在生产经营活动中的身心安全与健康，即无害、无伤、无亡的物质条件和作业环境等；安全系统工程是对事故进行定性和定量分析预测及评价的工程。

第一节　职业危害

一、职业性危害因素

1.生产过程中的有害因素

(1)化学因素。主要是指有毒物质如铅、苯、汞、一氧化碳，生产性粉尘如矽尘、石棉尘等。

(2)物理因素。异常气象条件，如高温、热辐射、低温；异常气压；噪声、振动；非电力辐射，如可见强光、紫外线、红外线等；电力辐射，如核子密度检测工作中的射线。

(3)生物因素。如炭疽杆菌等。

2.劳动过程中的有害因素

劳动组织和制度的不合理，如劳动时间过长、劳动休息制度不合理或者不健全；劳动过程中的精神过度紧张；劳动强度过大或劳动安排不当；个别器官和系统过度紧张，如由于光线不足引起的视力紧张；长时间处于某种不良的体位等。

3.与一般卫生条件和卫生技术设施不良有关的有害因素

生产场所设计不符合卫生要求或卫生标准，如厂房矮小、车间布置不合理等；缺乏必要的卫生工程技术设施，如没有通风设备等；缺乏防尘、防毒、防暑、防噪声措施、设备等；安全防护设备和个人防护用品方面有缺陷。

二、职业病的概念

职业病是由于生产过程中的职业危害所引起的疾病。

我国法定职业病的范围分别是：职业中毒(共51种)、尘肺(共12种)、物理因素职业病(共6种)、职业性传染病(3种)、职业性皮肤病(7种)、职业性眼病(3种)、职业性耳鼻喉病(2种)、职业性肿瘤(8种)、其他职业病(7种)。

职业病的诊断要有相应职业病诊断权的部门通过详细询问职业史、调查了解劳动条件、进行临床检查和观察最后予以确定。

建筑施工中常见的职业病是矽肺、电光性眼炎、振动病等。

三、生产性粉尘对人的危害

粉尘可以造成职业性尘肺、粉尘沉着症、肿瘤、中毒等病变。

职业性尘肺的概念是长期吸入一定量的粉尘所引起的肺组织纤维化为主的全身性疾病。

尘肺按照病因可以分为：

(1)矽肺，由于吸入游离的二氧化硅粉尘所引起的。

(2)硅酸盐肺，吸入结合型的二氧化硅粉尘所引起的。

(3)炭尘肺，吸入了煤、石墨、碳黑、活性炭等粉尘引起的。

(4)混合性尘肺，吸入游离的二氧化硅和其他混合性粉尘引起的。

(5)金属尘肺，吸人某些金属粉尘引起的。

我国公布的职业病名单中，目前列有12种尘肺：矽肺、煤工尘肺、石墨肺、碳黑尘肺、石棉肺、滑石尘肺、水泥尘肺、云母尘肺、陶工尘肺、铝尘肺、电焊工尘肺、铸工尘肺。

(1)粉尘沉着症：吸入一定量的金属粉尘，X线肺片出现点状阴影，脱离接触后，很少进展，对人体的影响不大。

(2)肿瘤：我国已将由接触石棉、砷、铬所致的有关肿瘤列为职业肿瘤。

(3)中毒：吸入铅、砷、锰等粉尘可以导致金属中毒。

(4)粉尘还可以对皮肤、眼睛、呼吸道黏膜等局部产生作用。

四、振动对人体的危害类型

1. 全身振动对人体的不良影响

振动所产生的能量，通过支承面作用于坐位或立位操作的人身上，引起一系列病变。人体是一个弹性体，各器官都有它固有的频率，当外来振动的频率与人体某器官的固有频率一致时，会引起共振，因而对那个器官的影响也最大。全身受振的共振频率为3～14Hz，在该条件下全身受振作用最强。接触强烈的全身振动可能导致内脏器官的损伤或位移，周围神经和血管功能的改变，可造成各种类型的、组织的、生物化学的改变，导致组织营养不良，如足部疼痛、下肢疲劳、足背脉搏跳动减弱、皮肤温度降低；女工可发生子宫下垂、自然流产及异常分娩率增加；一般人可发生性机能下降、肌体代谢增加。振动加速度还可使人出现前庭功能障碍，导致内耳调节平衡功能失调，出现脸色苍白、恶心、呕吐、出冷汗、头疼头晕、呼吸浅表、心率和血压降低等症状。晕车晕船即属全身振动性疾病。全身振动还可造成腰椎损伤等运动系统影响。

2. 局部振动对人体的不良影响

局部接触强烈振动主要是以手接触振动工具的方式为主的，由于工作状态的不同，振动可传给一侧或双侧手臂，有时可传到肩部。长期持续使用振动工具能引起末梢循环、末梢神经和骨关节肌肉运动系统的障碍，严重时可患局部振动病，从而导致神经系统、心血管系统、肌肉系统、骨组织、听觉器官的疾病，还可以引起食欲不振、胃痛、性机能低下、妇女流产等。

五、施工企业接触粉生的人群及尘肺病预防措施

施工企业接触粉尘的人主要有采石工、隧道施工作业人员、电焊工、除锈人员、爆破作业人员等。

尘肺病的预防措施主要有组织措施、技术措施和卫生保健措施。

(1)组织措施。有粉尘作业的单位要建立防尘制度，认真贯彻防尘措施，做好宣传工作。

(2)技术措施。包括改革生产工艺和生产设备、采取湿式作业，采取密封、吸风、除尘措施等。

(3)卫生保健措施。包括采取个体防护措施，进行就业前和定期体检等项工作。

六、施工企业针对职业危害应采取的劳动保护措施

(1)改革工艺设备和方法，以达到减振的目的，从生产工艺上控制或消除振动源是振动控制的最根本措施；采取自动化、半自动化控制装置，减少接振。

(2)改进振动设备与工具，降低振动强度，或减少手持振动工具的重量，以减轻肌肉负荷和静力紧张等；改革风动工具，改变排风口方向，工具固定；改革工作制度，专人专机，及时保养和维修。

(3)在地板及设备地基之间采取隔振措施(橡胶减振动层、软木减振动垫层、玻璃纤维毡减振垫层、复合式隔振装置)。

(4)合理发放个人防护用品，如防振保暖手套等。

(5)控制车间及作业地点温度，保持在16℃以上。

(6)建立合理的劳动制度，坚持工间休息及定期轮换工作制度，以利各器官系统功能的恢复。

(7)加强技术训练，减少作业中的静力作业成分。

(8)保健措施。坚持就业前体检，凡患有就业禁忌症者，不能从事该作业；定期对作业人员进行体检、尽早发现受振动损伤的作业人员，采取适当预防措施，及时治疗振动病患者。

第二节 环境保护

一、环境保护的总体要求

环境保护是我国的一项基本国策，它影响到经济的可持续发展，同时也与企业的经济利益休戚相关，做好施工中的环保工作，不仅可以保护施工人员的身体健康，减少噪声、粉尘、振动对施工人员的不良影响，还能够增加工地周围居民和所在地政府相关部门的谅解，取得支持，减少施工的干扰。

二、环境保护的总体管理要点

(1)认真开展环保宣传，严格执行国家和地方的环保法规。

(2)要实行环保目标责任制，制定环保计划和措施，把任务和责任落实到具体的施工环节和人员。

(3)要加强检查和监控，做好对施工现场的粉尘、噪声、废气等污染源的检测和监控，进行综合治理，并根据具体效果进行奖惩。

(4)保护自然环境，防止破坏水、土、森林等资源。

三、防止大气污染管理要点有哪些

(1)水泥、石灰、粉煤灰等易飞扬的细颗粒材料要尽量建库存放，室外临时露天存放时，必须下垫上盖，并在运输和使用过程中采取措施，防止扬尘。

(2)要防止车辆携带泥沙,在车辆离开施工现场时,要对车轮和车厢进行清扫或冲洗。

(3)要采取措施防止机动车尾气污染。

(4)控制搅拌站的扬尘,尽量采用自动控制,定时对骨料洒水,并在进料口采取防止粉尘外泄措施。

(5)施工垃圾要及时清理。高层或多层建筑物的垃圾清理要搭设封闭式专用垃圾通道,严禁随意抛撒。

(6)施工便道要尽量硬化,减少扬尘,必要时建立洒水和清扫制度。

(7)禁止在露天焚烧油毡、塑料等产生有毒有害气体物质。

(8)工地使用的大灶、生活和生产锅炉要采取除尘措施,或者选购环保型产品,减少有害气体的排放。要按照规定进行烟尘的检测。

四、水污染防治措施

(1)禁止把有毒有害的废弃物作为土方回填。

(2)搅拌站废水、钻孔桩泥浆等应先沉淀,然后再排入城市排水系统或河流,要尽量重复利用。

(3)现场存放油料,要对库房地面进行防渗处理,在使用过程中要防止跑、冒、滴、漏,污染水体。

(4)100 人以上的施工临时食堂要设置简易的隔油池,定期清理油和杂物。

(5)城市施工,工地临时厕所的化粪池要采取防渗措施,并有防蝇、灭蛆措施。

(6)化学药品、外加剂等要妥善保管;库内存放。

五、路基施工环境保护管理要点

1.场地清理

(1)铁路用地、取土场和租用土地范围内的所有垃圾和不适用的材料,均应清除与移运到适宜的地方进行处理。

(2)清除的表层腐殖土应集中堆放,可以用于工程后期的绿华,或用于弃土、弃渣场地的复土还耕。

2.防水和排水

(1)污水不得排入农田、耕地,不得污染自然水源,也不得引起淤积和冲刷。

(2)施工不应干扰河道、水道或现有灌溉、排水系统。

(3)在路基和排水工程施工期间,要设置临时的灌溉和排水管道。

3.路堑开挖

(1)要注意对地下文物和自然保护区的保护,防止干扰和破坏。

(2)弃土要运到指定的弃土场。不得侵占耕地、灌溉渠道、河道和通道。

(3)弃土场堆放整齐、美观、稳定,必要时坡脚应作加固处理。

4.路基地筑

(1)取土场应选择荒山或撂地,尽量减少使用良田。

(2)施工结束应对场地进行整理,在有条件的情况下,要考虑还耕或造地。

六、桥梁施工环境保护措施

(1)桥梁预制场地要有排水系统。

(2)钻孔桩施工要设置泥浆沉淀池,不得把泥浆直接排放。

(3)对于建筑垃圾应及时运走或填埋。

七、隧道施工环境保护要点

(1)凿岩施工必须采用湿式钻孔。

(2)要保持工作面的空气质量。

(3)要进行瓦斯等有毒有害气体的监测和浓度控制。

(4)弃渣场应砌筑挡墙和排水设施。

(5)废水应先处理后排放。

第三节 企业安全文化

一、安全文化建设的必要性

(1)安全文化不是当前"文化潮"中涌现的新产物,更不是市场经济中产生的怪胎。人类对安全、健康、舒适、高效的追求已成为全球性大趋势,使安全文化成为一种全社会大安全追寻目标的象征。诸如"核安全文化"、"全球预防文化"、"环境保护文化"、"质量控制文化"等安全文化的具体内容,反映了人类对安全问题的重视程度不断在加强。但在创建安全文化氛围的过程中,有关社会各界的责任仍很重大。

(2)据我国"八五"期间各类事故死亡数据统计,1991~1995 年共有 46 万多人死于意外事故。分析及调查结果表明,引发事故的原因 60%~70%是由于"三违"所致,基本原因在于职工和大众的安全文化素质低,缺乏基础安全知识和自救能力,不懂得安全技能和安全法规制度,安全行为不规范。

(3)面对近几年不减的事故态势,原劳动部李伯勇部长指出:要"把安全工作提高到安全文化的高度来认识"。它科学地道破了事故频发和安全工作在低水平上徘徊的原因。可喜的是近年来,安全文化在我国开始形成氛围,加大安全生产宣传力度,提高全民安全文化水平,强化全民安全意识,以引起社会各界的广泛关注。

(4)应该指出,安全文化是一个系统工程,需要科学的思维和安全意识,来规范社会各界的心理及行为安全;它还要求政府在发展经济的同时,对安全减灾作相应的投入。据初步统计,我国自 1949 年以来,通过各种途径,仅自然灾害方面大约投入 3000 亿元。

(5)中国正处于建立市场经济的初级阶段,在安全体制改革,安全机构精简,安全管理不到位,安全投入不落实,职工安全技能水平下降的关键时刻,提出倡导和弘扬安全文化有其现实意义。其重要的途径是树立正确的安全价值观和安全行为规范,加强安全培训教育和管理,尤其对下一代要不停地注入时代安全内容,尽快建立以适应国际安全形式的超前规划和行动,使安全文化深入人心。

二、企业安全文化的概念

(1)企业安全文化是企业在长期安全生产和经营活动中,逐步形成或有意识塑造,为职工接受并遵循的、具有企业特色的安全观念和意识、安全作风和态度、安全管理机制及行为规范;是企业的安全生产奋斗目标、安全进取精神;是为保护职工身心安全与健康而创造的安全而舒适的生产和生活环境、防灾避难应急的安全设备和措施；是树立以人为本、安全第一，珍惜生命、善待人生的全员的安全人生观、安全的价值观、安全的审美观、安全的心理素质和企业安全风貌、习俗等，所有企业安全物质财富和安全精神财富之总和。

(2)企业安全文化是企业文化和安全文化的重要分支，包括保护职工在生产经营活动中的身心安全与健康，即无害、无伤、无亡的物质条件和作业环境；也包括职工对安全的意识、信念、价值观、经营思想、伦理道德、行为规范等安全的精神因素。安全文化建设实现了人的生命价值的制约机制、实现了生产的社会价值及经济效益统一的动力机制、建立起完善的企业安全生产的经营机制和管理体制，保护员工的身心安全与健康，珍惜员工的生命，实现人的自身价值和奋斗目标。

三、企业安全文化的建设方式

1. 企业人文环境的安全文化建设

运用传统的安全文化建设手段。安全宣传墙报、安全生产(日、月)竞赛活动、安全演讲、幽默、事故报告会等。

2. 施工现场安全文化建设

(1)设置安全标志事故警示牌等。

(2)推行现代的安全建设手段：技术及工艺的本质安全化、现场"三标"建设、车间安全生产制度、三防管理(尘、毒、烟)、四查工程(岗位、班组、车间、厂区)、三点控制(事故多发点、危险点、危害点)等。

3. 管理层及决策者的安全文化建设

(1)运用传统有效的安全文化建设手段。全面进行安全管理、五同时、三同步、监督制、定期检查制、有效的行政管理手段、常规的经济手段。

(2)推运现代的安全文化建设手段。三同步原则、三负责制、意识及管理素质教育、目标管理法、无隐患管理法、系统科学管理、人—机—环境设计、系统安全评价、应急预案对策、事故保险对策、三因(人、物、境)安全检查等。

4. 班组及职工安全文化建设

(1)运用传统有效的安全文化建设手段。三级教育、特殊教育、日常教育、全员教育、持证上岗班前安全活动、标准化岗位和班组建设、技能演练、三不伤害活动、定署管理。

(2)推行现代的安全文化建设手段。"三群"(群策、群力、群管)对策、班组建小家活动、"绿色工位"建设、事故判定技术、危险预知活动、风险抵押制、家属安全教育、"仿真"(应急)演习等。

四、企业安全文化建设的作用

1. 协调安全生产管理中的关系

(1)协调是指为了实现系统的目标，对系统中各子系统的关系进行匹配的过程。在安全生产管理中，一是需对安全决策有不同观点的人进行协调，二是需对系统(如企业)中各子系统(如部门)在安全职能关系上进行协调。

(2)由于人员职务和部门职能的划分，人员及各部门会由于自身的价值观而妨碍系统安全的整体功能，系统越大，协调活动的量也越多，内部支援的代价也越大，呈现出协调职能下降的边际效应。虽然在正式组织的规章制度中，也都规定了行政协调的内容，但是，由于各自所处的环境不同，个人或部门对于安全规章及制度的解释，不可能完全一致，这时安全文化将是唯一的能促使人们按照共同的安全价值进行协调的行为动作，解决了高度形式化组织结构造成协调不灵的难题。

2. 控制生产中的安全行为

(1)企业安全文化的控制作用突出表现在使企业的安全目标——手段链，成为制定决策和采取行动时自觉遵守的出发点。安全目标设计是由参加设计者及群体安全价值观和行为准则决定的。企业领导与员工对安全价值观及行为准则的一致认同，能在企业中形成“自动控制”机制，它可以把最坏的决策变为最好的结果，否则，最好的决策也可能产生最坏的结果。

(2)党政工团各级领导(包括领导部门及领导人)的安全文化素质是这种控制功能的关键，他们对安全事业的高度热忱，对各级管理干部及技术干部安全职责的明确要求，对安全技术经济措施的认真落实，对安全教育及任职安全资格的认真考核，对自身及员工进行扎扎实实的本质安全文化建设，对安全习惯、安全礼仪、安全语论、安全道德、安全风格、安全英雄事迹积极提倡蔚为风气，持之以恒，积久成规，企业安全生产必然驶上稳定提高的轨道。

3. 振兴生产保护企业

安全文化是人类在长期的生产及生活中创造出来的精神成果，它不是一时或一个企业偶然树起的口号，因此安全文化对于具体生产具有相对的独立性，它能使企业领导与员工纳入集体安全情绪的环境场中，生产正式和非正式约束的安全控制机制，使企业由相互利用组成的松散群体，转化为有共同价值观的、有共同追求的、有凝聚力的集体。这种群体协调控制的品质具有振兴生产保护企业的功能，具有使生产从困境的混乱中进入有序运行的功能，这就是为什么1906年美国的钢铁公司董事长埃尔·巴德贾基·凯利提出用“安全第一”作为经营方针，能使该公司从经济萧条中振兴起来的原因。从这个意义上说，一个厂长最终取得成功的条件之一在于对安全文化的理解程度。

五、安全系统工程

1. 安全系统工程的概念

安全系统工程，就是用系统分析的方法，对事故进行定性和定量的分析预测及评价的工程。它具有以下特点：以人为中心的人一机工程；在安全系统工程中，人机系统、管理系统、社会系统有机结合；安全系统工程具有随机性和模糊性，一般没有严格定义值，只能用模糊数学来进行分析。

2. 安全系统工程的主要内容

(1)安全系统分析。是以预测和防止事故为前提，对安全系统的功能、操作、环境、可靠性等指标以及系统的潜在危险性进行分析和测定。

(2)系统安全评价。是以分析结果为依据，评定系统的不安全处所和严重程度。

(3)系统安全控制。是根据系统评价的结果，对系统进行调整，对薄弱环节进行加强和修正，使安全状态得到控制，以极大地减少事故。

3. 安全系统工程的作用

(1)通过对系统的定性和定量分析，找到薄弱环节和可能导致事故的条件，预测事故发生的可能性，并采取有针对性的措施。

(2)通过评价和优化技术，找出最合适的方法使各系统之间实现最佳配合。

(3)促进各项安全标准的制定和有关安全可靠性数据的收集。

(4)能够迅速提高安全工作人员的工作水平和业务素质，加强群众的安全意识，明确防范重点，针对性地防止事故的发生。

六、事 故 树

1. 事故树含义

(1)含义

事故树是以某一要防止的事故作为顶上事件把不同层次的事故致因事件作为节点，节点间用逻辑关系符号和输入输出连线表示从而画成的事故成因树状模型。由事故树的定义可以看出，事故树是由事件、逻辑符号、连线三部分组成。

(2)事故树的符号

1)矩形符号——顶上事件和中间事件，也就是需要进一步往下进行分析的事件。要将事件扼要记入矩形方框内。

2)圆形符号——基本原因事件，即不需要再往下分析的事件：一般表示缺陷事件，如人的失误、设备的故障、环境的不良等。圆形符号内扼要记入事件内容。

3)屋形符号——正常事件，即系统在正常状态下发挥正常功能的事件，如机械伤害事故中的设备运转就属于这类事件。

4)菱形符号有两种意义，一是表示省略事件，即没有必要进行详细的分析或原因不能明确的事件，二是表示其原因来自本系统以外。

5)逻辑门符号。与门表示下面的输入事件 B_1、B_2 同时发生时，输出事件 A 才会发生，如图 11－1 所示。

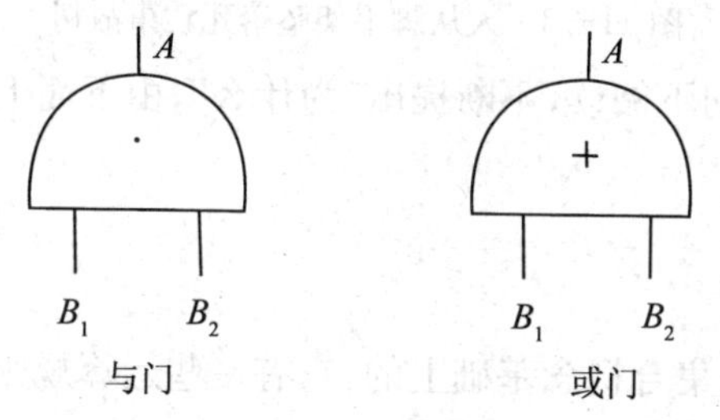

图 11－1　与门和或门

或门表示下面的输入事件 B_1、B_2 至少有一个发生就可以使输出事件 A 发生。

逻辑符号还有条件与门、条件或门和限制门符号等。

2. 建立事故树的步骤

事故树的建立过程是对事故因果关系严格的逻辑判断过程，工程施工系统建立事故树的一般步骤如下：

(1)确定顶端事件，并划分出事故的边界范围。

(2)对事故的成因、发生过程及造成事故时的环境因素进行全面的调查和研究。

(3)按照各因素事件的性质，将事故的直接原因、间接原因进行理顺和分组。

(4)绘制事故树，由顶上事件开始，按系统构成的逆过程逐步展开，直到基本原因事件。

(5)确定逻辑门符号，把上下层事件之间用相应的逻辑符号连接。

(6)作出事故树，人从脚手架上坠落死亡事故树，如图 11－2 所示。

3. 阅读事故树的方法

建立事故树的目的是利用它对事故的各种致因进行定性和定量的分析，以进一步对事故进行预测和安全评价。在作事故树分析之前首先要阅读事故树，阅读方法主要有两种：由上而

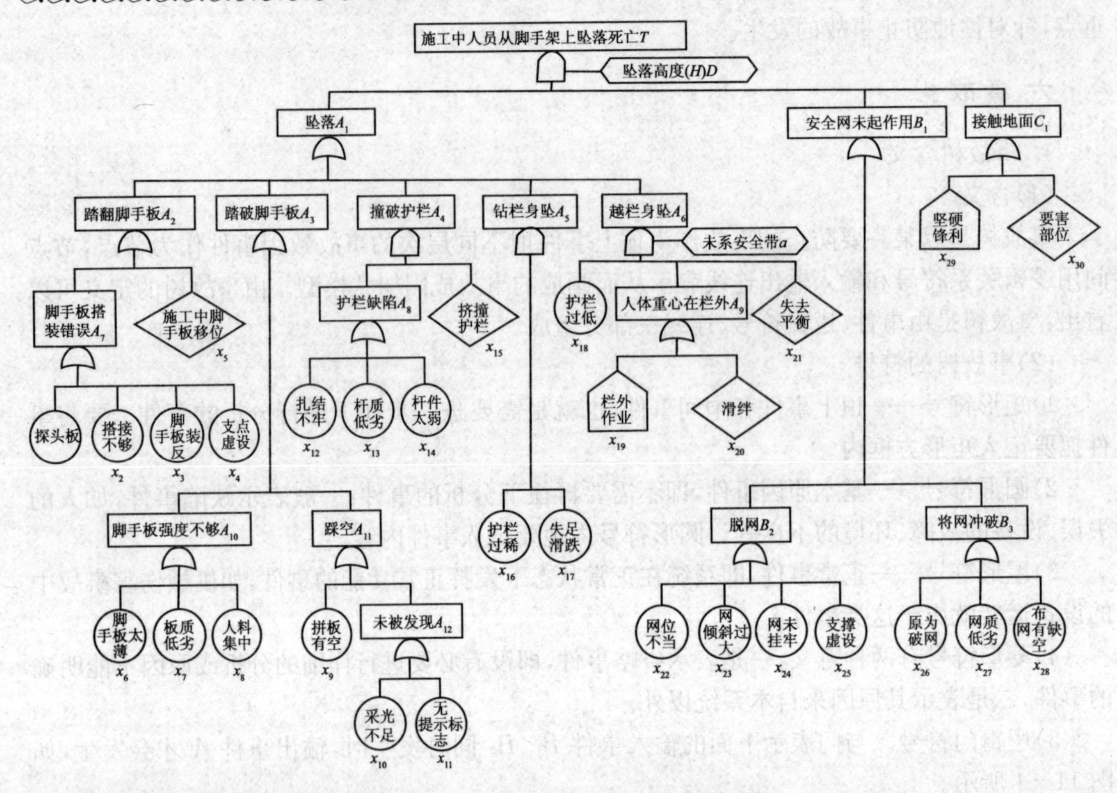

图 11－2　人从脚手架坠落死亡事故树

下阅读，即从顶端事件开始向下阅读，不断提出“为什么”；由下而上的阅读方法，由下面的事件向上追究，找到“结果”。

4. 事故树的分析方法

(1)布尔代数的运算

布尔代数运算是建立在集合概念基础上的，它有一些运算规则：

1)结合律：

$$(A+B)+C=A+(B+C) \qquad (A\cdot B)\cdot C=A\cdot (B\cdot C)$$

2)交换律：

$$A+B=B+A \qquad A\cdot B=B\cdot A$$

3)分配律：

$$A\cdot (B+C)=A\cdot B+A\cdot C \qquad A+(B\cdot C)=(A+B)+(A+C)$$

4)等幂律：

$$A+A=A \qquad A\cdot A=A$$

互补律：

$$A+A'=\Omega$$

吸收律：

$$A+A\cdot B=A \qquad A\cdot (A+B)=A$$

(2)定性分析法

1)最小割集。割集是导致顶上事件发生的基本事件的集合。最小割集是引起顶上事件发生的基本事件构成的最少割集。研究最小割集就是要找到事故发生的规律和表现形式。研究最小割集的方法有多种，最常用的是布尔代数法和行列法，在此以汽车交通肇事为例（事故树如图 11－3 所示）介绍布尔代数法。

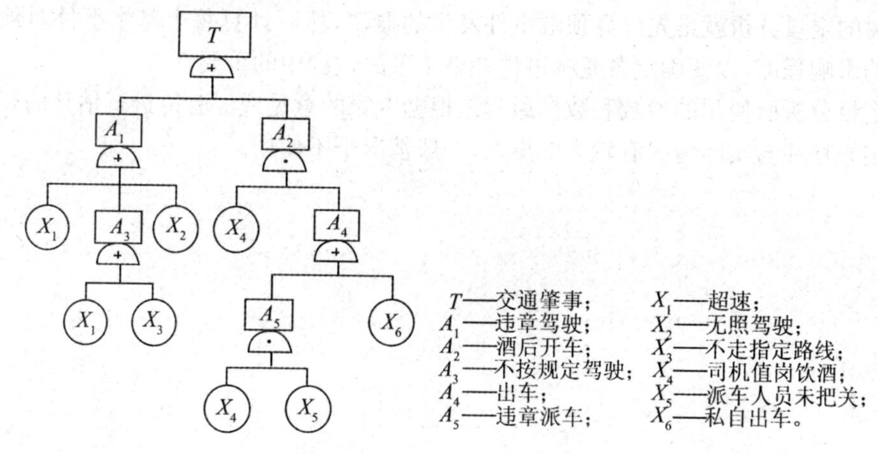

图 11－3　汽车肇事事故树

$$
\begin{aligned}
T &= A_1 + A_2 \\
&= (X_1 + A_3 + X_2) + X_4 A_4 \\
&= X_1 + X_1 + X_3 + X_2 + X_4(A_5 + X_6) \\
&= X_1 + X_1 + X_3 + X_2 + X_4(X_4 X_5 + X_6) \\
&= X_1 + X_1 + X_3 + X_2 + X_4 X_4 X_5 + X_4 X_6 \\
&= X_1 + X_2 + X_3 + X_4 X_5 + X_4 X_6
\end{aligned}
$$

由最小割集的定义可知最小割集为：$\{X_1\}$、$\{X_2\}$、$\{X_3\}$、$\{X_4X_5\}$、$\{X_4X_6\}$五项，分别为超速、无证驾驶、不走指定路线、司机饮酒和派车人员未把关、司机饮酒并私自出车。

2）最小径集。事故树中某些基本事件不发生，顶上事件就不发生，这些基本事件的集合就称为径集。最小径集就是顶上事件不发生时，所必须的、最低限度的径集。要求最小径集就必须利用与事故树相对偶的安全树。绘制安全树就是把事故树中的与门换成或门，把或门换成与门，把事故树中的事件换成对偶事件，如超速换成不超速。上例的安全树如图 11－4 所示。

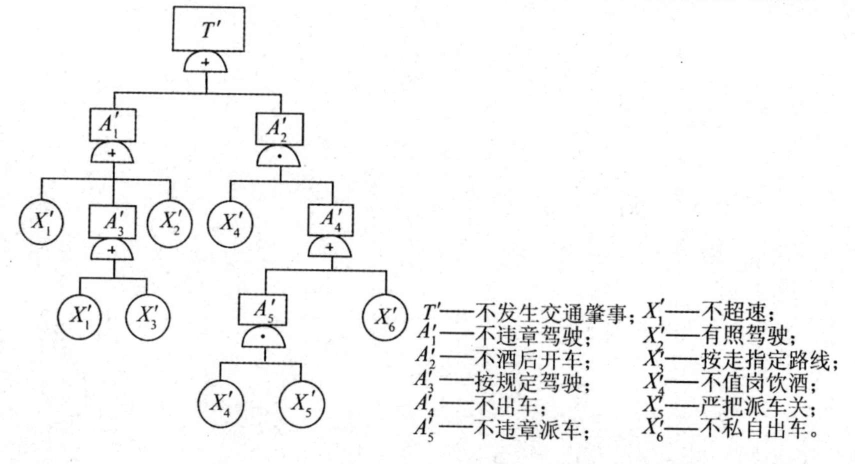

图 11－4　安全树

$$T' = A'_1 \cdot A'_2 = X'_1 X_2' X'_3 X'_4 + X'_1 X'_2 X'_3 X'_5 X'_6$$

由定义知最小径集是：$\{X'_1 X_2' X'_3 X'_4\}$和$\{X'_1 X'_2 X'_3 X'_5 X'_6\}$，也就是说实现了以上两组

事件就可以控制汽车肇事的发生。

(3)定量分析法

事故树的定量分析就是先计算顶端事件发生的概率，然后计算每个基本事件对顶端事件发生概率的影响程度，以便确定各基本事件在整个事故过程中的重要性。

由于定量分析所使用的参数和数据通常是根据专家的意见或经验值进行估计的，不准确，所得出的结果往往与实际情况有较大的出入，一般情况下不使用。

第十二章　建设领域农民工主要安全保护权益

农民工在建设领域中起着重要的作用，他们有必要了解一些对他们切身利益有保护意义的知识，例如一些技能培训常识，劳动合同签订注意事项以及相关保险等知识。

第一节　关于培训

一、农民工进城务工之前应接受培训

1. 技能培训

不同行业、不同工种、不同岗位的技能培训要求各不相同。基本技能和技术操作规程的培训可以使进城务工者掌握一定的技术技能，满足用工单位对务工者的基本要求。

2. 政策、法律法规知识培训

进城之前务工人员需要具备一些基本的法律知识，如《劳动法》、《消费者权益保护法》、《合同法》、《职业病防治法》、《治安管理处罚条例》等。了解这些法律法规能够增强务工者遵纪守法和利用法律保护自身合法权益的意识。

3. 安全常识和公民道德规范培训

这方面培训的内容包括安全生产、城市公共道德、职业道德、城市生活常识等。培训的目的是为增强进城务工者适应城市工作和生活的能力，养成良好的公民道德意识，树立建设城市、爱护城市、保护环境、遵纪守法、文明礼貌的社会风尚。

二、农民工取得职业资格证书的途径

任何符合条件的个人均可自主申请参加职业技能鉴定，申请人根据所申报职业的资格条件，确定自己申报鉴定的等级。职业技能鉴定分为知识要求考试和操作技能考核两部分。职业分类由国家确定，并对规定的职业制定职业技能标准，实行职业资格证书制度。由经过劳动保障部批准的考核鉴定机构负责对劳动者实施职业技能考核鉴定。建设行业从业人员，经过职业技能鉴定机构考核鉴定合格后，核发由劳动保障部印制的《职业资格证书》，并在《职业资格证书》上加盖劳动保障行政主管部门和建设行政主管部门印章。

第二节　关于劳动合同

一、劳动合同的主要内容

1. 劳动合同期限

劳动合同的期限分为有固定期限、无固定期限和以完成一定的工作为期限。

2. 工作内容

工作内容是指劳动者在劳动合同有效期内所从事的工作岗位(工种),以及上岗工作应完成的工作要求,如劳动定额、产品质量标准等。

3.劳动保护和劳动条件

劳动保护和劳动条件是指劳动者在工作中应享有的合法生产、工作条件。为了保障劳动者在劳动过程中的安全、卫生及其他劳动条件,用人单位必须为劳动者提供生产或工作所必需的劳动保护措施,包括劳动场所和设备、劳动安全卫生设施及必要的劳动保护用品等,以保障劳动者在人身安全不受危害的环境下从事工作。

4.劳动报酬

劳动报酬是指用人单位依据国家有关规定或劳动合同的约定,以货币形式直接支付给劳动者的工资,一般包括计时工资、计件工资,奖金、津贴和补贴,延长工作时间的工资报酬以及特殊情况下支付的工资等。有关劳动报酬的条款,应明确工资支付标准、支付项目、支付形式以及支付时间、加班加点工资计算基数、特殊情况下的工资支付等内容。

5.劳动纪律

劳动纪律是指劳动者在劳动过程中所必须遵守的劳动规则和工作制度。

6.劳动合同终止的条件

劳动合同期满或者当事人约定的劳动合同终止条件出现,劳动合同即行终止。经劳动合同当事人协商一致,劳动合同可以解除。

7.违反劳动合同的责任

违反劳动合同的责任是指企业或劳动者不履行劳动合同的约定,或者违反劳动合同致使劳动合同不能履行所应承担的责任。

二、签订劳动合同时应注意的事项

(1)从事建筑施工的劳动者必须与劳务企业签订劳动合同。

(2)由于建筑施工企业的工资支付一般是按项目进度结算来支付工资的,因此,在合同中要明确按月支付和按进度支付的工资比例和绝对数。

(3)物业管理和环境卫生企业的工资一般都按月支付。但由于劳动时间比较长,或者要经常上早班、晚班,节假日也不能正常休息,因此,在合同中要明确加班或早、夜班的工资支付办法。

(4)学会辨认无效劳动合同。无效的劳动合同是指不具有法律效力的劳动合同。根据《劳动法》的规定,违反法律、行政法规的劳动合同,或者采取欺诈、威胁等手段订立的劳动合同无效。劳动合同无效是由劳动争议仲裁委员会和人民法院来确认的。

(5)订立劳动合同时,用人单位不得向劳动者收取定金、保证金或扣留居民身份证。

三、最低劳动工资及支付形式

1.最低工资

最低工资是劳动者在法定工作时间内履行了正常劳动义务,用人单位对其劳动所支付的最低劳动报酬。我们国家实行的最低工资保障制度是指用人单位支付的工资不得低于当地最低工资标准,最低工资的具体标准由省、自治区、直辖市人民政府规定。

2.支付形式

(1)工资支付应当以法定货币(即人民币)形式支付,不得以实物及有价证券替代货币支付。

(2)用人单位应将工资支付给劳动者本人,本人因故不能领取工资时,可由其亲属或委托他人代领。

(3)用人单位可直接支付工资,也可委托银行代发工资。

(4)工资必须在用人单位与劳动者约定的日期支付,如遇节假日或休息日,应提前在最近的工作日支付。

(5)工资至少每月支付一次,实行周、日、小时工资制的可按周、日、小时支付工资。

(6)对完成一次性临时劳动或某项具体工作的劳动者,用人单位应按有关协议或合同规定在其完成劳动任务后,即支付工资。

(7)劳动关系双方依法解除或终止劳动。

四、工资的拖欠事宜

(1)用人单位不得违反《劳动法》以及《违反〈中华人民共和国劳动法〉行政处罚办法》等有关规定,随意克扣劳动者工资。“克扣工资”是指用人单位无正当理由扣减劳动者应得工资(即在劳动者已提供正常劳动的前提下用人单位按劳动合同规定的标准应当支付给劳动者的全部劳动报酬)。

(2)用人单位不得违反《劳动法》以及《违反〈中华人民共和国劳动法〉行政处罚办法》等规定,无故拖欠劳动者工资。“无故拖欠工资”是指用人单位无正当理由超过规定付薪时间而未支付劳动者工资。

(3)如果用人单位不按合同约定支付劳动者工资,或者支付工资低于当地最低工资标准,或者拖欠或克扣工资,侵害劳动者工资报酬权益,劳动者可以向劳动和社会保障行政部门举报。

五、发生劳动争议时解决的程序

劳动争议发生后,当事人可以向本单位劳动争议调解委员会申请调解;调解不成,当事人一方要求仲裁的,可以向劳动争议仲裁委员会申请仲裁。当事人一方也可以直接向劳动争议仲裁委员会申请仲裁。对仲裁裁决不服的,可以向人民法院提起诉讼。

第三节　关于工作

一、上岗前必须要接受安全教育

1.企业应对劳动者进行安全教育

《劳动法》规定,用人单位必须对劳动者进行劳动安全卫生教育,防止劳动过程中的事故,减少职业危害。未进行岗前安全教育发生事故的,企业要承担赔偿责任。建筑施工企业对新进施工现场的工人上岗前都要进行三级(公司、项目、班组)安全教育。工人变换工种时也要进行安全教育,以使工人掌握“不伤害自己,不伤害别人、不被别人伤害”的能力。

2.特种作业必须持证上岗

从事特种作业的劳动者必须经过专门培训并取得作业资格。属于建筑施工企业特种作业范围的工种有:电工、架子工、电(气)焊工、爆破工、机械操作工(平刨、圆盘锯、钢筋机械、搅拌机、打桩机)、起重工、司炉工、塔吊司机、物料提升机(龙门架、井架)和外用电梯(人、货两用)司机、信号指挥厂内车辆驾驶。

二、施工企业必须提供必要的劳动安全卫生条件和劳动防护用品

(1)劳动安全卫生设施必须符合国家规定的标准,新建、改建、扩建工程的劳动安全卫生设施必须与主体工程同时设计、同时施工、同时投入生产和使用。用人单位的劳动安全设施和劳动卫生条件不符合国家规定或者未向劳动者提供必要的劳动防护用品和劳动保护设施的,由劳动行政部门或者有关部门责令改正,可以处以罚款;情节严重的,提请县级以上人民政府决定责令停产整顿;对事故隐患不采取措施,致使发生重大事故,造成劳动者生命和财产损失的,对责任人员追究刑事责任。

(2)施工单位应当将施工现场生活区与作业区分开设置,并保持安全距离;生活区的选址应当符合安全要求;职工的用餐、饮水、休息场所应当符合卫生标准;施工单位不得在尚未竣工的建筑物内设置员工宿舍。

(3)用人单位必须为劳动者提供符合国家规定的劳动安全卫生条件和必要的劳动防护用品,对从事有职业危害作业的劳动者应当定期进行健康检查。

第四节 关于保险和其他权益

一、农民工可以参加基本险种

1.基本险保

国家规定:各类企业招用农民工,应签订劳动合同,并依法缴纳社会保险费;农民合同制职工参加单位所在地的社会保险,社会保险经办机构为职工建立基本养老保险个人账户和基本医疗保险个人账户。参加养老保险的农民合同制职工,在与企业终止或解除劳动关系后,由社会保险经办机构保留其养老保险关系,保管其个人账户并计息,凡重就业的,应接续或转移养老保险关系;也可按照省级政府的规定,根据农民合同制职工本人申请,将其个人账户个人缴费部分一次性支付给本人,同时终止养老保险关系,凡重新就业的,应重新参加养老保险。农民合同制职工在男年满60周岁,女年满55周岁时,累计缴费年限满15年以上的,可按规定领取基本养老金;累计缴费年限不满15年的,其个人账户全部储存额一次性支付给本人。

2.农民工可以参加失业保险

城镇企业事业单位应为招用的农民合同制工人参加失业保险,用人单位按规定为农民工缴纳社会保险费,农民合同制工人本人不缴纳失业保险费。单位招用的农民合同制工人连续工作满1年,本单位并已缴纳失业保险费,劳动合同期满,未续订或者提前解除劳动合同的,由社会保险经办机构根据其工作时间长短,对其支付一次性生活补助。

3.民工有权参加工伤保险

国家规定各类企业、有雇工的个体工商户(以下称用人单位)应当参加工伤保险,为本单位全部职工或者雇工(以下称职工)缴纳工伤保险费,各类企业的职工和个体工商户的雇工,均拥有享受工伤保险待遇的权利,用人单位应当按时缴纳工伤保险费,职工个人不缴纳工伤保险费。

建筑企业必须为从事危险作业的职工办理意外伤害保险、支付保险费。建筑企业从事危险作业的工作包括高处作业、带电作业、有毒作业等。

二、农民工被鉴定为工伤后应享受的待遇

劳动者因工致残被鉴定为一至四级伤残的，享受以下待遇：

(1)由工伤保险基金按伤残等级支付一次性伤残补助金，标准为：一级伤残为本人的24个月工资，二级伤残为本人的22个月工资，三级伤残为本人的20个月工资，四级伤残为本人的18个月工资。

(2)由工伤保险基金按月支付伤残津贴，标准为：一级伤残为本人工资的90%，二级伤残为本人工资的85%，三级伤残为本人工资的80%，四级伤残为本人工资的75%。伤残津贴实际金额低于当地最低工资标准的，由工伤保险基金补足差额。

(3)对户籍不在参加工伤保险统筹地区(生产经营地)的农民工，一至四级伤残长期待遇的支付，可试行一次性支付和长期支付两种方式，供农民工选择。在农民工选择一次性或长期支付方式时，支付其工伤保险待遇的社会保险经办机构应向其说明情况。一次性享受工伤保险长期待遇的，需由农民工本人提出，与用人单位解除或者终止劳动关系，与统筹地区社会保险经办机构签订协议，终止工伤保险关系。一至四级伤残农民工一次性享受工伤保险长期待遇的具体办法和标准由省(自治区、直辖市)劳动保障行政部门制定，报省(自治区、直辖市)人民政府批准。

劳动者因工致残被鉴定为五级、六级伤残的，享受以下待遇：

由工伤保险基金按伤残等级支付一次性伤残补助金，标准为：五级伤残为本人的16个月工资，六级伤残为本人的14个月工资。

劳动者因工致残被鉴定为七至十级伤残的，享受以下待遇：

由工伤保险基金按伤残等级支付一次性伤残补助金，标准为：七级伤残为本人的12个月工资，八级伤残为本人的10个月工资，九级伤残为本人的8个月工资，十级伤残为本人的6个月工资。

另外，用人单位未参加工伤保险的，工伤职工的工伤待遇由用人单位支付。非法用工单位的劳动者也有权享受工伤待遇。

三、农民工疾病预防知识

(1)传染病具有传染性。可以通过呼吸道、消化道、血液及性行为传播。

(2)传染病能够在人群中流行必须具备三个条件：传染源、传播途径、易感人群。

(3)传染病可以预防。通过控制传染源、切断传播途径、增强人体抵抗力，完全能够有效预防传染病的发生和流行。

(4)发现传染病人的处理。①病人要尽快去医院接受治疗；②周围的人要注意隔离，切断传染源，控制传播。

(5)预防艾滋病。艾滋病是一种病死率极高的严重传染病，目前还没有治愈的药物和方法，但可预防。艾滋病病毒主要存在于感染者的血液、精液、阴道分泌物、乳汁等体液中，所以通过性接触、血液和母婴三种途径传播，共用注射器吸毒也是传播艾滋病的重要途径。绝大多数感染者要经过5～10年时间才发展成病人，一般在发病后的2～3年内死亡。与艾滋病病人及艾滋病病毒感染者的日常生活和工作接触(如握手、拥抱、共同进餐、共用工具、办公用具等)不会感染艾滋病。艾滋病不会经马桶圈、电话机、餐饮具、卧具、游泳池或公共浴室等公共设施传播，也不会经咳嗽、打喷嚏、蚊虫叮咬等途径传播。

正规医院能提供正规而且保密的检查、诊断、治疗和咨询服务，必要时可借助当地性病、艾滋病热线进行咨询。

附表Ⅰ 物料提升机(井字架)搭设验收表

单位名称:		工程名称:
设备编号:	出厂年月:	搭设高度:
检查项目	**检 查 内 容**	**检查结果**
基础	(1)高架提升机应进行设计,埋深与做法符合设计和提升机出厂使用要求 (2)低架提升机无设计要求时应符合:土层压实后的承载力不小于80kPa;浇筑C30混凝土,厚度300mm;基础表面水平度偏差不大于10mm (3)基础应有排水设施,必须有保证架体稳定的措施	
架体	(1)安装精度符合要求 (2)金属结构无开焊和明显变形;架体节点连接螺栓紧固;架体安装精度符合要求 (3)导轨平直,与吊篮间隙适当。使用闭口导向滑轮,天轮稳固,润滑 (4)卸出料台、底板(笆)满铺,扣牢。两侧有防护栏杆并扣扎防护立笆。平台口有活动层间闸。架体三面挂安全网,设防护棚,有灵活可靠的外落门。架体距地面1m高以上三面隔离 (5)有可靠的避雷接地装置,电阻值经测度符合要求 (6)有醒目的楼面层次标志,层间闸前有安全警示牌	
缆风绳或附墙架	(1)高架提升机在任何情况下均不得采用缆绳 (2)低架提升机采用缆风绳时,高度20m以下不少于1组,高度在21～30m时不少于2组。应选用圆股钢丝绳,直径不得小于9.3mm,缆风绳与地面夹角不应大于60°。地锚位置,连接情况符合要求 (3)附墙架的材质、与建筑物连接、设置等均应符合设计要求,每组附墙壁架间隔宜大于9m,且在建筑物的顶层必须设置1组	
吊篮	(1)牢固、方正、不破坏 (2)断绳装置灵活有效 (3)吊索钢丝绳满足安全系数,含油,无断股、毛刺、锈蚀、松散变形等现象。绳头固定不少于3只扎头 (4)吊篮有防护顶盖,两侧有安全防护网片,有灵活可靠的内落门、冲顶限位和停层装置。 (5)焊接部位符合规范要求。底板牢固、完好	
把杆	有足够刚度,无变形,支座牢固。与井架夹角为45°～70°之间,不碰到缆风绳。滑轮完好,润滑、转动灵活,有保险绳。钢丝绳和吊钩符合起重要求。有灵活可靠的高限位装置	
卷扬机	(1)位置合理,场地坚实平整,有操作棚;视线良好 (2)桩、描安全可靠不松动。零部件完好 (3)刹车灵活可靠,联轴器不松动 (4)与井架第一只导向轮间距不大于绳筒宽度的15倍。钢丝绳排列整齐,吊篮落地时,留在绳筒上的钢丝绳不小于3圈,绳头扎紧 (5)有绳筒保护,有可靠的接地(零),点动控制 (6)变速箱润滑油满足规定要求 (7)机貌整洁,定人定机,持证上岗	
电气	(1)总电源设短路保护及漏电保护装置;电动机主回路同时装短路、失压、过电流保护装置 (2)当提升机高度超出相邻建筑物的避雷装置范围时,应安装避雷装置 (3)工作照明开关应与主电源开关相互独立 (4)禁止使用倒顺开关作为卷扬机控制开关 (5)提升机与输电线路的安全距离及保护情况	
安全防护	(1)提升机应具有下列安全防护装置并满足要求:安全停靠装置或断绳保护装置;楼层口停靠栏杆(门);吊篮安全门;上料口防护棚;上极限限位器;紧急断电开关;信号装置 (2)高架提升机尚需具备下列安全装置和满足要求:下极限限位器;缓冲器;超载限位器;通信装置	

验收意见	限载重量	吊篮	吨	工程负责人	
				搭设负责人	
		把杆	吨	设备员	
				安全员	

注:表格一式三份,其中公司工程部、项目部及安装单位各存一份。

附表Ⅱ　落地式外脚手架检查验收表

<table>
<tr><td colspan="2">单位名称：</td><td colspan="2">工程名称：</td></tr>
<tr><td>验收部位：</td><td>搭设高度：</td><td colspan="2">架体材质：</td></tr>
<tr><td>检查项目</td><td colspan="2">检　查　内　容</td><td>检查结果</td></tr>
<tr><td>立杆基础</td><td colspan="2">(1)必须平整夯实，不良土质已处理好
(2)立杆脚有底座或垫木，或符合施工组织设计要求
(3)用悬臂型钢及吊杆时，要符合施工组织设计要求
(4)设扫地杆，有排水措施</td><td></td></tr>
<tr><td>架体与建筑物拉结</td><td colspan="2">(1)使用刚性拉顶夹或使用$8^{\#}$镀锌铁丝、$6^{\#}$钢筋拉结
(2)架子高度7m以上，每高4m、水平每隔7m应与建筑物牢固拉结</td><td></td></tr>
<tr><td>防护栏及安全立网</td><td colspan="2">(1)外侧、斜道、平台要绑1.2m高的防护栏杆
(2)外侧挂密目式安全立网严密防护
(3)临街及交通要道在二楼面要有相应挡板</td><td></td></tr>
<tr><td>杆件间距</td><td colspan="2">(1)竹架须搭设双排，立杆间距不得大于1.3m；大横杆不得大于12m，小横杆不得大于0.75m。钢架立杆间距不得大于2m；大横杆不得大于1.2m；小横杆不得大于15m
(2)架高超过50m，搭设方案必须有计算书</td><td></td></tr>
<tr><td>剪刀撑</td><td colspan="2">(1)两端转角处及每隔6～7根立杆设剪刀撑到顶或每15m设一个剪刀撑
(2)与地面夹角应在45°～60°之间
(3)与立杆或大横杆每点有扣夹(绑扎)牢固</td><td></td></tr>
<tr><td>杆件搭接</td><td colspan="2">(1)立杆、大横杆接驳口须错开，连接扣件应正确使用
(2)钢管接驳要有驳芯和驳夹。竹竿接驳长度应不小于1.5m</td><td></td></tr>
<tr><td>材质</td><td colspan="2">(1)扣件有出厂合格证，有脆裂、变形、滑丝的禁止使用
(2)钢管有严重锈蚀、弯曲、压扁或裂纹的不得使用
(3)竹竿青嫩或有枯脆、裂纹、白麻、虫蛀、腐朽等缺陷不得使用</td><td></td></tr>
<tr><td>架体内封闭</td><td colspan="2">(1)施工层以下每隔10m用平网或其他措施封闭
(2)施工层脚手架内立杆与建筑物之间用平网或其他措施封闭</td><td></td></tr>
<tr><td>通道</td><td colspan="2">(1)架体内设供人员上下的斜道，坡度宜小于1∶3
(2)防滑条间距应不小于35cm，有护栏及扶手</td><td></td></tr>
<tr><td>卸料平台</td><td colspan="2">(1)卸料平台承重量须经设计计算
(2)不得以脚手架作为平台的支撑系统
(3)卸料平台应有限定荷载的标牌</td><td></td></tr>
<tr><td colspan="4">验收意见：</td></tr>
</table>

<table>
<tr><td rowspan="3">签名</td><td colspan="7">参加验收人员
(企业安技负责人)</td></tr>
<tr><td rowspan="2">搭设单位</td><td>施工员</td><td>质安员</td><td>搭设班长</td><td rowspan="2">使用单位</td><td>施工员</td><td>质安员</td></tr>
<tr><td></td><td></td><td></td><td></td><td></td></tr>
</table>

注：表格一式三份，其中工程处、施工现场及搭设单位各存一份。

附表Ⅲ 附着式升降脚手架检查验收表

产品牌号规格：

<table>
<tr><td colspan="3">工程名称：</td><td colspan="2">使用单位：</td></tr>
<tr><td colspan="3">制造单位：</td><td colspan="2">安装单位：</td></tr>
<tr><td colspan="3">检查时所在工作面： 楼</td><td colspan="2">预升高度： m</td></tr>
<tr><td rowspan="2">设计荷载</td><td>承重架</td><td colspan="2">装饰架</td><td>升降状态</td></tr>
<tr><td>kN/m^2</td><td colspan="2">kN/m^2</td><td>kN/m^2</td></tr>
<tr><td>检查项目</td><td colspan="3">内 容 标 准</td><td>检查结果</td></tr>
<tr><td>使用条件</td><td colspan="3">(1)产品经建设部发放生产和使用证
(2)有专项施工组织设计并经上级技术部门审批
(3)有相关工种的操作规程</td><td></td></tr>
<tr><td>设计计算</td><td colspan="3">(1)设计计算书经上级技术部门审批
(2)设计荷载符合要求
(3)受压杆件长细比不大于150；受拉杆件长细比不大于300
(4)框架(桁架)各节点的各杆件轴线应交汇于一点
(5)有完整的制作安装图</td><td></td></tr>
<tr><td>架体</td><td colspan="3">(1)主框架定型为焊接或螺栓连接
(2)支撑框架(桁架)须定型焊接或螺栓连接
(3)主框架间立杆不能将荷载直接传递到支撑框架上
(4)架体应按规定构造搭设
(5)架体上部悬臂部分不大于架体高的1/3，且不能超过4.5m
(6)支撑框架须以主框架作为支出座</td><td></td></tr>
<tr><td>附着支撑</td><td colspan="3">(1)主框架须与每个楼层设置连接点
(2)钢挑架上的螺栓与预埋钢筋环进行严密连接
(3)钢挑架上的螺栓与墙体应符合规定连接牢固
(4)钢挑架的焊接须符合要求</td><td></td></tr>
<tr><td>升降装置</td><td colspan="3">(1)设置同步升降装置且达到要求
(2)索具、吊具达到6倍的安全系数
(3)两个以上吊点升降时，不得使用手拉葫芦
(4)升降时架体的附着支撑装置不得少于2个
(5)升降时架体上不准站人</td><td></td></tr>
<tr><td>防坠落、导向架，防倾斜装置</td><td colspan="3">(1)防坠落装置设在与架体升降的同一个附着支撑上，且需有2个以上
(2)防倾斜装置起垂直导向和防止左右、前后倾斜的作用</td><td></td></tr>
<tr><td>控制电路</td><td colspan="3">(1)设专用电柜(配电箱)，应有门锁。门内应有原图和线路图、操作指示及有关标志
(2)每个操作控制点均应设置能断开总电源的紧急断电开关
(3)配电箱、控制盘上所得的导线连接端部应有准确、清楚的标记，且与电气布线图一致</td><td></td></tr>
<tr><td>脚手板</td><td colspan="3">(1)脚手板应铺设严密牢固
(2)脚手板离墙空隙要封严密
(3)脚手板的材质要符合要求</td><td></td></tr>
<tr><td>防护</td><td colspan="3">(1)脚手架外侧使用经抽样检测符合标准要求的密目式安全网，封闭要严密
(2)操作层应设防护栏杆
(3)操作层下方应封闭严密</td><td></td></tr>
<tr><td>操作</td><td colspan="3">(1)作业层下方要按照施工设计进行
(2)操作前向现场技术员和工人进行安全交底
(3)作业人员要经过培训，持证上岗，定岗作业
(4)安装、升降、拆除时要设安全警戒线
(5)荷载堆放要均匀
(6)升降时架体上不得有超过2000N重的设备</td><td></td></tr>
<tr><td colspan="5">安装单位技术负责人：</td></tr>
<tr><td colspan="5">施工现场技术负责人：</td></tr>
<tr><td colspan="5">施工企业技术负责人：</td></tr>
</table>

注：本表一式三份，报机具检测站一份，施工现场、安装单位各存一份。

附表Ⅳ　塔式起重机安装完毕验收表

验收日期：　　年　　月　　日

工程名称				施工单位		
制造单位				安装单位		
塔式起重机	型号			设备编号	起重高度(m)	
	幅度(m)		起重力矩(kN·m)		最大起重量(t)	

检查项目	内 容 标 准	检查结果
塔吊结构	(1)部件、附件、联结件安装是否齐全,位置是否正确 (2)螺栓拧紧力矩是否达到技术要求,开口销是否完全撬开 (3)结构是否有变形、开焊、疲劳裂纹 (4)压重、配重重量、位置是否达到说明书要求 (5)塔身轴线对支承面垂直度应≤4/1000	
绳轮钩系统	(1)钢丝绳在卷筒上面缠绕是否整齐,润滑是否良好 (2)钢丝绳规格是否正确,断丝和磨损是否达到报废标准 (3)滑轮防脱槽装置是否齐全 (4)钢丝绳固定和编插是否达到国家标准 (5)各部位滑轮转动是否灵活、可靠、有无卡塞现象 (6)吊钩磨损是否达到报废标准,保险装置是否可靠	
传动系统	(1)各机构传动是否平稳、有无异常响声 (2)各润滑点是否润滑良好、润滑油牌号是否正确 (3)制动器、离合器动作是否灵活可靠	
电气系统	(1)电缆供电系统供电是否正常,工作电压为380(1±10%)V (2)碳刷、接触器、断电器触点良好 (3)仪表、照明、报警系统是否完好、可靠 (4)控制、操纵装置动作是否灵活,可靠 (5)电器各种安全保护装置是否齐全 (6)电器系统对塔吊的绝缘电阻大于0.5Ω (7)塔身接地、防雷符合要求,漏电保护开关灵敏有效	
安全限位和保险装置	(1)力矩限制器的断电范围应满足 $100\%M_{\text{额}}<M_{\text{断}}<110\%M_{\text{额}}$ (2)重量限位挡的断电满足 $100\%Q_{\text{额}}<Q_{\text{断}}<M_{\text{断}}<110\%M_{\text{额}}$ (3)回转限制点限制器是否灵敏可靠 (4)变幅限位是否灵敏可靠 (5)超高限位器是否灵敏可靠 (6)吊钩保险是否灵敏可靠 (7)通信系统有效 (8)在塔吊身显眼位置挂有符合标准警示牌 (9)安全垂直度	
试运行	检查各传动机构工作是否准确、平稳,有无异常声音,传动及液压系统是否渗漏,操纵和控制系统是否灵敏可靠,钢结构是否永久变形和开焊,制动器是否可靠调整安全装置进行不得少于3次	

试运行	空荷载	额定载荷		超载10%动载		超载25%动载	
		幅度	重量	幅度	重量	幅度	重量

验收意见						
	签名：　　　　日期：					
验收签字	安装方案设计人		现场负责人		技安设备料	

附表Ⅴ 模板工程安全检查验收表

<table>
<tr><td colspan="6">工程名称：</td></tr>
<tr><td colspan="3">施工方案：</td><td colspan="3">监理公司：</td></tr>
<tr><td colspan="2">结构部位：</td><td colspan="2">安装日期：</td><td colspan="2">验收日期：</td></tr>
<tr><td colspan="2">柱距离：　　m</td><td colspan="2">梁高：　　m</td><td colspan="2">梁宽：　　m</td></tr>
<tr><td colspan="2">楼板厚：　　m</td><td colspan="2">板底标高：　　m</td><td colspan="2">层高：　　m</td></tr>
<tr><td>检查项目</td><td colspan="4">检 查 内 容</td><td>检查结果</td></tr>
<tr><td>施工方案</td><td colspan="4">(1)模板工程必须依据技术方案施工安装，方案审批手续完备
(2)修改技术方案须经原审批部门批准
(3)高度不小于4.5m的高支模的施工方案应有模板及支撑系统的设计(计算书)，包括施工荷载、系统强度、刚度、稳定性、防倾覆及支承层地面或楼面的承载力的验算
(4)根据混凝土输送方法制定有针对性的安全措施</td><td></td></tr>
<tr><td>立柱稳定</td><td colspan="4">(1)支撑模板的立柱材料符合施工方案要求
(2)立柱基础必须坚固，满足立柱承载力要求
(3)立柱底部应铺设垫块，钢管立柱应采用底座构件
(4)立柱间距必须按施工方案搭设，上下层立柱应同在一竖向中心线上，垂直度1/1000，绝对值不得大于100cm
(5)上下层立柱接头应牢固可靠，接头宜采用穿心套接驳扣或臂扣锁紧，接头在水平位置宜错开不小于15cm
(6)立柱与支承板的木枋或钢枋要有可靠的连接</td><td></td></tr>
<tr><td>水平拉杆与剪刀撑</td><td colspan="4">(1)高支模立柱4.5m以下部分应设置不少于两道的纵横水平拉杆，其中下道拉杆其距地面30cm作为扫地杆设置，然后沿竖向每隔环大于1.5m设一道
(2)立柱4.5m以上部分每增高1.5m，相应增加一道水平拉杆，水平拉杆与立柱有可靠的连接
(3)剪刀撑与地面一般成45°角，由地楼面一直驳到顶部，与立柱连接牢固。高支模剪刀撑应纵横设置，且不少于两道，其间距不得超过6.5m
(4)主梁的立柱必须按施工方案中确定的加密间距(密搭法)搭设，并在立柱的两面侧边设置剪刀撑。当结构跨度不小于10m时，剪刀撑设置间距不得超过5m</td><td></td></tr>
<tr><td>施工荷载</td><td colspan="4">(1)模板上承受的荷载不得超过设计规定值(荷载的类型包括：模板及其支架自重、新浇筑混凝土自重、钢筋自重、泵送混凝土垂直和水平荷载、混凝土输送管的振动力、施工人员及施工设备荷载、振捣混凝土时产生的荷载，新筑混凝土对模板侧面的压力、倾倒混凝土时产生的荷载)
(2)模板上的物料必须均匀摆放</td><td></td></tr>
<tr><td>作业环境</td><td colspan="4">(1)模板上运输混凝土应设走道垫板
(2)作业面孔洞及临边应有防护措施，外脚手架应高于作业面1.2m
(3)垂直作业上下应有隔离防护措施</td><td></td></tr>
<tr><td colspan="6">验收意见：</td></tr>
</table>

<table>
<tr><td rowspan="3">签名</td><td colspan="7">参加验收人员
(企业安技负责人)</td></tr>
<tr><td rowspan="2">搭设单位</td><td>施工员</td><td>质安员</td><td>搭设班长</td><td rowspan="2">使用单位</td><td>施工员</td><td>质安员</td></tr>
<tr><td></td><td></td><td></td><td></td><td></td></tr>
</table>

附表Ⅵ　中小型施工机具检查验收表

单位工程名称		验收日期
检查验收人		年　月　日
检查项目	检　查　内　容	检查结果
平刨	(1)外露传动部位必须有防护罩;刀刃处装有护手防护装置,要有防雨棚 (2)刀片和刀片螺丝的硬度、重量必须一致,刀架夹板必须平整贴紧,合金刀片焊缝的高度不得超出刀头,刀片紧固螺丝应嵌入刀片槽内,槽端离刀背不得小于 10mm (3)平刨必须单独使用一台电视机,不得与其他机械合用一台电动机 (4)漏电保护开关灵敏有效、接地(零)保护符合要求	
圆盘锯	(1)锯片必须平整,不应有裂纹,锯齿应尖锐,不得连续缺齿两个 (2)锯盘护罩、分料器(锯尾刀),防护挡板安全装置 (3)传动部位防护罩装置齐全牢固 (4)操作必须用单向密封式电动开关 (5)漏电保护开关灵敏有效,接地(零)保护良好	
钢筋机械	(1)钢筋机械包括钢筋调直切断机、钢筋切断机、钢筋弯曲机、钢筋冷拉机、预应力钢筋拉伸机、钢筋冷拔机等 (2)机械的安装必须坚实稳固,保持水平位置,固定式机械应有可靠的基础 (3)传动机构间隙合理,齿轮啮合和滑动部位润滑良好,运行无异响,外露的转动部位必须有防护罩 (4)室外作业应设置机棚,机旁应有堆放原料、半成品的场地。场地两端外侧应有防护栏杆和警告标志 (5)电制箱,电线完好无破损,外壳接地(零)保护良好	
电焊机	(1)电焊机应设置专用开关箱,装设隔离开关、自动开关、专用漏电保护器,做保护接零。 (2)必须使用二次侧空载降压保护器或触电保护器 (3)一次侧电源线长度应不大于 5m,进线外必须设置防护罩 (4)二次侧线宜采用 YHS 型橡皮护套铜芯多股软电缆,电缆长度不大于 15m,且不得隔层楼施焊 (5)电焊机须有防雨罩,放置在防雨和通风良好的地方 (6)焊把线接头不得超过 3 处或绝缘老化	
搅拌机	(1)电源装漏电保护器,作接零保护 (2)机体安装和作业平台平稳。操作棚符合防雨要求、有排水措施。有安全操作规程 (3)传动部位防护、离合器、制动器等符合规定,料斗钢丝绳最少必须保持 3 圈。料斗保险链、钩和操作柄保险装置齐全有效 (4)传动部位必须有防护罩	
打链机械	(1)整机整洁,保养良好 (2)铭牌完好 (3)有出厂检验或年检合格标识 (4)安全防护装置齐全有效 (5)监测、指示、仪表、警报器、照明灯等完整无损	
挖土机	(6)挖土机机械传动的部件连接可靠,运行良好 (7)机械作业的部件应满足施工的技术要求 (8)电源接线及控制系统可靠 (9)配置有符合上岗要求的司机和操作人员 (10)机具设施、液压装置应满足有关规定要求	
验收意见	验收负责人签名:　　　　年　月　日	
整改措施	整改人:　　　　年　月　日	
复查意见	复查人:　　　　年　月　日	

参考文献

[1] 刘湘宁．既有铁路施工安全管理[M]. 北京:中国铁道出版社,2001.

[2] 上海市建筑施工行业协会,工程质量安全专业委员会．安全员必读[M]. 第2版．北京:中国建筑工业出版社,2005.

[3] 铁道部安全监察司,建筑管理司．铁路营业线施工安全[M]. 北京:中国铁道出版社,2002.

[4] 冯小川．建筑施工企业主要负责人安全生产管理手册[M]. 北京:中国建材工业出版社,2007.

[5] 杨在塘．建筑电气消防安全培训读本[M]. 北京:中国建筑工业出版社,2007.

[6] 曹琦编．铁路安全系统工程简明教程．成都:西南交通大学出版社,1988.

[7] "国家安全生产、劳动保护法制教育丛书"编委会．伤亡事故防范与调查处理统计报告法规读本[M]. 北京:中国劳动保障出版社,2002.

[8] 北京达飞安全科技有限公司．安全员必读[M]. 第2版．北京:中国石化出版社,2005.

[9] 余宗明．脚手架结构计算及安全技术[M]. 北京:中国建筑工业出版社,2007.

[10] 管振祥,等．工程项目质量管理与安全[M]. 北京:中国建材工业出版社,2001.

[11] 孟燕华．安全员职业安全健康知识[M]. 北京:化学工业出版社,2005.

[12]《劳动保护》增刊．工伤保险政策知识[J]. 北京:劳动保护杂志社,2002.

[13] 吴庆洲．建筑安全[M]. 北京:中国建筑工业出版社,2007.

[14] 张晓艳．安全员岗位实务知识[M]. 北京:中国建筑工业出版社,2007.